· 语 文 阅 读 推 荐 丛 书 ·

森林报

[苏联] 比安基／著　沈念驹／译

人民文学出版社

图书在版编目(CIP)数据

森林报/(苏)比安基著;沈念驹译.—北京:人民文学出版社,2018(2024.1 重印)
(语文阅读推荐丛书)
ISBN 978-7-02-013753-4

Ⅰ.①森… Ⅱ.①比…②沈… Ⅲ.①森林—青少年读物 Ⅳ.①S7-49

中国版本图书馆 CIP 数据核字(2020)第 139455 号

责任编辑 李丹丹
装帧设计 李思安 崔欣晔
责任印制 王重艺

出版发行 人民文学出版社
社　　址 北京市朝内大街 166 号
邮政编码 100705

印　　刷 三河市宏盛印务有限公司
经　　销 全国新华书店等

字　　数 321 千字
开　　本 650 毫米×920 毫米 1/16
印　　张 32.75 插页 1
印　　数 90001—94000
版　　次 2018 年 5 月北京第 1 版
印　　次 2024 年 1 月第 17 次印刷

书　　号 978-7-02-013753-4
定　　价 43.00 元

如有印装质量问题,请与本社图书销售中心调换。电话:010-65233595

出版说明

从2017年9月开始，在国家统一部署下，全国中小学陆续启用了教育部统编语文教科书。统编语文教科书加强了中国优秀传统文化教育、革命传统教育以及社会主义先进文化教育的内容，更加注重立德树人，鼓励学生通过大量阅读提升语文素养、涵养人文精神。人民文学出版社是新中国成立最早的大型文学专业出版机构，长期坚持以传播优秀文化为己任，立足经典，注重创新，在中外文学出版方面积累了丰厚的资源。为配合国家部署，充分发挥自身优势，为广大学生课外阅读提供服务，我社在总结以往经验的基础上，邀请专家名师，经过认真讨论、深入调研，推出了这套“语文阅读推荐丛书”。丛书收入图书百余种，绝大部分都是中小学语文课程标准和统编语文教科书推荐阅读书目，并根据阅读需要有所拓展，基本涵盖了古今中外主要的文学经典，完全能满足学生成长过程中的阅读需要，对增强孩子的语文能力，提升写作水平，都有帮助。本丛书依据的都是我社多年积累的优秀版本，品种齐全，编校精良。每书的卷首配导读文字，介绍作者生平、写作背景、作品成就与特点；卷末附知识链接，提示知识要点。

在丛书编辑出版过程中，统编语文教科书总主编温儒敏教授，给予了“去课程化”和帮助学生建立“阅读契约”的指导性意见，即尊重孩子的个性化阅读感受，引导他们把阅读变成一种兴趣。所以本丛书严格保证作品内容的完整性和结构的连续性，既不随意删改作品内容，也不破坏作品结构，随文安插干扰阅读的多余元素。相信这套丛书会成为广大中小学生的良师益友和家庭必备藏书。

人民文学出版社编辑部

2018 年 3 月

目 次

导 读

《森林报》是苏联著名儿童文学作家维·比安基极其重要的代表作。在作家的祖国，无论他生前还是死后，这部作品一直长盛不衰，一版再版，深得广大青少年读者的喜爱和热捧。不仅如此，就是成年读者也往往爱不释卷。不少在二十世纪五六十年代还是青少年的中国人，尤其是不少当时生活在大城市的中国人，不会忘记从苏联翻译过来的《森林报》。虽然许多读者未必了解作者比安基其人其事，但是《森林报》里那些有关大自然中千姿百态的动植物的生动描写，书中蕴藏的丰富知识，以及猎人们的传奇经历，一定激发了他们浓烈的阅读兴趣和求知渴望，而且深深地留在了他们的记忆里。当时的许多读者可能主要是被书中引人入胜的情节和广阔无垠的知识海洋所吸引，来不及留意并思考隐含其中的主题。然而，当时序进入二十一世纪，经济的发展，科技的进步，使人类对大自然过度的索取受到大自然愈益强烈的报复，生态环境日益恶化，自然界的许多物种以惊人的速度趋于灭绝，全球气候变暖，自然灾害频发，"人与自然和谐相处"的命题从来没有像今天这样严峻地摆在作为万物灵长的人类面前。而这个命题恰恰是本书所蕴含的主题。比安基八十多年前就在自己的创作里表现出如此高远的前瞻性，委实难能可贵。所以《森林报》在时隔半个多世纪后在我国再度被翻译出版，自然就凸显出其非同寻常的、积极的社会意义。但愿中国未来的一代通过对本书的阅读，能促进自己树立起热爱自然、关注环境的理念。

本书作者维塔里·瓦连季诺维奇·比安基1894年2月11日生于圣彼得堡（苏联时期改名为列宁格勒）一个生物学家的家庭，自幼受家庭的熏陶，对大自然产生了浓厚的兴趣，有一种探索其奥秘的强烈愿望。他后来报考并升入彼得堡大学物理数学系，学习自然专业，显然是受到了家庭的影响。他在科学考察、旅行、狩猎及与护林员、老猎人的交往中留心观察和研究自然界的各种生物，积累了丰富的素材，为以后的文学创作打下了坚实的基础，也使他笔下的生灵栩栩如生，形象逼真动人。1928年问世的《森林报》是他正式走上文学创作道路的标志。1959年6月10日比安基在列宁格勒逝世，享年六十五岁。他的创作流行于世的，除了《森林报》，还有许多以大自然里万物生灵为主人翁的中短篇小说，这些，同样是成年和青少年读者喜闻乐见的。

比安基的创作，旨在以生动的故事和写实的叙述，向少年儿童传授科学知识，激发其探索大自然奥秘的兴趣，从小培养起热爱大自然、关注并保护生态环境的意识。《森林报》虽然问世于1928年（此说据1962年俄文版《简明文学百科全书》，与本书《致读者》所说的1927年不符），但在此后的几十年里一再重版（至作家去世后的第三年，即1961年已出到第十版），究其原因，就是它以独特的视角和独特的表现手法所宣扬的“人与自然和谐相处”的主题，具有恒久不衰的生命力。如果说作家在中短篇小说中描写的主要是动物故事以及与动物相关的人的故事，那么《森林报》则向读者全面展示了自然界的大千世界。不仅如此，他还对当时苏联全国各地的山川形胜和自然环境有生动的描述，使小读者在轻松愉快、饶有趣味的阅读中潜移默化地产生对祖国的情感。

《森林报》模仿期刊的形式，按一年中的十二个月分为十二期，结集成书。俄文原版在每一新版问世时都对上一版有所修订，内容或增或减，但基本栏目保持不变，所增减者仅止于原栏目内的篇目或新增栏目。限于篇幅，这次选入“语文阅读推荐丛书”时省略了部分栏目和篇章，只留取最精华的部分，好在每个栏目都各自独立成篇，彼此不相关联，丝毫不会对阅读造成影响。

本书也对有些关涉俄罗斯文化而为当今青少年所陌生的东西做了交代。例如圣彼得堡城区及近郊的一些地名或建筑，像“彼得宫”“喀琅施塔得”等等，没有到过那里的人可能觉得十分陌生，为方便读者对背景的了解，译文中做了注释说明。由于文化背景不同，原文中的某些本身就一词多义的词语，汉语中意译时无法表达其一词多义的特点，如“葇荑花序”与“耳环”这两个词在俄语里音形相同，如简单地按意思翻译，译文里是毫无关系的两个词，而本书俄文原著里恰恰把两个意思都用上了。有的词汇是某一学科的术语，不学这个专业的人未必了然，如“黄道带”，是天文学名词，行外人大多不知道“黄道十二宫”是怎么回事，更不知中国农历的二十四节气与它的关系。这就是译者在译本中加了许多注释的原因。俄文原著中的极少注释标明了“原注”字样。

沈念驹

纪念我的父亲

瓦连京·利沃维奇·比安基

致读者

一般的报刊写的都是关于人的事。然而孩子们却对了解野兽、鸟类和昆虫如何生活感兴趣。

森林里发生的事情不比城市里少。那里照样有各行各业，经常过快乐的节日，也常有不幸事件发生。那里有自己的英雄和盗贼。而城市里的报刊却很少写这方面的事，所以谁也不知道森林里的所有新闻。

比如说有谁听说过在我们列宁格勒州，在冰封雪盖的严冬会从地里爬出不长翅膀的蚊子，而且光着脚丫子在雪地里飞奔呢？关于森林中的巨兽驼鹿之间的鏖战，关于候鸟迢迢万里的长途迁徙，关于黑水鸡徒步穿越整个欧洲的有趣旅行，你能从哪一份报上读到呢？

有关这一切种种的故事都可以在《森林报》上读到。

我们将十二期《森林报》(每月一期)合订成一册。每一期都由编辑部的文章、我们驻林地记者的电报和书信①以及有关狩猎的故事组成。

我们驻林地的记者是些什么样的人呢？他们是孩子、猎人、科学家和护林员——所有在森林里跋涉，对野兽、鸟类和昆虫的

① 真实的信件用星号标示。(原注)

生活感兴趣，记录森林里发生的形形色色事件并将其寄往我们编辑部的人。

独立成书的《森林报》首次问世是在1927年。从那时起它已重版了八次，每次都补充了新的篇章。

我们将一名专职记者派到著名猎人塞索伊·塞索伊奇身边。他们一起打猎，当他们坐在篝火边休息时，塞索伊·塞索伊奇就讲述自己的历险奇遇。我们的记者便把他讲的故事记录下来，寄往我们编辑部。

《森林报》诞生在列宁格勒①，也在那里印刷出版，这是一份州报。报上报道的所有事件几乎都发生在列宁格勒州或就在列宁格勒市内。

然而我们国家幅员辽阔，大到北方边境风雪漫天，冷得连血液都会结冰，而南方边陲却赤日炎炎、鲜花盛开；我们祖国西部的孩子们正酣然入梦，东部的孩子们却已经睡醒，正在起床。所以《森林报》的读者希望从本报不仅能了解列宁格勒州发生的事，而且能了解与此同时在我国各地发生的事。按照我们读者的要求，我们在《森林报》上设置了我们的记者发自苏联各地的《天南海北趣闻》栏目。

我们刊登塔斯社②有关我们的小伙伴们的工作和功勋的一系列消息。

我们还请求生物科学博士、植物学家和女作家尼娜·米哈伊洛夫娜·帕甫洛娃为我们的《森林报》撰写有关我国许多有趣的植物的文章。

我们的读者应当了解大自然的生活，以便学会改造自然，按

---

① 这是圣彼得堡在苏联时期从1924年起的名称，1991年底苏联解体后恢复原名。

② 俄文“苏联电报通讯社”的音译，是由四个俄文单词的第一个字母组成的缩写词，苏联解体后，该社仍沿用“塔斯”的原名。

自己的意愿支配植物和动物的生活。

要知道当我们《森林报》的读者长大以后，他们将培育令人惊异的植物新品种，将会为了祖国的利益管理森林里的生命。

……但是为了给国家带来益处，而不是危害，首先应当热爱并熟知祖国的大地，应当认识在大地上生长的动物和植物，并了解它们的生活。

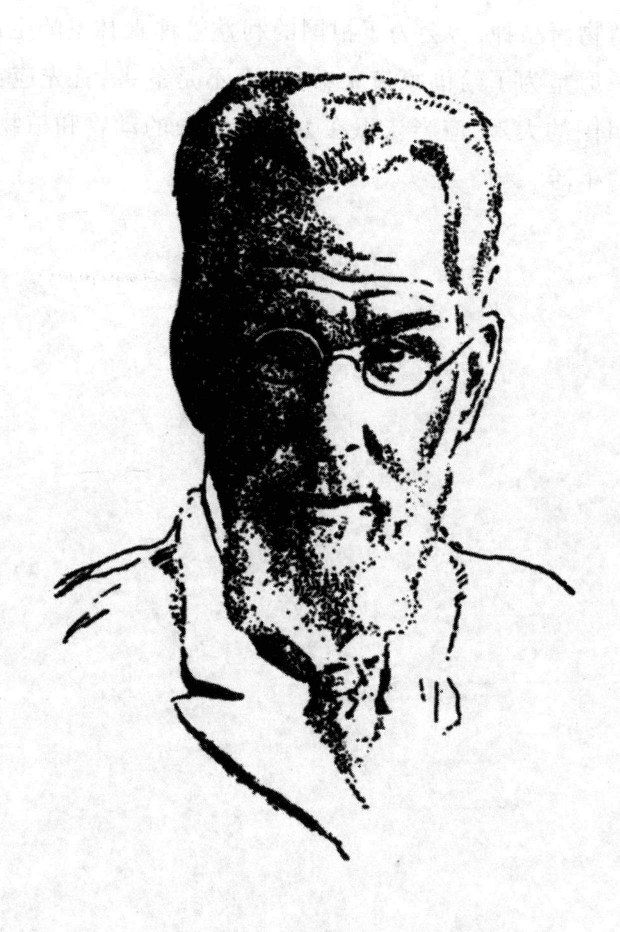

我们的首位驻林地记者

德米特里·尼基福罗维奇·卡依戈罗多夫

本报首位驻林地记者

早年，列宁格勒人和林区居民经常会在公园里遇见一位戴眼镜、目光专注的白发教授。他常在侧耳谛听鸟儿的啼鸣，仔细观察每一只飞经身边的蝴蝶或苍蝇。

我们大城市的居民不善于发现春天里每一只新出现的鸟儿或蝴蝶，而春季林中新发生的任何一件事都逃不过他的目光。

这位教授名叫德米特里·尼基福罗维奇·卡依戈罗多夫。德米特里·尼基福罗维奇对我们城市及其近郊充满活力的大自然一连观察了半个世纪。整整五十年中他眼看着春季替代了冬季，夏季替代了春季，秋季替代了夏季，于是冬季又复来临。鸟群飞走又飞来，花朵和树木花开又花落。德米特里·尼基福罗维奇一丝不苟地记录自己的观察结果：什么时间出现什么现象，然后在报上发表。

他还呼吁别人，尤其是青少年，观察大自然，记录观察所得并把笔记寄给他。许多人响应了他的呼吁。他那支记者观察员的队伍年复一年地在壮大又壮大。

如今许多热爱大自然的人——我国的地方志学家、学者、少先队员和小学生都效法德米特里·尼基福罗维奇开创的先例，继续进行这样的观察并收集观察结果。

在五十年中德米特里·尼基福罗维奇已经积累了许多观察的结果。他把这一切都整合在一起。所以现在，由于他持久、顽强、细心的工作和我们的读者未闻其名的其他许多科学家的劳动，我们知道春季里什么时候哪些鸟类飞来我们这里，秋季里它们又何时飞离我们，我们的鲜花和树木又如何生活。

德米特里·尼基福罗维奇为孩子和成人写了许多有关鸟类、森林和田野的书。他亲自在小学里工作，并且总是证明：孩子们研究亲爱的大自然不应当在书本上，而是在林间和田野散步的时候。

1924年2月11日，由于久患重病，德米特里·尼基福罗维奇去世了，未能活到新一年春季的来临。

我们将永远纪念他。

森林年

我们的读者可能会以为印在《森林报》上有关森林和城市的消息都是旧闻。其实不是这么回事。不错，每年总是有春天，然而每年的春天都是新的，无论你生活多少年，你不可能看见两个相同的春天。

“年”仿佛一个装着十二根辐条（十二个月）的车轮：十二根辐条都闪过一遍，车轮就转过整整一圈，于是又轮到第一根辐条闪过。可是车轮已经不在原地，而是远远地滚向了前方。

又是春季来临，森林开始苏醒，狗熊爬出洞穴，河水淹没居住在地下的生灵，候鸟飞临。鸟类又开始嬉戏、舞蹈，野兽生下幼崽。于是读者将在《森林报》上发现林间最新的所有消息。

我们在这里刊登每年的森林年历。它与一般的年历很少有相似之处，不过这丝毫也没有什么好大惊小怪的。

因为野兽和鸟类可不按咱们人类的时令办事，它们自有特殊的年历：林中万物按太阳的运行生活。

一年之间，太阳在天空走完一个大圆。它每一个月经过一个星座——黄道十二宫[1](即所谓的十二星座)的一宫。

在森林年历上,新年不在冬季,而在春季——太阳进入白羊星座的时候。当森林迎来太阳的时候,那里常常充满了欢乐的节日,而森林送走太阳的时候,就是忧愁寡欢的日子。

我们把森林年历也同我们的年历一样划分为十二个月。只是我们对这十二个月按另一种方式,也就是按森林里的方式称呼。

---

① 在地球绕太阳做圆周运动时,我们在地球上看来似乎太阳在天空每年做一次圆周运动,太阳的这一移动路线(视路径)就叫"黄道",黄道两侧的区域就是"黄道带",古人为了表示太阳在黄道上的位置,把黄道分为十二段,叫"黄道十二宫"。从春分起依次为:白羊、金牛、双子、巨蟹、狮子、室女、天秤、天蝎、人马、摩羯、宝瓶、双鱼。

森林年历

月份

1 月　苏醒月（春一月）——3月21日起至4月20日止
2 月　候鸟回乡月（春二月）——4月21日起至5月20日止
3 月　歌舞月（春三月）——5月21日起至6月20日止
4 月　筑巢月（夏一月）——6月21日起至7月20日止
5 月　育雏月（夏二月）——7月21日起至8月20日止
6 月　成群月（夏三月）——8月21日起至9月20日止
7 月　候鸟辞乡月（秋一月）——9月21日起至10月20日止
8 月　仓满粮足月（秋二月）——10月21日起至11月20日止
9 月　冬季客至月（秋三月）——11月21日起至12月20日止
10月　小道初白月（冬一月）——12月21日起至1月20日止
11月　啼饥号寒月（冬二月）——1月21日起至2月20日止
12月　熬待春归月（冬三月）——2月21日起至3月20日止

森 林 报

苏醒月

No.1　　　　(春一月)

三月二十一日至四月二十日　　　　太阳进入白羊星座

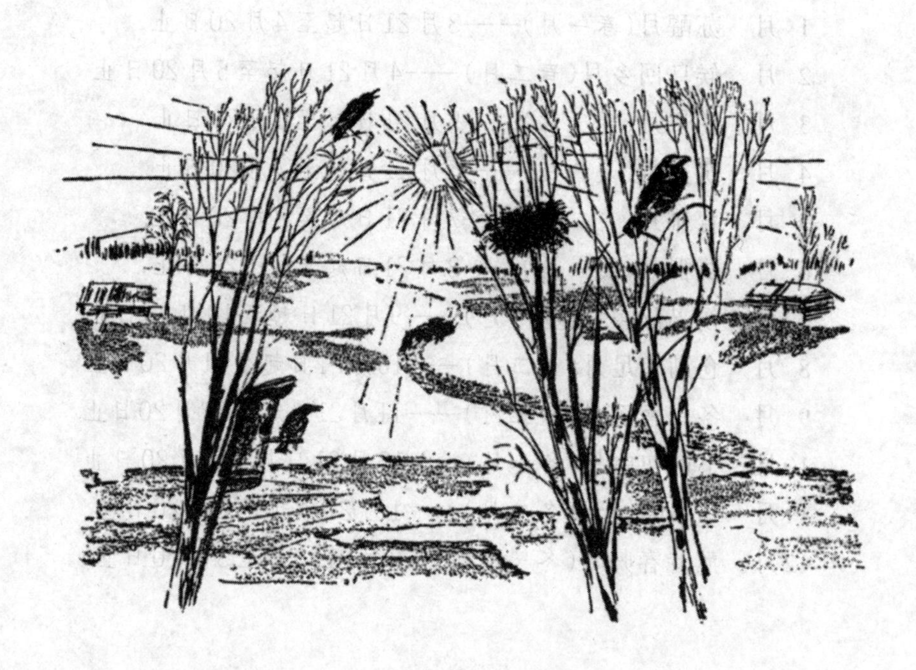

第一期目录

一年——分十二个月谱写的太阳诗章

新 年 好!

三月二十一日是春分,白昼和黑夜等长:一昼夜中一半时间天上照着太阳,一半时间是夜晚。这一天森林里万物都在庆贺新年,这是节令转向春季的开始。

我们民间说:“三月是冒汽和滴水的月份。”太阳开始征服严冬。积雪正在变得疏松、多孔、潮湿,已经不再如冬天那样强壮,正变得虚弱无力!凭颜色就可看出夏季为期不远了。屋檐上挂下一条条冰锥,晶莹的水滴沿着它们流淌,一滴滴坠落……水流汇成了一个个水洼,于是街头的麻雀就在水洼里扑腾,洗去冬季在羽毛上沾上的烟灰。花园里山雀舒展着银铃般欢乐的歌喉。

春天张着阳光的翅膀飞到了我们身边。它有着严格的工作顺序。它要做的第一件事是解放大地:让大地露出一块块化开冰雪的地方。而河水还在冰下酣睡。在白雪的覆盖下沉睡的还有森林。

按照俄罗斯古老的习俗,三月二十一日早晨要烤黄雀形状的小圆面包——面包上捏出一个鸟嘴,眼睛的位置安着葡萄干。这一天我们把鸣禽放归自由。按照我们的新习俗爱鸟月也从这一天开始了。孩子们把这个月献给我们那些会飞的小朋友:在树上挂上数以千计的小鸟屋——椋鸟屋、山雀屋、镂空的小圆木;把灌木枝条扎起来让鸟做窝;为可亲可爱的小宾客准备免费食堂;在学校和俱乐部作报告,讲述飞羽大军如何保卫我们的森林、田地、花园和菜地,应当如何爱护和殷勤照看我们那些快乐的飞羽歌手。

三月里,台阶下面栖身的母鸡将像喝醉了酒似的。

首份林中来电

（本报记者）

白嘴鸦开启新春之门

白嘴鸦开启了新春之门。所有融雪后露出的地方都出现了一群群白嘴鸦。

白嘴鸦在南方度过冬天。它们趁着好天气急急忙忙飞往我们北方,赶回自己的故乡。在飞行途中它们不止一次遇到了强大的暴风雪。几十上百只鸟儿因体力耗尽而在途中牺牲。

最初飞到的是体力最好的那些。现在它们正在休息。它们傲然自得地在路上踱步,用坚硬的喙啄地觅食。

笼罩天空的沉重而阴暗的乌云消失了。蓝蓝的天空飘浮着一团团积云,犹如一个个大雪堆。野兽产下了最初的幼崽。驼鹿和狍子长出了新角。森林里黄雀、山雀和凤头鸡开始唱歌。我们正期待着椋鸟和云雀飞来。我们在连根拔起的云杉树的根下发现了熊洞。我们守候在旁边,准备通报熊出洞的消息。冰下融化的雪水隐秘地汇成了一道道涓涓细流。森林里不停地在滴水,因为树上的雪正在融化。一到夜晚严寒又重新把坚冰锻造。

林间纪事

第一个蛋

在所有的鸟类中雌乌鸦最先生蛋。它的窝筑在高高的云杉树上,树上盖着厚厚的积雪。

为了不使蛋结冰,也为了不使小鸟冻死,母鸦守在窝里寸步不离。它的食物由公鸦供给。

雪地里吃奶的孩子

田野里还是白雪皑皑,可是兔子却已经在下崽儿了。

小兔崽儿生下来眼睛就看得见,身上裹着厚厚的毛皮。它们来到这世上就会奔跑。吃饱了妈妈的奶

以后,它们就到处乱跑,藏到灌木丛和草丘下面。它们安安静静地躺在那里,既不叫也不闹,尽管妈妈跑到了别处。

过了一天,又过了一天,两天。兔妈妈在整个田野里到处蹦蹦跳跳,早把小兔崽儿忘得干干净净。小兔崽儿却还在原地躺着。它们可不能乱跑:万一正好被鹞鹰发现或跑到狐狸出没的地方呢!

终于有一只兔妈妈从旁边跑过。不过这不是它们的妈妈,而是别家的阿姨。小兔崽儿向它跳去:喂我们吃吧!行,那有什么好说的,请吃吧。它把它们喂饱了,又顾自向前去了。

于是小兔崽儿们又躺到了灌木丛下。而它们的妈妈却在别的地方给别家的兔宝宝喂奶。

兔子就是这么办的:所有兔宝宝都被认为是大家的孩子。母兔无论在哪儿遇见兔崽子,都会给它们喂奶。对它来说,不管是自己生的还是别家生的,都一样。

你们认为这些流浪儿日子过得很糟糕,是吗?一点也不!它们身上暖暖的:裹着毛皮大衣呢。而兔子的奶呢又甜又浓,小兔崽儿只要一次吸足了,以后一连几天都不会觉得肚子饿。

到第八第九天,小兔崽儿就开始用牙齿啃草吃了。

最先开放的鲜花

最先开放的鲜花出现了。但是地面上见不着它,它还盖在雪下面呢。只有森林的边缘才有潺潺流淌的春水,水沟里水满到了边。就在这儿,棕褐色春水的上方,一棵榛子树光秃秃的枝条上，冒出了最先绽放的鲜花。

树枝上垂挂着一串串柔软的尾巴样花穗，它们被称为柔荑花序，但并不像耳环[①]。如果你摇晃一下这样的花穗，就会有花粉像云一样纷纷飘落下来。

然而还有叫人惊讶的事呢：在榛子树的这些枝条上还有别的花。这些花成双或成三地长着，可以把它们看作花蕾，但是从每一个花蕾的顶端伸出一对浅红色的线状小舌头。这是柱头[②]，能捕抓从别的榛子树上飘来的花粉。

风儿自由地在光秃秃的枝条间游荡，因为上面没有叶子，所以没有任何东西妨碍它摇晃花穗并接住花粉。

榛子树的花谢了。花穗也脱落了。奇异的蕾状小花上浅红色的小舌头也干枯了。但是每一朵这样的小花变成了一颗榛子。

H.帕甫洛娃

春天里的花招

在森林里，凶猛的动物要攻击温和的动物。在哪儿发现，就在哪儿抓捕。

冬季，在白茫茫的雪地里你不会很快发现白色的雪兔和山

---

① 在俄语中“柔荑花序”和“耳环”两词的发音和拼写完全相同，都读如“谢辽什卡”。“柔荑花序”是植物学名词，指具有许多单性花的下垂的轴上生长的穗状花序，如柳、桦的花都属此类。

② 柱头，植物学名词，它是花中雌蕊的顶端，能承受花粉。

鹑。可如今雪正在融化，许多地方露出了土地。狼、狐狸、鹞鹰、猫头鹰，甚至小小的白鼬和银鼠，都老远就能发现融雪后露出的黑色地面反衬下的白色皮毛和羽毛。

于是雪兔和白山鹑就使出了鬼点子：它们把毛褪了，换了颜色。雪兔全身变成了灰色，山鹑把许多白色羽毛脱了，在那里长出了带黑色条纹的棕色和铁锈红色的新羽毛。现在雪兔和山鹑不那么容易被发现了：它们穿上了伪装。

一些具有攻击性的动物也被迫采取了伪装。银鼠在冬季全身一片白色，白鼬也一样，只是尾巴末端是黑的。这样它们俩在雪地里能很方便地向生性温和的动物偷偷逼近：白对白。

可是现在它们也褪了毛，变成了灰色。银鼠也一身灰，不过白鼬尾巴的末端仍然和原来一样，还是黑的。但是你要知道衣服上的小黑斑无论冬夏都没有坏处：因为雪地里也有小黑点——尘屑和小树枝，至于在地面和草上你想要多少就有多少。

冬季的来客准备上路

在我们整个州，车辆过往的道路上，能发现一群群白色的小鸟，样子像黄鹀。这是我们冬季的来客——铁爪

雪鸦。

它们的故乡在冻土带、北冰洋的岛屿和海岸。那里的土地还不会很快解冻。

崩 塌

森林里开始发生可怕的雪崩。

松鼠正在一棵大云杉的树枝上自己温暖的窝里睡觉。

突然,从树的顶端落下沉甸甸的一团雪,正好砸在窝顶。松鼠跳出了窝,可是它无助的新生幼崽却留在了窝里。

松鼠立马开始把雪往四下里扒。幸好雪原来只压到了用粗大的枝条搭成的窝顶,用柔软的苔藓做成的圆形内窝完好无损。小松鼠在窝里甚至没有被惊醒。它们还很小——跟小老鼠一般大,身上光溜溜的,还没有开眼,也不懂事。

潮湿的住所

雪正在不停地化。森林里住在地下的居民们日子难过了:鼹鼠、鼩鼱、老鼠、田鼠、狐狸和其他穴地而居的大小兽类现在都饱受潮湿之苦。当这些雪都化成水的时候,它们该怎么办?

谜一般的茸毛

沼泽地的雪都化了,一个个草墩之间都是水。而草墩下面却挺立着一支支银光闪闪的白色小毛笔,在光滑的绿色小茎上摇晃。难道是随风飞扬的小果实来不及在秋季飘向四方?难道它们是在雪下越的冬?令人难以置信:它们太干净,太清新了!

如果你摘下一支这样的小毛笔,展开这些毛毛,谜就解开了。这是花朵。在它丝状的毛毛中间,能看见黄黄的雄蕊和线状柱头。

羊胡子草就这么开花,而花上的毛毛是用来保温的,因为夜晚依然是那么寒冷。

H.帕甫洛娃

在常绿的森林里

常绿的植物并非只能在热带或地中海沿岸看到。我们北方也有着和常绿的灌木共生的常绿乔木。就是现在,在新年的第一个月里,走进这样的森林,会感到特别惬意,既看不到褐色朽烂的树枝,也看不到令人厌恶的枯草。

枝叶扶疏的亮绿色年轻小松树老远就在招引来客。在这儿,置身其间是何等快乐!什么都是有生命的:软绵绵的苔藓,长着一簇簇光鲜叶子的越橘丛、帚石楠。精致的帚石楠,它那被异常纤细的叶子像瓦片一样覆盖的细枝上,还保留着去年的淡紫色小花。

在沼泽边缘还可看见一种常绿灌木——小石楠。它那深色的叶子,边缘下卷,下面确实是白的,所以叫“下面白”[①]。可是如果有人在这种灌木旁边驻足停留,不会对叶子久久地仔细观察。因为他一定会发现更有趣的东西:花朵。那是一个个美丽的绯红色小铃铛,样子像越橘花。这么早的时节在森林里发现鲜花,这可是一份意外的欣喜。假如你采上这么一束花,谁也不会相信它竟采自野外,而不是来自温室。

因为在早春时节难得会有人在常绿的森林里散步。

H.帕甫洛娃

鹞鹰和白嘴鸦*

“哔——哔! 嘎——嘎——嘎!”我的头顶上方传来一种叫

① 在俄语中“小石楠”这个词按其读音和构成,意思就是“下面白”。

声。我回过头去，看见五只白嘴鸦[①]跟在一只鹞鹰后面飞。鹞鹰向四面躲闪着，白嘴鸦却穷追不舍，啄它的头部。鹞鹰痛得哔哔直叫。最后它得以成功脱身，远飞而去。

我站在一座高高的山上，所以能看得很远。我看到一只鹞鹰停在一棵树上——喘口气休息一会儿，突然不知从哪儿飞出闹嚷嚷的一大群白嘴鸦，猛然向它袭来。这时鹞鹰完全陷入了困境。它疯狂地尖叫着向一只白嘴鸦冲去。那一只害怕了，向一旁飞逃而去。于是鹞鹰非常灵活、毫无障碍地溜向了高空。白嘴鸦群失去自己捕捉的对象后，就在田野上四下飞散了。

驻林地记者:K.梅什里亚耶夫

① 又译“秃鼻鸦”，成大群筑巢于高大乔木。

第二份林中来电

（本报特派记者）

椋鸟和云雀已经飞来，并开始唱歌。

我们等候狗熊出洞已经等腻了。我们曾想：莫非它在洞里冻死了？

突然积雪松动起来。

然而从洞里爬出来的根本不是熊，而是一头从未见过的野兽，个头相当于一头大的猪崽儿，全身是毛，黑肚子，略显白色的脑袋上有两道深色花纹。

原来这不是熊洞，而是獾穴，从洞穴里出来的是一只獾。

如今它再也不会睡着了，每到夜晚就会搜集蜗牛、幼虫和甲虫，吃植物的根和捉老鼠。

我们开始在整座林子里搜寻，还是找到了熊洞，现在可是真正的熊洞了。

熊还在睡觉。

水漫到了冰上。

积雪正在崩塌，松鸡正在发出求偶的鸣叫，啄木鸟在树上敲响了鼓点。

飞来了破冰鸟——白鹡鸰①。

走雪橇的路损坏了，农庄庄员们用马车替代了雪橇。

① 属于雀形目的鸟类，以昆虫为食。

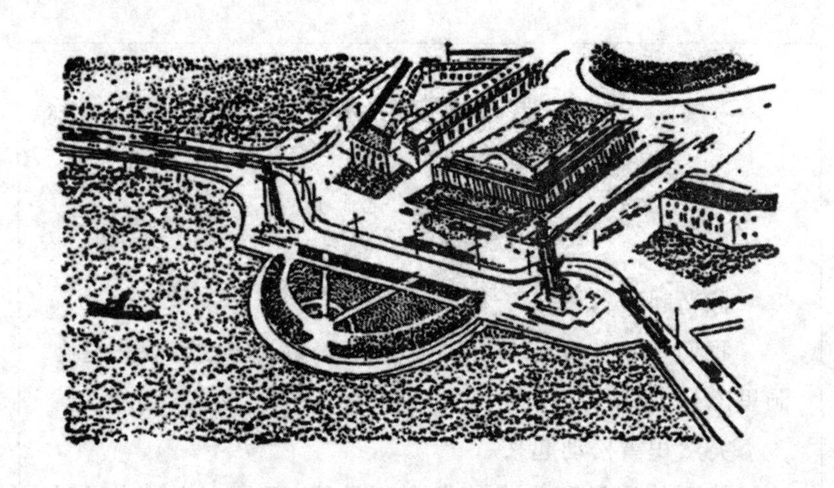

都市新闻

屋顶音乐会

每到夜晚屋顶上就举行猫咪音乐会。猫可喜欢这样的音乐会呢。音乐会总是以歌手们绝望的吵架收场。

走访顶层阁楼

《森林报》的一名员工最近几天走访了城市中心区的许多人家,以便了解顶层阁楼居民们的生活条件。

占据此地各个角落的鸟儿似乎对自己的住处相当满意。谁觉得冷,就可以把身子紧贴到炉灶的烟囱边,利用免费的供暖设施取暖。鸽子已经在孵卵,麻雀和寒鸦在全城收集筑巢的秸秆和制作自己羽绒褥子用的绒毛与羽毛。

鸟儿唯一抱怨的是猫咪和小孩儿,因为他们常拆毁它们的鸟窝。

麻雀的骚乱

椋鸟屋附近一片叫声和争斗声。绒毛、草屑和羽毛随风飘扬。

这是回家的主人——椋鸟抓住了入住椋鸟屋的麻雀的后颈,把它们扔出去,随之扔出的是麻雀毛——为了不让窝里留下麻雀的气息!

抹灰工站在吊架上往屋檐下的缝隙里抹墙灰。麻雀在屋檐边上跳跃,用一只眼张望檐板的下方,叫嚣着直接冲着抹灰工的脸上扑。抹灰工挥动自己的小泥工铲驱赶它们。他怎么也没有想到,他正在糊死的缝隙中,有一个已产下蛋的麻雀窝。

四周都是叫声。四周都是争斗声。绒毛和羽毛随风飘扬。

驻林地记者:H.斯拉特科夫

昏昏欲睡的苍蝇

户外出现了蓝中带绿、有金属光泽的大苍蝇。它们现出一副昏昏欲睡的样子,仿佛在秋天似的。它们还不会飞,只是摇摇晃晃地撑着细细的腿,在房屋的墙上爬行。

苍蝇整个白天都在太阳下取暖,到夜间又爬进墙壁和围墙的缝隙和小孔里。

苍蝇，提防游荡的杀手！

列宁格勒的户外出现了一种游来荡去的蜘蛛。

都说狼靠四条腿吃饱肚子。这些蜘蛛也一样。它们不像十字圆蛛那样编织阴险的网，而是在攻击苍蝇和别的昆虫时从伏击点跳出来，猛扑过去。

迎春虫

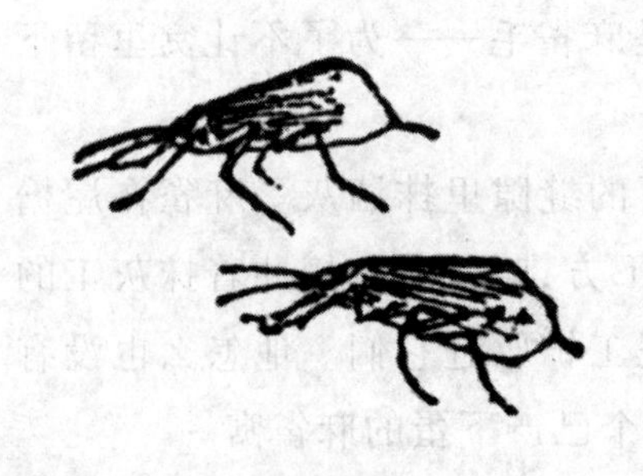

几只丑陋笨拙的幼虫从河上的冰缝里爬出了水面。它们攀缘着爬上滨河的街道，蜕掉裹在身上的外皮，变为长着翅膀、身体细小匀称的昆虫，它们既非苍蝇，又非蝴蝶，它们是襀翅目的迎春虫①。

它们虽然长着长长的翅膀，身体又轻，却还不会飞翔，因为还很虚弱。它们需要阳光。

它们徒步穿越马路。行人、马蹄和汽车轮子都会把它们碾死。麻雀会利索地将它们当作美食。可是它们依然不停地走着，走着，因为它们的数量成千上万。

成功穿越了街道的迎春虫，就能爬上房屋的墙壁去享受阳光。

① 这是一个昆虫的种类，属于襀翅目，成虫出现于早春。俄语中“襀翅目”一词与“春歌”一词同音同形，故译者又依其成虫出现于早春的特点，权将其译为“迎春虫”。

林区观察

由观察大自然的著名行家德·尼·卡依戈罗多夫发起的对林区不间断的物候学[1]观察，从开始至今已经八十年了。

如今在苏联，物候学观察家们是由以卡依戈罗多夫的名字命名的一个专门委员会领导的，这个委员会从属于全苏地理学会。

物候学观察家们从国内不同的州和加盟共和国将自己的信息发往委员会。对候鸟的飞临飞离、植物的花开花落、昆虫的出现消失多年一贯的登记，使所谓的"大自然日历"的编制有了可能。这种日历有助于预测和确定各种农事期限。

在森林区现在成立了一个国家物候学中心站。在全世界，这样的观察站一共只有三个，那里的观察期都超过了五十年。

给椋鸟安个窝

如果谁想在自家花园里有椋鸟迁来居住，那就赶紧给它造间房子。这房子应该干干净净，有一扇小门，门的大小要使椋鸟

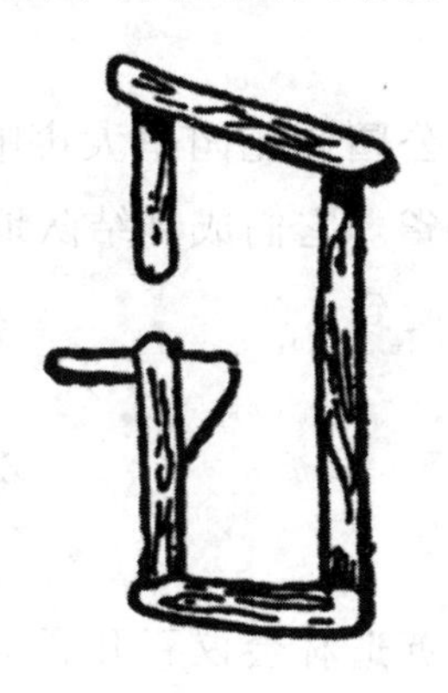

① 研究生物界季节现象的科学。

能钻得进，而猫却进不去。

为了使猫爪子够不着椋鸟，要在门内侧装一个木头三角形。

小蚊子飞舞

在阳光明媚、气候温暖的日子，已经有小蚊子在空中飞舞了。不必害怕它们，因为它们不叮人，它们是舞虻。

它们汇成小小的一群，像一根小柱子那样停留在空中，彼此碰撞，飞舞打转。凡是有许多舞虻的地方，空中就布满了像雀斑一样的小点儿。

最先现身的蝴蝶

蝴蝶在阳光下吹风，弄干自己的翅膀。

最先现身的蝴蝶是带红点的暗褐色荨麻蛱蝶和淡黄色黄粉蝶，它们在顶层阁楼间越冬。

公园见闻

在公园和花园里大声啾啾叫的是肚皮紫色、头戴蓝帽的雄苍头燕雀。它们成群结队地待在一起，等候雌雀飞来，后者总是比它们晚到。

新森林

全苏造林会议召开了。林业区主任、育林科学家、农艺家汇集一堂。出席会议的还有列宁格勒的市民。

在我国草原地区植树造林的科学研究和实践工作已进行了一百多年。人们选择了三百个可供种植的乔木和灌木品种，它们在各种草原上的生长都是最稳定的。例如在顿河草原生长较为稳定的是与锦鸡儿、忍冬和其他灌木交替种植的橡树。

我们的工厂生产一种新的机器，借助于这种机器可以在短期内种植一片大面积的树林。植树造林的面积已达几十万公顷。

最近几年还要在全国再造几百万公顷新林。它们将提高我们耕地的作物产量。

塔斯社列宁格勒讯

春季的鲜花

在花园、公园和院子里款冬①淡黄色的花朵盛开了。

① 款冬是菊科的多年生草本植物，叶圆形，可入药，有祛痰功效，一面光滑，贴到脸上有凉意，另一面有茸毛，贴到脸上有暖意，故俄语中该植物有一个有趣的名称，如按字面意译当为“亲娘和后娘”。

街上已经在出售采自森林的早春鲜花。卖花人称这种花为“雪下紫罗兰”，尽管无论花的形状还是香味都不大像紫罗兰。它的正式名称是“蓝色獐耳细辛”。

树木也正在苏醒：白桦树体内的液汁已开始流动。

谁会游入坝内水中

一条条小溪在森林公园里的几道冲沟里潺潺奔流。本报驻林地记者们在一条小溪上用石子和泥土筑了一道坝。他们开始守候，看谁会游入他们身边坝内的水中。

等了好久没有什么东西游过来，水流只带来了一些碎木片和小树枝，它们在水里打转。

后来水底流过来一只死的小老鼠，而且不是一般的老鼠，不像家鼠那样颜色是灰的，拖一条长尾巴，它是红棕色的，尾巴短短的。原来是只田鼠。

它也许冻死了，在雪下躺了整个冬天。现在雪化作了水，于是溪流要把这只死去的小老鼠不知带向何方。

接着水流带来一只黑甲虫。它挣扎着在水里打转,但就是无法从水中爬出来。小伙伴们起初以为这是只水甲虫,可是拿出水一看,原来是只在旱地里走的屎壳郎①。

那就是说连屎壳郎也苏醒了。当然它不是有意进入溪流的。

再后来就看到一只动物长长的后腿一推又收拢,一推又收拢！它自个儿就划到了坝内的水中啦,你们想,这该是什么呢?青蛙!

四周依然是冰雪世界,可它说来就来了。

它爬上水坝,一蹦,一跳——就到了灌木丛下面啦。

终于有一头野兽游来了:棕红色的,样子像老鼠,只是尾巴要短得多。它是水䶄②。

它储备了许多过冬吃的籽实,但到春天快来的时候大概已经吃得一干二净了。这不,出来小偷小摸啦。

款　冬

小丘上早已出现一簇簇款冬的小茎,每一簇就是一个小家庭。比较年长的小茎形态苗条,高高地擎着头状花序,而一些小的、粗粗而难看的小茎则紧紧地挨在它们身边。

它们俯首弯腰地站着,样子着实可笑,似乎望着这世界感到害羞,脸红。

每一个小家庭都是从地下的根状茎长出来的,从秋季起根状茎就储备了养料。现在,储备的养料正在消耗,但是保障整个

① 这是昆虫的一个种类,学名为蜣螂。俄语中该词的意思和“屎壳郎”相近,故未按正式学名译。

② 这也是啮齿目哺乳动物,该名称在俄文中是个词组,若按字面机械翻译则为“水老鼠”,但它是一个专门学名,所以不能这么译。

花期的支出绰有余裕。不久每一个花序将化为黄色放射状的花朵，确切地说不是花朵，而是花序，由彼此紧紧相依的小花汇集而成的一个整体。

当这些花开始凋谢的时候，从根状茎里长出了叶子。这些叶子开始忙自己的事——重新往根状茎里储藏养料。

H.帕甫洛娃

来自天空的号角声

列宁格勒的居民们十分吃惊：天空中传来了号角声。在朝霞刚刚升起的时候，这声音听起来非常清晰，这时城市尚未从睡梦中苏醒，街道上也没有车辆过往的辘辘声。

如果有人眼力好，仔细望去，会发现就在白云下面有一群伸直了长脖子的白色大鸟。

这是野生的天鹅——黄嘴天鹅的鸟阵在飞行。

每年春季它们从我们城市的上空飞过，用号角般的嘹亮声音鸣叫：唝！唝！唝！唝！但是由于街上车来人往熙熙攘攘的喧闹声，我们不大能听到它们的鸣叫。

现在天鹅正匆匆赶往科纳半岛的营巢栖息地，阿尔汉格尔斯克近郊，北德维纳河的两岸。

过节通行证*

我们正在等候我们长羽毛的朋友。少先队委员会嘱咐每个少先队员制作一个椋鸟箱。

于是我们大家都开始忙这件事了。我们有个木工工场。如果有人还不会做椋鸟箱,可以在木工间学会它。

我们在自己学校花园里挂了许多供鸟类栖息的小木屋。让它们在我们这儿住下,保护苹果树、梨树和樱桃树不受毛毛虫和甲虫的侵害。当学校庆祝爱鸟节的时候,每个少先队员就会带着椋鸟箱来参加集会。我们就是这么约定的。椋鸟箱就是我们过节的通行证。

驻林地记者:沃洛佳·诺维、任尼亚·科里亚根

第三份林中急电

（本报特派记者）

我们守候在一个洞口边的树上。

突然下面不知是谁掀开了积雪，露出了一头野兽黑色的脑袋。

这是一头母熊爬出了洞穴。跟着它出来的是两只小熊崽儿。

我们看到它张大了整个嘴巴美美地打了个哈欠。然后它就向森林里走去。小熊崽儿连蹦带跳跟着它跑。我们只来得及发现它瘦得很厉害，变得蓬头垢面。

现在它在林子里到处徘徊——长久的冬眠以后它已十分饥饿，所以见什么吃什么：植物的根、隔年的草和浆果，如果碰巧了也不会放过一只兔崽子。

洪水来了

冬季的统治被推翻了。云雀和椋鸟唱得正欢。

水顶破了冰封的顶棚,涌向了自由天地,流向广袤的田野。

田野上正是烈火熊熊:阳光下积雪闪闪发光。雪下面钻出了欢乐的绿色嫩芽。

汛期的水面上出现了最早的野鸭和野鹅[1]。

看见了第一条小蜥蜴。它从树皮下面爬出来,爬上树墩,在太阳下取暖。

每天有那么多的事发生,简直来不及记载。

和城市的交通中断了。洪水来了。

有关洪水造成的损失我们在下期《森林报》出版前由信鸽报告。

① 野鹅即大雁。

狩猎纪事

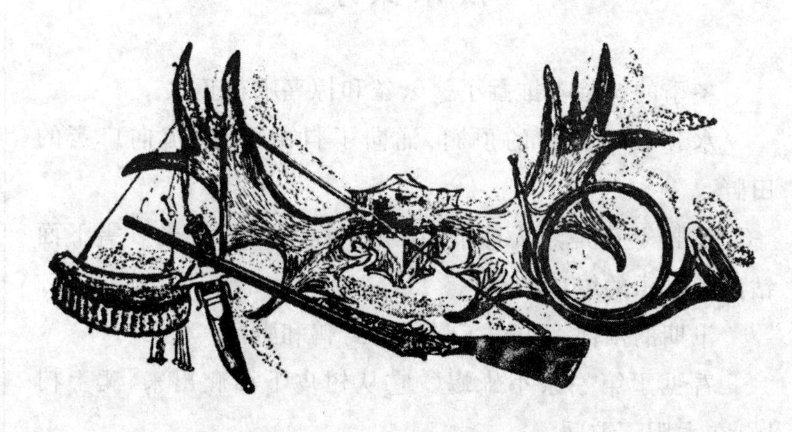

春季的狩猎只允许在一个短暂的期限内进行。如果春天来得早，狩猎开始得也早，如果春天来得迟，狩猎开始得也迟。

春季狩猎的对象是林中和水中生活的鸟类。人们只能打雄鸟——公野鸡和公野鸭，而且不许带猎狗。

伏猎丘鹬

猎人白天出城，傍晚他已经在森林里了。

苍茫无风的傍晚，下着毛毛细雨，天气暖和，是张网捕猎的好天气。

猎人选择了一块林边空地，站到了一棵小云杉树前面。周围林子的树都不高，有赤杨、白桦和云杉。离太阳下山还有一刻钟。眼下还有时间抽口烟，过会儿就不能抽了。

猎人站定了听着——林子里鸟儿各展歌喉唱着各样的曲儿：鸫鸟在云杉尖尖的树顶啾啾唧唧地啼鸣；红胸鸲鸟在密林里吱吱地叫。

太阳落下了。鸟儿一只接一只地停止了歌唱。最后安静下来的是善鸣的鸫鸟和鸲鸟。

现在守候着，听仔细了！林子上空变得那么安静：

"哧，哧！嚁——尔，嚁尔！"

"哧，哧！"

对了，一共是两只！

林中两只长嘴丘鹬快速地用翅膀扇动着空气，在森林上空疾飞。

一只紧跟着一只，没有打架。

这表明前面那只是雌鸟，后面那只是雄鸟。

砰！……于是后面那只丘鹬在空中一圈圈翻滚着徐徐下落到灌木丛里。

猎人箭一般向它跑去：要是受伤的禽兽逃跑了，钻到了灌木丛下面，就怎么也找不到了。

丘鹬所有羽毛的颜色都像平放在地的枯叶。

就是它——挂在了灌木上。

这时旁边又有一处传来了一只叫"哧哧"，另一只叫"嚁尔"的声音。

还远着呢，枪弹够不着。

猎人又站到了云杉后面。他谛听着，打起了精神。林子里寂然无声。

又来了：

"哧，哧！嚁——尔，嚁——尔！"

声音来自旁边，来自旁边——远得很……

把它引过来？它会拐过来吗，也许？

猎人摘下帽子，抛向空中。

丘鹬眼很尖，正看着呢：在昏暗的暮色中它在窥视着雌鸟。它发现有一件东西从地上升起来，又向下落去。

是雌鹬吗？

它转过向，猛冲过来——正对猎人的方向。

砰！——这一只也一个跟头翻落下来了！像一块木头一样碰到了地面。一枪致命！

天黑下来了。时而这儿时而那儿传来“哧哧”“嚯尔”的叫声——只是拐来拐去。

猎人的手激动得在打战。

砰！砰！——擦边而过！

砰！砰！——又打偏了！

最好别开枪，放过一两只——得让它宽宽心。

这时手的颤抖过去了。

现在可以打了。

森林中黑暗的深处，雕鸮①在一个地方发出低沉而可怕的呜呜叫声。鸫鸟在朦胧中尖厉而惊恐地唧唧叫起来。

天黑了——很快就开不了枪了。

听，终于来了：

“哧，哧！”

另一方向也叫了起来：

“哧，哧！”

这两只鸟正好在猎人头顶上空碰上了，还打了起来。

“砰砰！”——连发两枪，两只都掉了下来。一只像一团土那样下来，另一只一圈圈翻滚着落下，直接落到他脚边。

---

① 鸮形目的猛禽。

现在该走了。

趁小路还看得出，应当到靠近鸟类发情场所的地方。

松鸡情场

夜里猎人坐在林子里，吃了点东西，就着军用水壶里的水吞下肚去：不能生火，会把鸟惊飞的。

不用等多久天就要亮了，而求偶开始得很早——在快天亮的时候。

雕鸮在黑夜的寂静中低沉地呜呜叫了两次。

这该死的东西，会把求偶的两只鸟赶散的！

东方的天边稍稍露了点白色，就隐隐约约听见在一个地方松鸡开始嘚嘚咯咯地叫了。

猎人霍的一下跳起来，倾听着。

现在是第二只在叫了。不远，离他一百五十步的地方。第三只……

猎人蹑手蹑脚地走着，一点点靠近。双手握着猎枪，扳机已经扣上。眼睛紧紧盯住黑黢黢的一棵棵粗壮的云杉。

现在听到嘚嘚的叫声停止了，松鸡开始咯咯地叫起来，它的好戏开始了——唱起了带颤音的歌声。

猎人大步流星地跳开原先站立的位置——一下，两下，三下，然后像栽进地里似的站定了。

发颤的歌声戛然而止，四周变得寂然无声。

松鸡现在正高度戒备着，在张耳谛听。它耳朵尖得很，只要你轻轻发出一点咔嚓声，它马上就脱身飞走，翅膀在林子里发出很响的扇动声，消失得无影无踪。它什么也没听见，又嘚嘚叫起来：“嘚——嘚！嘚——嘚！”仿佛两块木头响板在相互

轻轻地敲击。

猎人站着。

松鸡的好戏又开场了。

猎人纵身一跳。

松鸡唱起了情歌,中断了嘚嘚的叫声。

猎人的一条腿刚抬起就停住不动了。松鸡屏住了呼吸:它又在倾听。

又和刚才一样叫起来:“嘚——嘚!嘚——嘚!”

如此循环往复了好多次。

这时猎人已近在咫尺,松鸡就停在这几棵云杉树的某一处——低低的,半棵树高的位置!

它正在谈情说爱,头脑完全发热了,现在已经什么也听不见,即使你大喊大叫也没关系!

但是它究竟在哪里呢?在黑压压的针叶丛里你是分辨不

清的。

嘿，你这个鬼精灵！就在那儿！在一根毛茸茸的云杉树枝上，就在近旁，离这儿三十步左右，眼见得一个长长黑黑的脖子，长一撮山羊胡子的一个鸟脑袋……

它不叫了，一动也动不得……

“嘚——嘚！嘚——嘚！”——接着是带颤音的歌声。

猎人举起了猎枪。

准星在一只大鸟黑魆魆的身影上游移，它蓄着一撮胡子，有个像一把大扇子那样张开的尾巴。

应当选择一个致命点瞄准。霰弹打到松鸡紧密的翅膀上会滑落，伤不到躯体庞大的鸟儿。最好击中头颈。

砰！——它坠落到雪地上。

看吧，大公松鸡！它身高体大，重量不会少于五公斤！它的眉毛红红的，跟淋了血似的……

林间剧院

黑琴鸡的情场

（本报特派记者）

在一块很大的林间空地上正在上演一场好戏。太阳还没有升起，但什么都看得见：是个白夜。

看戏的观众已经聚集在一起，它们是黑琴鸡的雏鸟。有几只在下面地上觅食，另外几只神气十足地停在树上。

它们正在等待演出开始。

这时从森林里飞出一只黑琴鸡，降落到林间空地的中央，它全身漆黑，翅膀上有几道白条纹。

它用像纽扣一样的一双黑眼睛敏锐地打量着情场……

林间空地上除了做看客的雏鸟,还没有别的角儿。

可是那灌木丛后面是什么?好像昨天那儿没那玩意儿?再说了,有那样的荒唐事吗:难道一昼夜之间小云杉会长高一米?记不起了,简直……老了,记忆力衰退了。

是开场的时候了。

情场的主角再次回头看了一眼观众,曲颈俯首向着地面,竖起了富丽堂皇的尾巴,斜伸的两只翅膀碰着了地。

这时它开始喃喃自语。

那声音听起来是这样的:

"我要把大衣卖掉,买回一件肥外套,买回一件肥外套!"

它挺直了身子,对情场四下里环顾一番,又叫了起来:

"买回一件肥外套,买回一件肥外套!"

笃!又一只公黑琴鸡在情场降落。

笃!笃!——越来越多的公黑琴鸡飞来,将自己坚强的腿脚落到地面上。

嘿,你这个情场主角,瞧你这副气势汹汹的样子!

大家都把羽毛竖了起来。

它们把脑袋点着,尾巴像扇子一样展开,同时叫道:

"丘——弗!丘——弗!"

这是挑战的呼号:谁个不怕折断了羽毛,过来试试!

情场另一头有一只公黑琴鸡应声呼叫:

"丘——弗!我们天不怕地不怕,来试试吧——过来呀!"

"丘——弗!丘——弗!"这时它们已聚集了二十只,三十只——数也数不清!你随便挑哪一只,都是摆好架势准备格斗的主儿。

雌黑琴鸡静悄悄地停在树枝上,丝毫不露对它们的表演感兴趣的表情。这些狡猾的美丽姑娘正使着坏呢!这场戏正是为它们演的。为了它们那些黑衣斗士才飞集到这里,它们张着翅膀一样的尾巴,竖起热烈、血红色的双眉。

每一只都想在美女面前露一露自己的彪悍和力量。行动笨拙、力气不够的胆小鬼,滚开!只有胆大者、机灵者和最英武者才够格和它们配对。

就在这时好戏开场了……

整个情场响起了喃喃自语、丘弗丘弗的叫声,大家都曲颈向地,彼此跳跃着接近对方,汇聚在一起……

有两只聚在了一起,嘴对着嘴,直向对手的面孔啄去:

"丘什!"这是怒不可遏的低声吆喝。

天色明朗起来。舞台上升起了白夜透明的轻纱帷幕。

在小云杉树丛之间(情场上的这些小树丛是从哪儿冒出来的?)闪耀着金属的光芒。

公黑琴鸡顾不上那些小树丛。

每一只都在一心对付自己的敌手。

情场主角离小树丛最近。它已经在和第三个情敌较量。两只已经落荒而逃。说它是情场主角并非平白无故:整座林子里没有比它再强的了。

第三个情敌既勇敢又迅猛。它跳到跟前,向对手猛击一下。

"丘什!"对手用嘶哑的声音恶狠狠地叫道。

停在树上的美女们伸长了脖子。这才像演戏的样子!这才是名副其实的战斗!这一只并不退缩,无论如何也不会退缩。双方又跳近了,硕大的翅膀啪啪地彼此碰响了,在空中交织在一起。

猛击一下,又一下——你看不清是谁打了谁——两者都落地了,朝不同的方向跳开。年轻的那只翅膀上有两根羽毛折断了,残留的那段蓝色羽毛向上翘着,老的那只橙黄色的眉毛上滴

下了鲜血,一只眼睛瞎了。

美女们在树上惶恐不安地来回走动。谁战胜了谁?难道是年轻的战胜了年老的?看它有多帅气:丰满的羽毛泛着蓝光,尾巴上有一道道宽阔的花纹,一只翅膀上还缠着一段耀眼的绷带!

又开打了:彼此跳近,紧紧咬在一起。年老的那只占上风!

厮杀在一起——又彼此跳开。

又扭打成一团,年轻的那只占上风!

现在还剩一个回合,最后一个回合。看!……

它们又走拢了——后退了。

跳近了,咬成一团。

砰!——枪声如雷鸣一般响彻森林。从小树丛里蹿起一溜烟雾。

情场格斗一时中断了。树上的雌鸟伸长了脖子惊呆了。雄鸟惊讶地挺起了鲜红的眉毛。

发生什么事了?

什么事也没有,一切都安然无恙。

什么人也没有。

静悄悄的。小树丛上方的烟雾消散了。公黑琴鸡中有一只回过头去——对手就在面前站着。它跳近一步,用喙向对方脑门啄去!

戏还在继续上演,一对对的公黑琴鸡还在格斗。

然而树上的美女却看见:老的那只和它年轻的对手双双倒在地上死了。

难道它们彼此打死了对方?

演出还在继续。应当看看舞台上的情景。现在最有趣的是哪一对呢?黑衣斗士中谁是今天的胜出者呢?

当太阳在森林上空升起,剧场内空空如也时,猎人走出了用小云杉装饰的窝棚,首先捡起了老黑琴鸡和它年轻的对手。两只都浑身是血:霰弹从头到脚布满了它们的身体。

猎人把它们塞进胸口的袋子,又捡起了被他打死的三只公黑琴鸡,把猎枪扛在肩上,就回家去了。

当他在林子里走的时候,一直谛听和四下环顾:可别遇见什

么人……他今天做了两件见不得人的事:他在法律禁止的时间枪杀了发情群集的公黑琴鸡,而且打死了年老的那只。

明天在林间空地不会再演这场戏:没有情场主角就不会有谁来开演。

情场被毁了。

天南海北趣闻

无线电呼叫

注意！注意！

列宁格勒广播电台——《森林报》广播。

今天，三月二十二日，是春分，我们开辟来自苏联各地的无线电通报栏目。

我们向北方和南方、东方和西方的人们呼叫。

我们向冻土带和原始林区、草原和山区、海洋和沙漠的人们呼叫。

请告诉我们：今天你们那里发生了什么？

请收听！请收听！

北极广播电台

我们这儿正在庆祝盛大的节日：经过了漫长的黑夜后今天

第一次见到了阳光！

今天是太阳在北冰洋上露出它边缘的第一天——只露了个头顶。几分钟后它又藏了起来。

两天以后太阳已经会沿北极爬行了。

再过两天它就会升起来，最终会整个儿脱离洋面升起。

现在我们有了自己短促的白昼，从早到晚一共不过一个小时：毕竟阳光在不断增加，明天白昼会长些，后天会更长些。

我们这儿海水和陆地都覆盖着深深的积雪和厚厚的冰层。白熊在自己的冰窟窿——熊洞里沉睡。任何地方都看不到一丝绿芽，也没有鸟类。只有严寒和暴风雪。

中亚广播电台

我们已经完成马铃薯的种植，开始播种棉花。太阳烤得满街尘土飞扬。桃树、梨树和苹果树正在开花。扁桃、杏、银莲花和风信子的花已经谢了。种植防护林带的工作已经开始。

在我们这儿越冬的乌鸦、寒鸦、白嘴鸦和云雀正启程飞向北方。我们夏季的鸟类已经飞来:燕子、白腹雨燕。大野鸭已经在树洞和土穴里孵出小鸭子,小鸭跳出了巢穴,正在泅水。

远东广播电台

我们这儿的狗已从冬眠中苏醒。

不,不,你们没听错:我们说的正是狗,而不是熊、旱獭,也不是獾。

你们可曾认为任何地方的狗都不冬眠?可我们这儿它们却要冬眠,冬天睡大觉。

我们这儿就生长着一种特殊的狗——野生狗。它的个头儿比狐狸小,腿短短的。它的皮毛是棕色的,又密又长,连耳朵也看不见。它爬进洞穴过冬,像獾一样睡大觉。现在它已苏醒过来,开始捉老鼠和鱼。

它的名字叫貉[1],样子像美洲的一种小熊——浣熊。

在南部沿海我们开始捕捞一种扁平的鱼——比目鱼。在乌苏里地区的密林中老虎已经产下幼崽。小虎崽儿已经睁开眼。

我们一天天地在等待从大洋进入内河的“过境”鱼,它们是到这儿产卵的。

西乌克兰广播电台

我们正在播种小麦。

白鹳从南非回到我们这儿。我们喜欢它们在我们的农舍顶上居住,所以为它们把旧的车轮搬上了屋顶。

现在鹳把树条和枝叶拖来放到车轮上做窝。

我们的养蜂人坐立不安:金光灿灿的蜂虎鸟来了。这些精致细巧、服饰华美的小鸟喜欢把蜜蜂当成美餐。

---

① “貉”这个名称在俄文中是由两个单词组成的词组表示的,按字面直译是“类浣熊狗”。

请收听！请收听！

冻土带亚马尔半岛广播电台

我们这儿依然是严冬，嗅不到春的气息。

一群北方的鹿正在寻觅苔藓充饥，用蹄子扒开积雪，踩开冰层。

到时候还会有乌鸦飞来我们这儿！我们庆祝四月七日的乌鸦节。从乌鸦飞来这天起，我们这儿就算春天开始了，就如在你们列宁格勒从白嘴鸦飞来之日算起那样。我们这里压根儿就没

有白嘴鸦。

新西伯利亚原始森林广播电台

我们这儿大概和你们列宁格勒近郊一样:因为你们也地处原始森林带——针叶林和混合林带,广阔的原始森林地带覆盖着我们全国。

我们这儿夏天才有白嘴鸦,但春天是从寒鸦飞来算起的:寒鸦是离开我们这儿去越冬,到春天最先飞回我们这儿的鸟类。

我们这儿春天是和谐的季节,过得也快。

外贝加尔草原广播电台

一群大脖子的羚羊——黄羊——已启程向南行动:它们正离开我们向蒙古迁徙。

最初的解冻天气对它们来说真是大难临头的日子。白天在底下融化的积雪到严寒的夜晚变成了冰。整个平坦的草原到处都成了溜冰场。黄羊光滑的骨质蹄子在冰上打滑,如同走在镜子上一样,四腿向各方滑去。

而疾走如风的四趾才是羚羊救命的唯一保障。

如今在春季结薄冰的天气里会有多少黄羊命丧于狼和其他猛兽之口!

高加索山区广播电台

我们从春季到冬季是自下而上过渡的。

高山之巅大雪纷飞,而山下的谷地却淫雨霏霏,溪水奔流,

最初的春季汛期开始了。河水喘息着从两岸涌出，滚滚浊流势不可挡地奔向大海，在自己前进的道路上把一切扫荡干净。

山下的谷地里鲜花盛开，树木长出了叶子。绿色植被一天天地沿着温暖向阳的山坡向高处攀登。

跟随着绿色植被的足迹，飞鸟纷至沓来，啮齿动物和食草动物也跟着向高处攀登。狼、狐狸、欧林猫，甚至威胁人类的豹子，都在追逐着狍子、兔子、鹿、山绵羊和山羊。

冬天正向山顶退却。春天紧随其后，步步逼近，和春一起上山的则是所有的生灵。

请收听！请收听！

海洋广播电台

北冰洋广播电台

沿洋面向我们漂来浮冰，是整块整块的冰原。冰上躺着海

豹——浅灰色的海洋兽类，身体两侧颜色较深，这是格陵兰母海豹。它们在这儿的冰上直接产下自己的白色幼崽。小海豹毛茸茸的，白得跟雪一样，鼻子是黑的，眼睛也是黑的。

海豹崽儿还很久不能进入水中，还需很久卧在冰上：因为它们不会游泳。

黑头黑脸、身体两侧也呈黑色的海豹也爬上了浮冰，它们是老的格陵兰公海豹。它们身上正在褪换又短又硬的浅黄色皮毛。它们也到了卧冰漂流的时候，直到换毛结束。

这时整个北冰洋上空有侦察员驾机飞行：他们是来察看眼下冰原上哪儿是母海豹和幼崽的栖息地，哪儿是公海豹换毛的栖息地。

侦察归来后他们就向轮船上的船长报告海豹密集的地方——密集到看不见它们身下的冰层。

在两舷配有猎手的专用捕猎船就在冰原之间迤逦曲折地驶向那里，从事捕猎海豹的营生。

黑海广播电台

我们这儿没有自己的海豹。非常难得有人会侥幸撞见这种野兽。它从水里露一下三米长的脊背又消失了。这是在经过博斯普鲁斯海峡和地中海时偶尔游向我们的黑海豹。

不过我们这儿有数量很多的另一种动物:欢乐的海豚。现在在巴统市近郊正好是捕猎海豚的旺季。

猎人们乘坐机帆船出海。他们观察海鸥从四面八方云集而至的地方,那里就是海豚群集之处。那地方有小鱼的鱼群出没,所以海豚就来了。

海豚喜欢嬉戏:在水面上打滚翻身,就如马儿在草地上那样,有时一条接一条鱼贯着跃出水面,在空中翻跟头。不过这时你是不可能靠近它们去开枪的:它们会溜之大吉。只有当它们在那里觅食,填饱肚皮的时候,船只才能靠近到离它们大约十至十五米的地方,这里能顺当地向它们开枪射击并把它提到船舷上,使打死的海豚不至于沉人水中。

里海广播电台

我们这儿北边还是冰雪世界，所以那里有很多海豹的栖息地。

只是我们这儿小海豹已经长大，而且换了毛，换上了深灰色的皮袄，以后要变成蓝灰色的皮袄。母海豹已经越来越少地从往常出没的圆圆的冰窟窿里爬出来：这是它们最后几次给自己孩子喂奶了。

母海豹也已开始换毛。它们已到游向别的冰块的时候，那里有整群整群的公海豹，它们在一起换毛。它们身下的冰块已在融化，开裂。所以海兽们只好到岸边，在浅沙滩和浅水滩等着把毛换好。

游经我们这儿的鱼类有里海鲱鱼、鲟鱼、欧鳇和许多别的鱼——它们已经从整个里海汇成密集的一个个群体，游向伏尔加河和乌拉尔河河口，这时这两条河流正从上游的冰封中解放出来。

于是争先恐后的竞渡开始了：鱼儿一群接一群地逆流而上，彼此推搡挤压，奔涌着在那里产卵——它们自己也曾在遥远的北方，在这两条河里，以及它们的大支流和小河汊里破卵而生。

整条伏尔加河、卡马河、奥卡河、整条乌拉尔河及其支流沿岸，渔民们准备了渔具来对付急切全力还乡的鱼群。

波罗的海广播电台

我们这儿渔民们已做好准备，去捕捞黍鲱鱼、鲱鱼、鳕鱼，在芬兰湾和里加湾，等冰块消退，就捕欧白鲑鱼、胡瓜鱼和鲑鳟鱼。

我们的港口一个接一个地解了冻，船只从那里驶上遥远的航程。

货船开始从世界各地向我们这儿驶来。冬季正在结束，波罗的海上欢乐的时节正在来临。

请收听！请收听！

中亚沙漠广播电台

我们这儿春天也是快乐的。正下着雨。高温天气还没有到来。到处，甚至在沙漠里，都开始冒出不知哪儿来的小草。

灌木长出了叶子。沉睡了一冬的动物从地下走了出来。屎壳郎和象甲开始飞舞；明晃晃的吉丁虫布满了灌木丛。蜥蜴、蛇、乌龟、黄鼠、沙鼠和跳鼠正在爬出深深的洞穴。

成群巨大的黑色秃鹫从山上飞下来捕猎乌龟。

秃鹫善于用自己长长的钩形喙从乌龟的骨甲内啄食龟肉。

春季的来客都飞来聚会了：小巧的沙漠莺、善舞的石雕、无

所不能的云雀(有大型的鞑靼云雀和小巧的亚洲云雀,也有黑云雀、白翅云雀和凤头云雀)。

因为有了明媚和蔼的春天,就连沙漠你也不能称之为死亡之地:它拥有多少形形色色的生灵啊!

我们的广播——来自苏联各地的无线电通报到此结束。

我们的下次广播在六月二十二日。

森林报

No.2

候鸟回乡月

（春二月）

四月二十一日至五月二十日　　太阳进入金牛星座

第二期目录

一年——分十二个月谱写的太阳诗章

四月——将积雪烧化！四月是睡眠月，是刮风月，是大地回暖月，可是你睁眼看，还会出现某种景象！

在这个月，从山上淌下流水，鱼儿离开了冬眠的营地。春天从积雪下解放了大地，又要去完成自己的第二件事：从冰封下解放河水。融雪的溪流悄悄地闯入河流，河水上涨，脱下了重压在身的坚冰。滚滚春水开始哗哗奔流，漫上了广袤的谷地。

吸足了春水和温暖雨水的大地披上了绿装，缀满了融雪后柔软的野草绽放的绚丽鲜花。森林依然光秃着身躯，它正在等待自己的时序，到时春天会为它操劳忙碌。但是树木的体内液汁已经开始暗自流动，嫩芽正在灌浆，地面、空中、枝头上正在开花。

候鸟迁徙还乡的万里征途

候鸟从越冬地成群结队地飞来了。它们还乡迁徙是严格按照秩序进行的,一队队行动,每一队有自己的次序。

今年候鸟飞回我们这儿走的是原先的空中路线,还是按原先的秩序,它们的祖先几千年几万年几十万年以来一直是按这样的秩序迁徙的。

最先启程的是秋季最后离开我们的那些候鸟。最后启程的是秋季最先离开我们的那些候鸟。比别的鸟晚到的是最鲜亮绚丽的候鸟:它们需要等到嫩叶和嫩草长出的时候。在光秃秃的大地和树木上,它们过于显眼,现在还无法躲避我们这儿的敌害——猛兽和猛禽。

正好有一条鸟类迁徙的海上之路在我们的城市和我们的列宁格勒州上空通过。这条空中路线称为“波罗的海路线”。

万里征途的一端紧靠北冰洋,另一端隐没在鲜花盛开、阳光明媚、气候炎热的国度。无数成群的海鸟和近岸的鸟类排成无穷无尽的长长鸟阵,飞越长空,每一个鸟阵都有自己的次序,自己的队形。它们沿非洲海岸飞行,经过地中海,再沿比利牛斯半岛、比斯开湾海岸,经过一个个海峡,飞过北海和波罗的海。

它们在途中遇到许多障碍和灾难。浓雾常常像墙壁一样挡在展翅高飞的漂泊者面前。在湿气重重的黑暗中鸟类会迷路，猛的一下在看不见的尖锐山崖上撞得粉身碎骨。

海上的风暴会折断它们的羽毛，击伤翅膀，吹得它们远离海岸。

蓦然而至的寒流会使海水结冰，于是候鸟因饥饿和寒冷而死亡。

它们中数以千计的同类死于贪婪的猛禽之口：鹰、隼和鹞鹰。

大量的猛禽在这时登上这条万里海途，以便靠这丰盛而轻易可得的猎物大饱口福。

数以千百计的候鸟在猎人的枪口下落地。（在本期《森林报》我们刊载一篇有关在我们列宁格勒近郊捕猎野鸭的故事。）

然而没有任何东西能阻挡一群群稠密的飞行漂泊者的行程；它们穿越重重迷雾，飞越种种障碍，飞向故乡，飞向自己的巢穴。

我们这儿的候鸟并非全部都是在非洲越冬并按波罗的海航线飞行的。另有一些候鸟是从印度飞来我们这里的。扁嘴瓣蹼

鹬越冬的路更远:在美洲。它们赶往我们这儿要飞越整个亚洲。从它们冬季的住处到它们在阿尔汉格尔斯克郊外的巢穴,得飞行一万五千公里。飞行时间长达两个月。

带脚圈的候鸟

假如你打死了一只脚上带金属圈的鸟,请把脚圈取下来并寄往鸟类脚圈中央管理处:莫斯科,奥尔里科夫胡同,1/11号。同时附一封信,说明你得到这只鸟的地点和时间。

如果你捕获了一只带脚圈的鸟,请记下打在圈上的字母和编号,把这只鸟放归自然,并按上述地址报告自己的发现。

如果不是你,而是你认识的猎人或捕鸟人打死或捕获了这样的鸟,告诉他应当怎么做。

鸟脚上的轻金属(铝制的)环圈是有人戴上去的。圈上的字母表示给鸟戴圈的国家和科研机构。在科学家的日志上,在与打在圈上相同的数字下记载着他给这只鸟戴圈的地点和时间。

科学家们用这样的手段了解鸟类生活中令人惊异的秘密。

人们在我们遥远的北方某地给鸟戴上了脚圈,而它却在非洲南方或印度某地,或别的什么地方落入他人之手。从那里就会寄来从它身上取下的环圈。

顺便说一下,远非所有从我们这儿飞离越冬的候鸟都是飞往南方的:有一些飞向西方,另一些飞向了东方,还有一些是到北方越冬的。这是候鸟的秘密之一,是我们由脚圈而得知的。

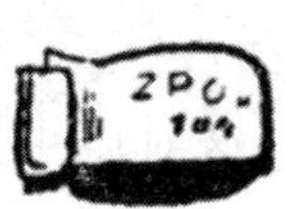

林间纪事

道路泥泞时期

城外的道路一片泥泞:在林中和村里的路上既行不得雪橇,又走不得马车。我们好不容易才得到来自林区的消息。

从雪下露出的浆果

在林区沼泽上,从积雪下面露出了红莓苔子的浆果。乡下的孩子们常去采摘,说经冬的浆果比新长的更甜。

为昆虫而生的圣诞树

黄花柳花儿正盛开。它那多节疤的灰绿色粗枝上挂满了轻盈亮丽的黄色小球。这时整棵树变得毛茸茸、轻飘飘,喜气洋洋。

柳树开花,这对昆虫来说可是过大节了。在盛装的灌木旁闹闹嚷嚷,一派喜气,和圣诞树上一个样。熊蜂嗡嗡叫个不停,没头没脑的苍蝇忙忙碌碌，务实的蜜蜂在雄蕊的丝状体上爬来爬去，采集花粉。

蝴蝶在翩翩起舞。看，这是翅膀有开口的黄粉蝶，那是棕红色大眼睛的荨麻蛱蝶。

这时，一只长吻蛱蝶飞下来停到毛茸茸的黄色小球上，把它藏到了自己深色的翅膀下。伸出长长的吻管，用它在雄蕊间的深处搜寻花蜜。

紧傍着这棵喜气洋洋充满节日气氛的灌木的，是另一棵树，也是黄花柳，也正开着花。然而这棵灌木上的花却完全是另一种模样：其貌不扬，像灰灰绿绿、乱蓬蓬的小疙瘩。上面也停着昆虫。然而这棵灌木的四周没有邻近那棵周围的那种蓬勃景象。可是恰恰在这棵小树上黄花柳的种子正在成熟。昆虫已经从黄色的小球上把黏稠的花粉带到灰灰绿绿的小疙瘩上。在小疙瘩里，在每一个像酒瓶似的长长的雌蕊内部将生长出种子。

H.帕甫洛娃

葇荑花序开花

沿着河流和小溪的两岸以及森林的边缘，葇荑花序开花了。它们不在刚刚解冻的地面上，而在被阳光晒暖的树枝上。

那装点着赤杨树和榛子树的一串串长长的棕色饰物，就是葇荑花序。

它们在去年就长出来了，但在冬季显得结结实实，纹丝不动。可是现在伸展开了,变得疏松而柔韧。

要是你碰一下树枝条,它们就开始摇晃,冒出烟雾般的黄色花粉。

然而除了释放花粉的葇荑花序,赤杨和榛子树相同的枝条上还开着另一种花——有雌蕊的花。赤杨树上的是一个个棕色的小包,榛子树上的是一个个粗粗的芽,从里面伸出粉红色的小须。看起来这像停在芽上的昆虫的触须,其实这是雌花的柱头。这样的柱头每一个芽上有几个:两个,三个,有时五个。

赤杨和榛树现在还没有长叶子,风儿自由自在地在光秃的枝间游荡,摇撼葇荑花序,接住撒下的花粉,把它们从一棵树送往另一棵树。粉红色小须状的柱头则接住花粉,于是鬃毛样的奇异小花便受了粉:到秋天变成了一颗颗榛子。赤杨的雌花也受粉:到秋天那里长出了裹着种子的一个个黑色小疙瘩。

H.帕甫洛娃

蝰蛇的日光浴

每天早晨有毒的蝰蛇都要爬上干燥的树墩晒太阳。它爬行起来还很吃力,因为寒冷的天气里体内的血液还非常冷。

在日光下晒暖了身子后,蝰蛇才会恢复生气,从而去捕猎鼠类和青蛙。

蚁冢开始蠢蠢而动

我们在一棵云杉树下找到了一个蚂蚁窝。起先我们以为这就是一堆垃圾和枯叶,而不是一座蚂蚁的城市,因为一只蚂蚁也没有看到。

而今堆上的积雪已经化尽,于是蚂蚁爬出来晒太阳了。经过漫长的冬眠它们变得十分虚弱,所以紧紧抱成黑黑的一团躺在蚁冢上。

我们轻轻地用一根手指触它们一下,它们只会勉强动弹一下。它们甚至无力释放有刺激性的蚁酸来击退我们。

它们开始劳作还得过几天。

还有谁也苏醒了

苏醒过来的还有蝙蝠,各种甲虫——扁平的步行虫、圆咕隆咚的黑色屎壳郎、叩头虫。

叩头虫表演自己的叩头把戏:你把它背部着地平放,它一叩头就凌空跳了起来,在空中一翻身,落下来就足部着地了。

蒲公英开始开花,白桦树也裹了一身绿色轻纱:眼看着就要长出叶子了。

下过第一场雨以后粉红色的蚯蚓就从土里爬出来,还会冒出新生的蘑菇:羊肚菌和鹿花菌。

在水塘里

水塘也出现了生机。青蛙离开了自己在淤泥中的冬眠床铺，正在产卵，并从水中跳到了岸上。

蝾螈正好相反，此刻刚从岸上回到水中。

我们列宁格勒郊外的孩子们称蝾螈为“哈里同”。它的颜色黑中带橙黄，有尾巴，样子与青蛙相比更像蜥蜴。越冬时它爬出水塘进入森林，钻到潮湿的苔藓下冬眠。

蛤蟆也苏醒了，并开始产卵。只是青蛙的卵像小泡泡，呈凝胶状一团团漂在水中，每一个小泡里有一个圆圆的黑点。而蛤蟆的卵都连在一个小带状物上，带状物粘在水下的草上。

林中清洁工

常有因突如其来的严寒而冻死的鸟类与小兽。它们被积雪覆盖了。到春天它们就露了出来，不过不会放置太久：它们被熊、狼、乌鸦、喜鹊、葬甲虫、蚂蚁和其他林中清洁工清除了。

它们是春花植物吗？

现在已经能找到许多开花的植物：三色堇、荠菜、遏蓝菜、繁缕、洋甘菊。

但是别以为所有这些草本植物都跟那雪莲一样，及时地从土里钻了出来。雪莲先把绿色的小腿稍稍站定，然后用尽自己那小小的力气往上升，这时它的花儿才露了面。

三色堇、荠菜、遏蓝菜、繁缕和洋甘菊根本没有到任何地方去躲避冬天。它们怒放着鲜花勇敢地迎接冬天。一旦它们头顶重新露出的蔚蓝天空替代了冰雪交加的寒流，它们就清醒了，它们的花朵和蓓蕾也生机盎然了。

现在在草丛里以怒放的姿态望着我们的花朵，正是我们在深秋见过的这些草本植物长在草茎上的花蕾。

可是怎么看呢，它们是春花植物吗？

H.帕甫洛娃

白色的寒鸦*

在小雅里奇基村的学校旁边有一只白色寒鸦。它就在一般的寒鸦群里飞翔。这样的白寒鸦连老人们都未曾见过。我们小学生不知道为什么会有这样一只白色的寒鸦。

驻林区记者：小学生波里娅·西妮曾娜和盖拉·马斯洛夫

编辑部解释

一般的飞禽和走兽有时会生下全白的小鸟和幼崽儿。

科学家称它们为患白化病动物。

白化病通常有全白（全身都白）和非全白（部分变白）之分。它们的机体里缺乏一种染色物质——色素。这种物质能使皮毛和羽毛具有色彩。

在家养动物中患白化病的很多，有白的兔子、白的母鸡和公鸡、白的大小老鼠。

野生动物患白化病的极少见。

患白化病的野生动物存活要困难一千倍。往往在还幼小的时候就被自己的父母杀死了。它们往往终生都受到整个种族的迫害和打杀。但是即使亲属在自己社会里接纳了这畸形儿，就如小雅里奇基村的白寒鸦那样，患白化病的动物仍然很难长久存活：它在所有动物的众目睽睽之下很显眼，首先是对凶猛的禽兽而言。

罕见的小兽

林子里啄木鸟大声叫了起来。叫声是如此之大,所以我立刻知道啄木鸟有难了。

我穿过密林,看到林间空地上有一棵枯树,树上有一个规规整整的小洞,那里是啄木鸟的窝。一只从未见过的小兽正沿树干向洞口爬去,我看不懂这是什么兽。它毛色灰灰的,尾巴不长,也不蓬松,整个耳朵又小又圆,仿佛个头极小的熊崽子。眼睛像鸟眼:大大的,鼓鼓的。

小兽爬到了洞边,开始往树洞里张望:显然它想吃一顿鸟蛋美餐了……啄木鸟马上向它扑去!小兽一下子溜到了树干后面。啄木鸟赶过去追它。小兽绕着树干做螺旋状爬行。啄木鸟也跟着绕树干转。

小兽越爬越高,再往上就没了去处:树干到头了!可啄木鸟却用喙去啄它!小兽猛然一下跳离了树干,便在空中滑翔起来!

它张开四肢,像一片秋季坠落的枫叶一样在空中飘荡。它轻轻地左右摇晃着,用尾巴把握着方向。它越过林间空地,降落到一根树枝上。

这时我才弄明白,这是飞鼠,一种会飞的松鼠!它身体的两侧有折叠的皮膜。它张开四肢,便把折叠的皮膜张开,在空中滑翔了。它是我们森林里的跳伞运动员!只可惜很少能见到它。

驻林地记者:H.斯拉特科夫

鸟邮快信

（本报驻林区记者来信）

洪 水

春季给森林的居民带来许多灾难。雪很快化完了，河水泛滥，淹没了两岸。有些地方真的令人急得跺脚。四面八方关于洪水淹死动物的消息都传到了我们这儿。受灾最重的是兔子、鼹鼠、田鼠和其他住在地上与地下的小兽。河水涌进了它们的住所。小兽们被迫逃离家园。

每一只小兽都尽其所能从洪水中逃命。

小小的鼩鼱跳出洞穴，爬上了灌木丛。它蹲在上面等待着洪流退去。它的样子非常可怜，因为忍饥挨饿。

河水漫上岸时鼹鼠在自己地下的洞里差点淹死。它从地下爬了出来，潜出水面，开始泅水去寻找旱地。

鼹鼠是泅水高手。它在爬上岸之前能泅游几十米。它很得意，因为在水面没有任何一只猛禽发现它乌黑发亮的皮毛。

上岸以后它又顺利地钻进了土里。

树上的兔子

以下就是发生在兔子身上的事。

兔子住在一条大河中间的小岛上。夜间它啃食年轻山杨树的皮，白天躲在灌木丛里，以免被狐狸和人类发现。

这还是一只相当年轻、不太机灵的兔子。

它根本没有注意河水在噼里啪啦地抛卸身上的冰块。

那一天兔子放心地在自己的灌木丛下睡觉。太阳照得它暖洋洋的，这只斜眼佬没有发现河水开始迅猛上涨。直到觉得自己皮毛从下面被打湿时它才醒过来。

它猛然跳起，四周已成泽国。

发大水了。兔子只得把四脚踩在水里，急忙跑到岛中央：那里还是干的。

然而河里的水涨得很快。小岛变得越来越小。兔子在两头

来回辗转。它眼看着很快整座小岛会消失在水下,但是不敢跳进寒冷汹涌的波浪:它恐怕不能游过波浪滚滚的大河。

就这样度过了整整一个白昼和一个夜晚。

第二天早上水里只露出了一个小小的岛尖。上面长着一棵歪歪扭扭的大树。吓得六神无主的兔子围着树干跑圈儿。

到第三天水已浸到树下。兔子开始往树上跳,但每一次都跌落下来,踩在水里稀里哗啦直响。

终于它成功地跳上了下面的一根粗枝条。兔子趴在上面,开始等洪水退去:河水没有再往上涨。

它倒不怕饿死:虽然老树皮很硬很苦,但仍然能聊以果腹。

更可怕的是刮风。它剧烈地摇撼着这棵树,使兔子好不容易在树枝上稳住自己。它犹如船舰上爬上桅杆的水手:它身下的树枝仿佛是摇曳的横桁,而下面是奔腾而去的既深且冷的流水。

在它下方,浩渺的河面上漂浮着树木、原木、树枝、麦秸和动物的尸体。

当另一只兔子的尸体在波浪里摇晃着,徐徐漂过可怜虫的身边时,它吓得浑身发抖。

那只死兔子的爪子搅进了枯枝里面,现在肚皮向上,伸开了四只爪子和枯枝一起在水上漂流。

兔子在树上待了三天。

终于河水退了,于是它跳到了地上。

就这样它现在还得住在河中的岛上,直到炎夏来临。夏季河水变浅,它就能到达岸上了。

小船上的松鼠

在被春汛淹没的草地上渔夫放置了捕欧鳊鱼的网兜。他划着小船徐徐穿行于从水里露头的灌木丛间。

在其中的一丛灌木上他发现了一个奇怪的略带棕色的蘑菇。突然蘑菇纵身一跳——直接落进了渔夫的小船。

在船上它立马变成了湿漉漉、皮毛蓬乱的一只松鼠。

渔夫把它送到了岸边。松鼠立马从船上跳了出去,跳进了森林。它怎么到水中灌木丛上的,在上面待了多久,谁也不知道。

鸟类的日子也难过

当然对飞禽来说洪水没那么可怕。可它们也受够了春汛的苦。

毛色黄黄的黄鹀在一条大水沟的岸边做了一个窝,已经把蛋生在了窝里。大水涌来的时候窝被冲走,蛋也被水带走,黄鹀只好寻找新的筑巢地点。

沙锥停在树上等着,可总等不到春汛终结的日子。沙锥是鹬的一种。它生活在林中湿地,靠自己的长喙从柔软的土里觅食。它的脚长得很适合在土上行走。有这样一双脚它在树枝上行走同样很方便,就如狗在木桩围墙上。

可它仍然停在树上等待着有朝一日可以在软绵绵的湿地上迈步,用喙在土里啄出一个个小洞。它可不愿飞离亲爱的湿地!所有地方都有主了,在别的湿地,当地的沙锥可不许它落脚。

意外的猎获物

本报的驻林地记者——一位猎人——正悄悄地向待在湖上灌木丛后面的野鸭逼近。他穿着高筒胶靴蹑足而行——溢到岸上的湖水深及他的膝部。

突然他听到自己前方的灌木丛后面有噪音,拍水的声音,于是看见了浅水里正在挣扎的一样怪物,它有灰色光滑的长长脊背。他没有多加思索便对着这不明怪物接连射出了两发打野鸭的霰弹。

灌木丛后面的水跟开了似的,泛起了泡沫,然后复归宁静。猎人走上前去,看到那里有一条被他打死的一米半长的狗鱼①。

现在狗鱼离开河流和湖泊,游到溢满汛水的岸上,在那里的草上产卵。这里的浅水比较温暖。小狗鱼从卵里孵化出来后就随退落的水进入湖泊和河流。

猎人不知道这一点。否则他不会违犯禁止猎杀春季到岸上产卵的鱼类的法规。即使是狗鱼和其他凶猛鱼类也一样不能打。

最后的冰块

横跨小河的是一条冬季的车道——农庄庄员们乘坐雪橇通行的道路。然而春天来临了。小河上的冰鼓了起来,绷裂了,一块"路面"摇摇晃晃地随着水流向下游漂去。

---

① 生长在淡水中的食肉鱼,它是渔业捕捞对象,肉味鲜美。

这是一块肮脏的冰块，满是马粪、雪橇的辙迹和马匹的蹄痕。它的中央有一颗马掌钉。

起初冰块被水流沿河床往下冲。白色的鹡鸰从两岸飞集到冰块上，它们在这里捕食苍蝇。

后来河水漫上了岸，冰块就被冲到了草地上。冰块下面是一同漂流的鱼儿，它们在水淹的草地上游荡。

有一次，冰块旁边潜出一只没有眼睛的深色小兽，爬到了冰块上面。这是一只鼹鼠。当河水淹没了草地时，它在地下无法呼吸了，所以就向上游出了水面。但这时冰块的一边被一个干燥的小丘挂住了；鼹鼠便跳上小丘，利索地钻进了土里。

然而冰块仍然被水流驱赶着一直向前、向前，直到被赶进了森林。它撞到了一个树桩，被卡住了。这时它上面聚集了整整一群饱受洪灾之苦的陆上小兽：林中的老鼠、小兔子。灾难遍及四方，它们都受到致命的威胁。小兽们由于害怕和饥饿而瑟瑟发抖,彼此紧紧地偎依在一起。

不过大水开始迅速消退,太阳照化了冰块,树桩上只剩了那颗马掌钉:小兽们跳到了地上,各奔四方去了。

沿着小河、大河和湖泊

密集的原木正沿着小河在漂流:冬季采伐的木材开始单漂流送①了。在小河流入大河、湖泊的地方,木材流送工人就把河口挡起来,筑上木栅。他们在木栅附近把木材编成木排,接下去流送的就是木排了。

在我们州有几百条小河从莽莽丛林里流出。许多小河都流入姆斯塔河。姆斯塔河又流入伊尔门湖。从伊尔门湖流出宽广的沃尔霍夫河,汇入拉多加湖。而从拉多加湖流出的就是涅瓦河了。

冬季人们在我们州的某一处僻远的森林里采伐木材。到春季便把木材运到小河边。于是没有生命的木材就沿着水上的小径、小路和宽广大道走上了旅途。而在木材的树干上往往停着一只木蠹蛾甲虫,它就跟着进了列宁格勒。

木材流送工什么样的事儿都有机会见到。

有一位给我们讲了这样一个故事。

在一条林间小河的岸边,一个木桩上蹲着一只松鼠。它的两个前爪捧着一颗大大的云杉球果,正在啃着吃。

突然从林中蹿出一条汪汪叫着的大狗,向着松鼠直扑过来。旁边没有可供松鼠攀缘逃生的大树。松鼠丢下球果,把毛茸茸的尾巴向背部翘起,蹦跳着跑向小河边。猎狗紧追不舍。

---

① “单漂流送”是流送木材的一个专门用语,指将采伐下来的原木散放在小河或支流里顺水流送到某处,以便在那里编成木筏集中运送。

这时节河里正在流送密匝匝的原木。松鼠就近跳上一根原木,又从那儿跳上第二根,再跳上第三根。

猎狗一时兴起也跟着冲了上去。可是凭又长又直的狗腿难道能在原木上跳跃?原木在水里会滚动。狗的后腿滑了下去,接着前腿也滑落了。猎狗落了水。这时水流送过来一整批原木,人们只看见那条狗。

灵活轻巧的松鼠从一根根原木上跳过去,到了对岸。

另一个木材流送工看见在一根单独漂流的粗原木上,爬上来一只个头相当于两只猫的棕红色野兽。它嘴里叼着一条大欧鳊。

野兽在原木上坐稳了,安心地吃了一顿鱼肉午餐,梳理了一会儿皮毛,打了个哈欠,就溜进了水里。

这是河里的水獭。

冬季鱼儿干什么

冬季鱼儿也睡觉了。

拟鲤鱼、圆腹雅罗鱼、红眼鱼、雅罗鱼、赤梢鱼、圆鳍雅罗鱼、梅花鲈和狗鱼都大群大群地聚集在最深的地方过冬。野鲤鱼和欧鳊鱼藏身在长满芦苇的水湾。

鮈鱼和欧鲌鱼睡在水底沙滩的坑里。

鲫鱼钻进淤泥里过冬。

在极其寒冷的天气,在冰上没有出气孔的地方,你要把冰砍出个窟窿,因为鱼儿空气不足会闷死。

鱼类越冬苏醒以后就从藏身的坑中出来,进入产卵期:把卵撒到水里。

森林里的战争

树木的种类之间永远征战不息。我报派出特派记者前往战事现场。

我们的使者首先来到生长着年经百载、蓄着灰白大胡子的云杉巨木的国度。每一位战士都有两三个电线杆接起来那么高。

这是一个抑郁寡欢的国度。老年的云杉战士笔挺地站立着，守卫着这郁郁寡欢的静穆。它们的树干自地面到顶端都光秃一片：只在有的地方伸出几根弯曲的死枝。

离地面很高的上方，巨木们繁茂的枝叶彼此交叉在一起，用一顶密不透风的帐篷遮盖了自己的全部国土。阳光透不过这顶厚实的帐篷。它下面闷热、昏暗。潮湿的气味、腐败的气味和发霉的气味扑鼻而来。任何一棵偶尔来到此地的年轻绿色植物都会枯萎凋零。只有灰色的苔藓和地衣乐意在这个阴暗的国度生长，因为它们吮吸自己主人的血液——汁水，贪婪地紧贴在在战斗中倒下的巨木身上。

我们的使者在这儿没有遇见任何一头野兽，也没有听见任何一只小鸟的啼鸣。他们只碰见一只落落寡合的雕鸮。它来到这儿是为了躲避强烈的阳光。它因为被我们的记者惊醒，竖起了全身羽毛，抖动着胡子，把钩嘴咬得可怕地咯咯作响。

在无风的日子里，笼罩着这个云杉种族之国的是一片阒然无声的静寂。而当上方有风刮过的时候，坚定挺拔的巨木也只是摇晃顶端的针叶，发出气呼呼的沙沙声。在这片古老的森林里，巨大的云杉民族比所有树木更高、更结实，数量也更多。

我们的记者走出云杉之国来到白桦和山杨种族的国度。

在这里他们受到绿叶婆娑、树干洁白的桦树和树干银白的山杨用彬彬有礼的沙沙声表示的欢迎。它们的枝叶间有许许多多鸟儿在唱歌。透过树梢的枝叶射进一缕缕阳光，连那里的空气也是五彩缤纷的：有时在空中闪过太阳的光影，一条条金色的小蛇、一个个小小的圆环、一个个半圆的月亮、一颗颗星星，在光滑平整的树干上闪动。地面上密密地生长着低矮的草本族群，看得出它们在主人绿色的凉棚下觉得就跟在家里一样。老鼠、刺猬和兔子就在我们使者的脚边跳出来。当上方有风儿吹过的时候，这个快乐的国度里就有经久不息的喧哗声。不过即使在无风的时候这儿也从来没有绝对安静过：无论白昼还是黑夜，瑟瑟抖动的山杨树叶从来没有停止过沙沙作响、絮絮叨叨和窃窃私语。

这个国度的边界是一条河，河对面就是一片荒漠：一片巨大的采伐迹地[1]，那里冬季曾是林木采运地。荒漠的后面又是如一堵黑墙一样耸立着的云杉巨木。

我们编辑部得知，森林里的积雪刚刚消失，这片荒漠便不再是不毛之地，而成了战场。

极度的拥挤主宰着各种树木生长的地方。只要附近刚有新露出的空地，每一个品种的树木就急急忙忙地尽快将它占领。

① “采伐迹地”是一个林业术语，指森林被采伐后的遗址。

下面就是我们的使者越过界河并在采伐迹地住进帐篷以后所见证的情况。

有一天，在阳光和煦的早晨，传来了仿佛在远处响起的噼里啪啦的枪声。我们的记者连忙往那儿赶。

原来云杉已经开始了进攻：它们派出了自己的空军去占领解放的土地。

太阳晒热了云杉一个个巨大的球果——于是爆裂开始了。每一次爆裂都发出仿佛来自小小的玩具手枪的射击声。球果裹得紧紧的鳞状外壳一下子都张开了。球果开放了，于是仿佛从隐秘的藏兵洞里出来似的，小小的种子滑翔兵从里面飞了出去。风儿将它们一把接住，旋转着时低时高地在空中带走了。

每一棵云杉有几百个球果。每一个球果里隐藏着上百个种子滑翔兵。它们中有许多在空中飞行，然后降落到采伐迹地上。

但是云杉的种子比较重，而且只靠一只翅膀滑翔。微弱的小风不可能把它们带得很远，还没飞到巨大采伐迹地的一半它们便落到了地上。但是经过几天以后，刮起强劲大风的时候，云杉的小滑翔兵们终于得逞，占领全部解放了的土地。

凛冽的朝寒依然会时时来袭。它们用严寒对柔弱的种子发出致命的威胁。但是下起了温暖的春雨，土地变软了，而且将小小的乔迁者拥进了自己的怀抱。

就在云杉的族群占领采伐迹地的时候，河对岸的山杨开花了。在毛茸茸的葇荑花序里种子刚刚开始成熟。

过了一个月。夏季临近了。

云杉种族所生活的郁郁寡欢之地开始了愉快的节日。它们的枝头点起了红色的蜡烛——长出了年轻的球果。云杉用金黄色的葇荑花序把自己装点起来，将它们一个个矗立在枝头深绿色的针叶丛中。云杉正在开花：它们在静静地为来年储备种子。

它们如今落在采伐迹地土里的种子吸足了温暖的春水。这些种子正在向变成树苗来到世上的期限逼近。

可是白桦还没有开花。

我们的记者相信新土地已经被云杉彻底占领,别的树木种族来晚了。

战争看来不会发生了。

编辑部希望得到来自自己使者的详细新闻,刊载到下一期的《森林报》上。

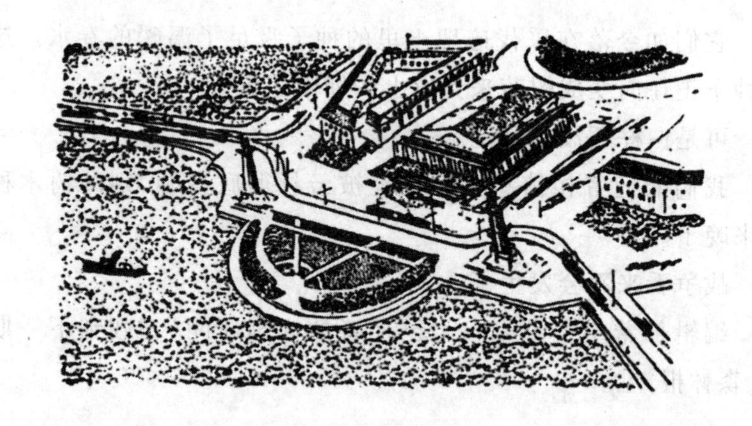

都市新闻

森林周

雪早已融尽。大地也解了冻。城里和州里开始了森林周。春季种植树木和灌木的日子变成了植树节。

在学校实验园地,在花园和公园,在屋边和路上,孩子们在到处翻土,为植树准备地方。

涅瓦区少年自然界研究者的活动站准备了几万枝果树的嫁接枝。

苗圃分出两万棵云杉、白杨、枫树的树苗给斯大林区的学校。

塔斯社列宁格勒讯

树木储蓄箱

广袤的田野一览无余。为了防止风灾的侵害需要造起多少防风林！我们学校的孩子们知道国家大事——种植防风林带。所以六年级甲班的教室里出现了一只大箱子——树木储蓄箱。箱子里投入枫树籽、白桦树葇荑花序、结实的栗壳色橡子……孩子们把种子装在桶里带来。比如维佳·托尔加乔夫光榛子就收集了十公斤。到秋天森林储蓄箱就要满得不能再满了。我们将上缴收集的所有种子，为新苗圃的开辟打基础。

丽娜·波丽亚诺娃

在花园和公园里

透明的绿色轻烟犹如呼出的轻盈热气包裹着树木。当树叶刚开始展开，它就消散了。

大而美丽的长吻蛱蝶出现了。它全身都呈柔滑的咖啡色，带有蓝色的花斑，翅膀末端的颜色变浅、变白。

又飞来一只有趣的蝴蝶。它像荨麻蛱蝶，但比它小，色彩没那么鲜艳，咖啡色没那么深。翅膀破碎得很厉害，仿佛边缘被撕破了似的。

你把它抓来仔细观察一番。它翅膀的下缘有个白色的字母c。可以认为有人故意用白色小字母给这些蝴蝶做了标记。

这些蝴蝶的学名便是“白色c①”。

不久还有粉蝶出现：甘蓝菜粉蝶、白菜粉蝶。

---

① 这是拉丁文字母，不是英文字母，虽然形状相同，如用汉字注音，当读近似“采”的音。

七 星 子

有一种奇怪的鱼常会在我们全国的小溪和河流里碰到,从列宁格勒到萨哈林岛①。这种鱼狭狭长长的,乍一看去你会把它当成蛇。它身体两侧没有鳍,只在背部靠尾巴的地方才有。它游动时像蛇一样蜿蜒前进。它的表面松软,没有鳞,通常长鱼嘴的地方是一个漏斗形的圆孔——吸盘。看着这个吸盘你会认为这根本不是鱼,而是一条巨型蚂蟥。

乡下把它叫作"七星子",因为它身体两侧在眼睛下面有七个小呼吸孔。

七星子的幼苗虫是一种沙栖昆虫,像泥鳅,孩子们常捉来用作大钓钩上的鱼饵——钓凶猛的大鱼。

往往有这种情形:七星子吸附在大鱼的身上,跟随着在河里漫游,而那条大鱼怎么也摆脱不了它。

渔民们还说,七星子似乎还吸附在水下的石块上。它吸住了,就一个劲儿地扭动身子,又抖又扯。石块就挪了地儿:力气

① 列宁格勒在芬兰湾,在西端,萨哈林岛即库页岛,在东端,这样说代表了自西向东的全部国土。

好大的鱼啊。七星子在水底有石块的坑里产卵。

按学名这种稀奇古怪的鱼蚂蟥应称为“七鳃河鳗”。

它看上去不怎么讨人喜欢，但如果在油里稍稍煎一下，搁点儿醋——叫你吃了还想吃！

街头的生命

在城郊，每到夜晚蝙蝠就开始飞了。它们不顾行人的来来往往，只在空中追捕蚊子和苍蝇。

燕子飞来了。我们这里有三种燕子：家燕——有一个开叉的长尾巴，喉部有一个棕红斑记；白腰毛脚燕——尾巴短短的，喉部呈白色；灰沙燕——灰里带红，胸部白色。

家燕在城郊的木头建筑上做窝，白腰毛脚燕把窝直接筑在砖石房屋上，灰沙燕则在悬崖上的洞穴里生儿育女。

雨燕不会很快跟随这三种燕子出现。它们和这些燕子很容易区别：它们在屋顶上方带着刺耳尖叫穿空而过。它们看起来全身一片黑。它们的翅膀不像这三种燕子呈尖角形，而呈半圆的镰刀形。

叮人的蚊子出现了。

城里的海鸥

一旦涅瓦河解冻,它上空就出现了海鸥。它们根本不害怕轮舱和喧嚣的城市,人们眼睁睁地看着它们心安理得地从水里拖出鱼来。

海鸥飞累了的时候,就直接停在房子的铁皮屋顶上休息。

飞机上会飞的乘客

光凭均匀的嗡嗡声就可猜到飞机上有会飞的小乘客。在两百个舒适的小房间——胶合版的盒子里,住有高加索的蜜蜂。飞机把八百个蜜蜂家庭从库班运往列宁格勒。

H.伊凡钦科

摘自一位少年自然界研究者的日记

蘑 菇 雪

五月二十日。在阳光灿烂的早晨,东方的天空一派蔚蓝的情况下,骤然下起了雪。亮晶晶的萤火虫——雪花在空中轻盈而徐缓地纷纷飘落。

你别害怕,以为冬天来了——现在你见到的雪长不了!它就如夏季的蘑菇雨:太阳正透过它露出笑脸,而且它下面的蘑菇只会长得更快。雪花一落地就化了。

让我到城外森林里去瞧瞧:说不定那儿会有我的乐子呢。

说不定在正在融化的雪下我能找到可口的早春第一批蘑菇——羊肚菌和鹿花菌,它们有咖啡色布满皱纹的小脑袋。

驻林地记者:维丽卡

咕——咕!

五月五日早晨在近郊公园里响起了第一声“咕——咕!”

可一个星期以后,在和煦宁静的黄昏,突然有人在灌木丛里吹起了口哨,那么悦耳动听。起先声音轻轻的,过会儿响了些,再过会儿响遍了四方,仿佛珠落玉盘似的,纵情地千啼百啭起来。

现在已经十分清楚,这是夜莺在歌唱。

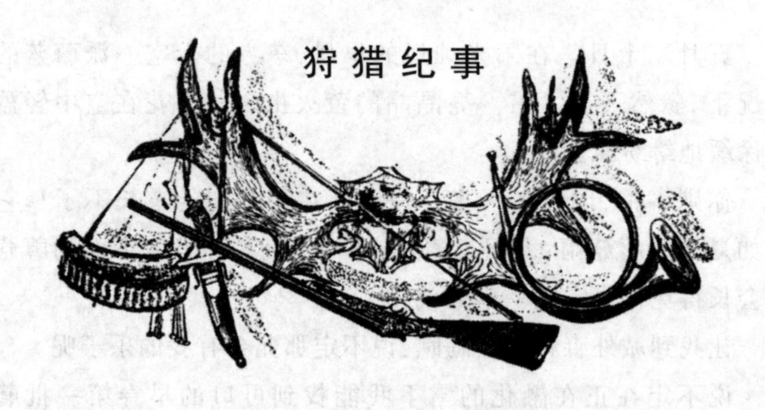

狩猎纪事

在马尔基佐瓦湿地猎野鸭

在集市上

这几天列宁格勒的集市上在出售各式品种的野鸭。能碰见全身一片黑的野鸭,也有很像家鸭的,有个头儿很大的,也有极小的。有的长着尖得像锥子一样的长尾巴,有的长着铲子样扁扁的宽嘴巴,还有一些嘴很窄。

如果野禽被稀里糊涂的主妇买走,就糟糕了:买了带回家里,把野鸭子拿来做菜,却谁也不会去吃它,因为它散发出鱼腥味。这说明她从集市买回了一只以鱼为食的潜鸭,或秋沙鸭,或者压根儿连鸭子也不是,而是潜水鸊鷉。

可有经验的主妇一下子就能把潜鸭和好的鸭子区分开来——只要瞧瞧后面一个最小的脚趾就行了。

潜鸭的这个脚趾上有一个大大的皮质突出物，而河里那些“高尚的”鸭子脚上的突出物很小。

在马尔基佐瓦湿地

春季许多不同品种的野鸭出现在集市上。这时还有更多的各种野鸭出现在马尔基佐瓦湿地。

马尔基佐瓦湿地，自古以来是对芬兰湾位于涅瓦河河口与科特林岛之间的那部分水域的称呼，喀琅施塔得[1]要塞就在那个岛上。这里是列宁格勒的猎人们打猎的好去处。

您走到斯摩棱卡河边。在河岸上，斯摩棱斯克公墓旁边，您会发现一些形状奇特或者与河水同色的小船。船底完全是平的，船头和船尾向上翘着，整个船身不大，却特别宽。

这是猎人的小舟。

也许在傍晚你能侥幸见到猎人。他把自己的小船推进河里，把猎枪和其他用品放进里面，就顺流漂浮，只靠尾舵划水。

二十分钟以后猎人已在马尔基佐瓦湿地了。

涅瓦河早就解冻了，可是海湾内还有大冰块。小船急速地沿着灰暗的波浪向冰块靠近。

现在小船终于到了冰块旁边。猎人把船靠了上去，就上了冰块。他把白色长袍套在毛皮外套的外面，然后从船里拖出一

---

① 现彼得堡州港口城市，位于芬兰湾的科特林岛，东距彼得堡二十九公里，1703年彼得一世在此建海防要塞，18世纪20年代起为波罗的海舰队基地。现已开放旅游。

只引诱野鸭的母鸭，把它用绳子拴着放进水里，绳子一头固定在冰上。鸭子马上嘎嘎叫了起来。

猎人坐进小船，把它驶离了冰块。

出卖同类的鸭子和穿白长袍的隐身人

不用等多久。

这时远处有一只鸭子钻出了水面。这是只野公鸭。它听到了母鸭的召唤，就向它飞去。

没等它到母鸭身边停下来，枪声响了，又响了一声枪——公鸭跌落水中。

引诱公鸭的母鸭清楚地知道自己的职责：它叫了又叫，就跟有人雇它似的。

公野鸭听到它呼唤的叫声从四面八方纷纷飞来。

它们只看到母鸭，却没有发现白色小舟和白色冰块旁边穿着白长袍的猎人。

猎人开了一枪又一枪。不同品种的公鸭跌进了他的小舟。

一群接一群的野鸭在万里海途上纷纷落地。太阳已沉入海中。城市的轮廓已然消失，在那个方向亮起了万家灯火。

再也开不了枪了：一片黑暗。

猎人把引诱的母鸭放进小舟，将船锚铁爪紧紧扎在冰块上，使小舟更紧密地贴住冰块的边缘（以免波浪撞破了船身）。

该作过夜的打算了。

起风了。乌云笼罩了天空。一片漆黑——伸手不见五指。

水面上的屋子

猎人在小船的两舷固定两个弧形的木架子，打开帐篷，套在木架上绷紧了。这时他点燃了煤油炉，从海里舀上一壶水（马尔

基佐瓦湿地的水来自涅瓦河,是淡的),搁到炉子上烧开。

雨水鼓点似的打在帐篷上。

然而对猎人来说这雨点算得了什么:帐篷是不透水的。里面又干燥又亮堂又暖和:烧着煤油汽炉跟生了炉子一样。

猎人一面喝着热茶,一面吃着点心,也给自己的母鸭助手喂食。他抽起了烟。

春季的黑夜过得很快。天上又现出白晃晃的光带。这光带在变大变宽。乌云消失了。风停了。雨也止了。

猎人从帐篷里向外张望着。

远方隐现出黑魆魆的海岸。然而既望不见城市,也望不见城里的灯火:一夜间,风把浮冰远远地吹到了开阔的海面。

糟糕:到城市得划上很久很久了。还好夜里风没有吹来另一块浮冰,否则挤在两大块浮冰间的小船会被搓成碎片,猎人也会被挤成肉饼。

赶紧动手!

猎天鹅

又开始响起嘎嘎的叫声，引诱公野鸭的母鸭正在水面上卖力地叫喊。但是现在它身边在波浪间摇晃的是一只白天鹅。它不会叫，因为它是个标本。

野鸭大量飞来，猎人举枪射击。

突然，一种犹如远方号角的声音从上空的某个方向传到了他的耳际：

“克噜——噜，克噜——噜，噜，噜！……”

野鸭霍霍地扇动着翅膀，纷纷降落到母鸭的身边——那是整整的一群野鸭。但是猎人连看也不看一眼。

他利索地给猎枪换了弹药。他把双手按一种特殊的方式拢在一起，凑到嘴边，向手里吹气，发出了引诱的声音：

“克噜——噜，克噜——噜，噜，噜，噜！……”

在高高的天空，紧靠着云层的下方，有三个深色的点点正在变大，越变越大。号角般的鸣声听起来也越清晰、嘹亮、震耳。

猎人已不再和它们呼应，因为在近处装不出与天鹅叫声相似的声音。

现在可以看见：三只白天鹅难得地扇动几下翅膀，正徐徐地向浮冰降落。在阳光下它们的翅膀闪耀着银色光辉。

它们越飞越低，飞成一个个大圆圈。它们从高空发现了浮冰旁的天鹅，以为是它在向它们发出呼唤。它们正向它飞来：它也许是没有了力气或者受了伤，所以掉了队。

它们飞了一圈又一圈……

猎人屏息凝神地坐着，只转动着眼睛——他在注视巨大的白鸟伸直了长长的脖子，时而向他靠近，时而离他远去。

杀 戮

又飞了一圈，现在天鹅已在很低的空中盘旋，距白色小舟已很近。

砰！——前面那只天鹅长长的脖子像鞭子一样垂了下来。

砰！——第二只天鹅在空中翻了个身，沉甸甸地落到了浮冰上。

第三只天鹅向上飞去，迅速在远处消失了。

猎人交上了难得的好运。

现在得赶快回家。

然而要回城还没那么简单。

马尔基佐瓦湿地正在聚集着浓雾。十步之内什么也看不见。

从城里隐隐传来工厂的汽笛声。那声音时而在这边，时而在那边，你无法弄清楚该往哪儿走。

细小的冰块撞击着小船的两舷，发出清脆的玻璃声。

船头下面传来沙沙声，那是冰凌（薄薄的碎冰）擦过的声音。

一路上要是撞上巨大的浮冰怎么办呢？

到时小船会翻个底朝天，一个跟头沉入水底！

第 二 天

在安德烈耶夫集市上，一群人在好奇地观看两只雪白的大鸟。这两只鸟挂在猎人的肩头，嘴巴几乎触到了地面。

孩子们围住猎人，问个没完没了：

“叔叔，您是在哪儿打到这两只鸟的？难道咱们这儿常有这样的鸟？”

“它们正往北方飞呢——要在那儿做窝。”

“嗬,那窝大概很大吧?”

不过主妇们感兴趣的是另外的事。

“您说这鸟能吃吗?它没鱼腥味吗?”

猎人在回答他们的问题,可是在他的耳际还在回响着活的天鹅的号角声、野鸭翅膀疾飞的呼啸声和冰凌对小舟清脆的冲击声……

上面讲的都是关于旧时的故事。

天鹅依旧在春季飞越列宁格勒上空,依旧从天际传来嘹亮的号角声。然而天鹅比以往少了,大大地减少了。猎人们的日子很不好过:每个人都想打到如此巨大华美的鸟儿。花了很大力气也只能打到很少的几只。

现在我们这儿严格禁止猎杀天鹅。谁打死了天鹅,就要被处以数目不小的罚款。

不过在马尔基佐瓦湿地,人们仍在猎杀野鸭,因为数量很多。

森 林 报

No.3

歌舞月

（春三月）

五月二十一日至六月二十日　　　　太阳进入双子星座

第三期目录

一年——分十二个月谱写的太阳诗章

五月——尽情地唱歌游玩吧！现在才是春天真正着手第三件事的时候:开始给森林着装。

现在才是森林里开始欢乐的月份——歌舞月的时候！

太阳的光和热,是它对抗冬季的严寒和黑暗的胜利,彻底的胜利。晚霞伸手去把朝霞紧握,——我们北方的白夜正在开始。赢得土地和水分以后,生命一个劲儿往上长。绿油油的新叶给高大的树木披上了亮丽的衣装。张着轻盈翅膀的无数昆虫正向空中飞升,夜猫子夜鹰和机灵的蝙蝠在黄昏时分飞出来将它们捕食。白天家燕和雨燕在空中往返飞掠,雕与老鹰在耕过的田地和森林上空翱翔。红隼和云雀仿佛被线挂在云端似的,在田野上空轻轻扇动着双翼。

没有门扣的门打开了,从门里飞出了它的居民,张着金色翅膀的辛勤劳动者蜜蜂。大家都在歌唱、玩耍、跳舞:黑琴鸡在地上,公鸭在水里,啄木鸟在树上,田鹬——天上的小羊羔——在森林的上空。用诗人的话来说,如今"在我们俄罗斯,鸟类和形形色色的兽类心里都乐开了花。森林里的草穿过去年覆盖地面的落叶,绽放出蓝色的鲜花"。

我们的五月被称为哇哇叫的月份，

这究竟是什么原因？

因为这是乍暖还寒的时节。白天阳光和煦，夜里却要冷得哇哇叫！五月里灌木丛下往往像天堂一样温暖，可有时你给牲口喂了草料，自己却还要爬上炉灶去取暖。

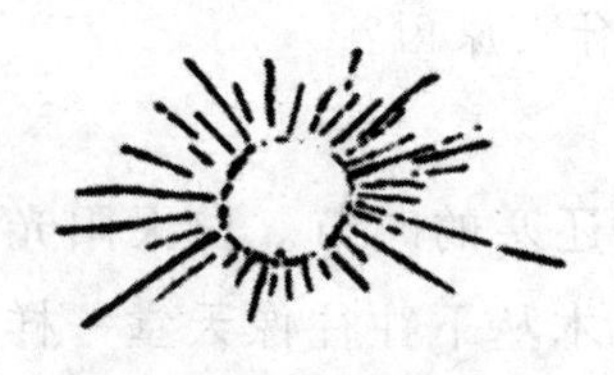

欢乐的五月

森林里欢乐的五月——歌舞月现在正好开始。

绿叶为森林披上新装，嫩草为大地盖上绿被。

森林里快乐的居民在陆地和空中翩翩起舞。

每一位都想展示自己的英武、力量和机敏。很少有歌声和舞姿，只有牙齿和喙嘴的撕咬，打得不亦乐乎。绒毛、皮毛和羽毛在空中飞扬。

森林里的居民们都在匆匆忙碌，因为这是春季的最后一个月。

不久夏季将要来临，随之而来的是张罗筑巢和哺育幼雏的事儿。

在乡下人们说道：

“在俄罗斯，春天永远是姑娘，日子过得真欢畅，有朝一日小杜鹃咕咕叫，夜莺日夜唱，到那时去森林里把好东西往怀里装。”

林间纪事

森林乐队

在这个月夜莺唱得正欢，不分昼夜婉转啼鸣。

孩子们奇怪了：它什么时候睡觉呀？春天鸟类没有时间多睡，鸟类的睡眠都很短暂：只来得及在两场歌会的间隙睡一会儿，半夜一小时，中午一小时。

在朝霞升起和晚霞映天的时候，不仅鸟类，所有林中居民都在各尽所能地歌唱、表演。这时你能听到的既有嘹亮的歌喉，又有悠扬的提琴；既有阵阵鼓点声，又有清脆笛音；既有狗吠，又有咳声；既有狂嗥，又有尖叫；既有哀叹，又有嗡鸣；既有咕咕鸽叫，又有呱呱蛙鸣。

苍头燕雀、夜莺、能歌善唱的鸫鸟都放开了响亮清脆的歌喉。甲虫和螽斯唧唧叫个不停。啄木鸟敲响了自己的鼓点。黄莺和小巧的白眉鸫鸟吹起了悠扬的长笛。

狐狸和柳雷鸟哇哇大叫。狍子叫起来像咳嗽。狼在嗥。雕鸮的叫声像哀叹。熊蜂和蜜蜂嗡嗡忙个不停。青蛙咕咕呱呱放开嗓子直喊。

没有歌喉的同样谁也不会难堪，每一位都按自己的口味选择相应的乐器。

啄木鸟找到了发声响亮的干树枝。这就是它的鼓。代替鼓槌的是坚硬而好使的长嘴。

天牛靠它坚硬的脖子吱吱作响——哪一点比不上小提琴的悦耳？

螽斯用自己的爪子弹拨翅膀——爪子上有小钩，而翅膀上有倒钩。

棕红的大麻鳽把长嘴戳进水里，就开始吹气！水就扑通扑通响起来，声音在整个湖面回荡，犹如公牛在哞叫。

还有田鹬，它连尾巴都会唱歌：它张开尾巴，头朝上向高处飞去，又一头向下俯冲。风儿在它的尾部嗡嗡作响，声音像极了小羊羔在森林上空咩咩叫。

这就是森林乐队。

过　客

在大树和灌木丛下，距地面不高的地方，顶冰花的黄色小星星早就已经熠熠生辉了。

当树叶落尽,春季灿烂的阳光能毫无阻挡地直达地面时,它们就冒出来了。顶冰花就是迎着这样的阳光开放的,而旁边同时盛开的还有紫堇花。

看到紫堇最先开放的花朵是多么令人欢欣的事!它浑身都是美的:造型别致的紫色花朵连着长距[1],在茎的末端汇成一束,还有呈破碎状的灰蓝色叶子。

现在顶冰花和它的女友紫堇花的花季已经过去。树木的阴影已过于浓密,如果它们再不准备回家,生活就要受干扰了。它们的家在地下世界。它们在地面上只是过客。播下种子后它们就消失得无影无踪了。在地下深处,它们的蒜头状鳞茎和圆形块茎将安睡整整一夏、一秋和一冬。

如果你想把它们移栽到自家地里,那就趁现在它们迟开的花还没谢,把它们挖出来。挖的时候要小心谨慎。你看到这些小植物淡白的地下茎竟有那么长,一定会惊讶不已!

在土地严重冰冻的地方,我们这些来客的鳞茎和块茎钻得很深,在比较温暖、有防护的地方则离地面比较近。

H.帕甫洛娃

田野的声音

我和一个同学到地里去锄草。我们轻轻地走着,听到草丛

① "距"是专用术语,指花萼下部的细长空管。

里迎面传来此起彼伏的歌声:“卜齐卜落齐![1]卜齐卜落齐! 卜齐卜落齐!”

我也这么回答它:“我们就是去卜落齐。”可它还是自己唱着:“卜齐卜落齐! 卜齐卜落齐!”

我们从洼地旁走过。青蛙在那里从水下露出鼻子,一鼓一鼓地吹着耳朵后面的小泡,一面叫着。一只叫道:“杜拉! 杜拉——拉!”另一只回应着它:“萨马卡卡瓦! 萨马卡卡瓦!”[2]

我们走近地里时翅膀圆圆的麦鸡前来欢迎我们。它们在我们头顶上方扑棱着翅膀问道:“齐依维[3]? 齐依维?”过后又问道:“齐依维? 齐依维?”我们回答说:“克拉斯诺雅尔卡的。”

驻森林记者:库罗奇金

(克拉斯诺雅尔卡村)

鱼的声音

人们把在水下录到唱片上的声音输入了无线电设备。于是扩音器里立马传出了人们闻所未闻的声音,盖住了房间里的人声:低沉的唧唧声,吱吱的尖叫声,仿佛有人在呻吟和哞叫的声音,独特的呱呱声,突然响起来的震耳欲聋的啪啪声。这一切都是黑海里鱼类发出的各种声音。每一种鱼都有自己的声音,很容易将它和水下王国其他生灵的声音区别开来。

现在由于发明了特殊的水声仪器——灵敏的水下“耳朵”,我们确知水下王国远非悄然无声,鱼类也并非哑巴。这将有巨

① 这是拟声法,仿佛俄语中“去锄草”三个字的发音。

② 也是拟声法,前面的“杜拉”即俄语中的“傻瓜”,后面的“萨马卡卡瓦”相当于俄语中“你自己又怎么样”的发音。

③ 也是拟声法,相当于俄语中的“你们是哪儿的”。

大的实际意义:借助水下声音接收器,可以得知珍贵的可捕捞鱼类的聚集地,它们游弋的方向,这样就不必靠猜测盲目地出海,而是在获知它们确切位置的情况下进行捕捞。同样人类还可以模仿它们的声音,学会将鱼类引诱过来。

在护罩下

花中最娇嫩的要数花粉了。一打湿就损坏了。雨水可以损害它,露珠也会损害它。那么它平时是怎么保护自己免遭伤害的呢?

铃兰、黑果越橘和越橘的花是一只只悬挂的小铃铛,所以它们的花粉永远在护罩之下。

睡莲的花是朝天开的,但是每一片花瓣都弯成羹匙的样子,而且所有花瓣的边缘彼此覆盖。于是形成了一个四面八方都封闭的胖胖的小球。雨滴打到花瓣上,内部的花粉却一滴雨水也溅不到。

凤仙花(现在它还只是花骨朵)的每一朵花都藏在叶子下面。你看它有多狡猾:它的花茎越过了叶柄,使花朵在罩子下牢牢地占据自己的位置。

野蔷薇有许多雄蕊,在下雨时就把花瓣闭起来。在坏天气闭上花瓣的还有白睡莲的花。

而毛茛在雨天就把花耷拉下来。

H.帕甫洛娃

林中的夜晚

一位驻林地记者给本报写信说:

"夜里我在林中踱步——倾听夜晚森林里的声音。我听到各式各样的声音,可这些声音各是谁发出的,我却不知道。我怎么向《森林报》撰写有关这些声音的报道呢?"

我们回信说:"你把听到的声音描述出来,我们会努力分辨的。"

于是他给编辑部写了这样一封信:

"说实话,我在夜晚的森林里听到的都是些乱七八糟的声音,根本不是如你们所描写的那种乐队演奏。

所有的鸟叫开始慢慢停息下来,终于出现了万籁俱寂的状态。已经到午夜了。

就在这时在高空某处开始了:奏响了低沉的琴弦声。起先轻轻的,尔后响了一点,再响了一点——那么低沉浑厚——接着又轻下去,再轻下去,然后彻底静默了。

我想道:'刚开始有这音乐就不错了。尽管是单弦独奏,毕竟演奏已经开始。'

可是森林里突然传来了这样的声音:'哈——哈——哈!嚯——嚯——嚯!'那声音是那么令人毛骨悚然,使得我背上鸡皮疙瘩都起来了。

我想:'这就是对乐师的奖赏:先对它嘲笑一番!'

又是万籁俱寂。长久的静寂。我甚至认为再也听不到什么声音了。

后来我听到:有人在开动留声机①。那机器摇着,摇着再摇

① 又叫"唱机",现在很难见到了,是由美国发明家爱迪生于1877年发明。早期的唱机靠手柄的摇转拧紧发条积蓄能量,再靠发条弹松时释放的能量徐徐带动唱盘的匀速转动。唱盘上放有胶木或塑料唱片,再将带有唱针的唱头放到唱片上。唱片上刻有录制音乐的音纹,唱针的针尖在划过音纹时由于音纹与音乐频率相应的深浅变化产生振动,再将振动波通过唱头传递到喇叭转换复原成音乐声。二十世纪五十年代用电力驱动的电唱机逐渐取代了手摇唱机。自有了光碟,唱机和唱片也走进了历史。

着，可音乐声却没有。‘是他们的留声机坏了还是怎么的？’我暗自思忖着。

那声音也停止了。一片静寂。接着又摇了起来：咕噜——咕噜——咕噜——咕噜！……无休无止，听得人心都烦了。

终于摇好了。‘现在，’我想，‘要把唱片搁上头了，马上就放音乐了。’

突然有人拍起了手掌，是那么响亮、热烈。

‘怎么会这样呢？’我想，‘还没有人表演，就已经鼓起掌来了？’

没戏了。接着又是长久地摇转留声机手柄，什么演奏也没有，掌声却不停。我十分生气，就回家了。”

我们应当说我们的记者不该生气。

他听到仿佛是低音弦在振动的声音，是一只甲虫——可能是只五月金龟子——飞经他的头顶上方。

令人毛骨悚然的哈哈笑声，是一种称为林鸮的猫头鹰的叫声。

它生就了这么一副令人讨厌的嗓子，有什么办法呢。

像发动留声机那样“咕噜——咕噜——咕噜——咕噜”响的是夜鹰在叫——它也是一种夜晚出没的鸟，但不凶猛。夜鹰身边当然什么唱机也没有：它的喉咙发出的就是这个声音，它以为自己这样就是在唱歌。

鼓掌声也是夜鹰发出的。当然它没有鼓掌，而是在空中扑棱两只翅膀。那声音非常像掌声。

至于它为什么要这样做，编辑部解释不了：我们也不知道。

也许它就是因为高兴吧。

游戏和舞蹈

鹤在沼泽地举办舞会。

它们汇成一圈，于是有一只或两只鹤出队来到中央开始跳舞。

起先倒不怎么样，只是轻轻跳动着两条长腿。接着动作加大了：开始大步跳舞，而且跳出的舞步简直令人捧腹大笑！！又是打转又是跳跃又是蹲跳——活脱脱像踩着高跷在跳特列帕克舞①！而围成一圈站着的那些鹤则从容不迫地扇动翅膀打着拍子。

猛禽的游戏和舞会在空中举行。

尤其别致的是鹰隼。它们向上高飞直上云霄，在那里炫耀奇迹般的机巧本领。有时一下子耷拉下翅膀，从令人目眩的高

① 俄罗斯民间的一种顿足跳的舞蹈。

度像石块一样向下飞坠，直到贴近地面时才张开两翼，飞出一个大圈，重新飞向云天。有时在离地面很高很高的地方停住不动——张开双翅悬着，仿佛有根线把它挂在云端。有时猛然在空中翻起了跟头，犹如名副其实的天堂丑角，向地面倒栽下来，做出一个个倒飞跟头的动作，猎猎地鼓翅翱翔。

最后飞临的一批鸟

春天已近尾声。在南方过冬的最后一批鸟飞临了我们的列宁格勒州。

不出我们所料，这是一些装束最为绚丽多彩的鸟儿。

如今草地上盖满了鲜花，灌木和大树也覆盖着新生枝叶的浓荫，它们很容易躲避凶猛的飞禽。

在彼得宫[①]的一条小溪上出现了一只身披蓝中带翠绿又间咖啡色外衣的翠鸟。它来自埃及。

长着黑翅膀的金色黄莺在树林里发出的叫声像悠扬的长笛和瘦猫的叫声。它们来自非洲南部。

在湿润的灌木丛里出现了蓝肚皮的蓝喉歌鸲和色彩斑斓的石即鸟，沼泽里出现了金黄色的鹡鸰。

飞来这里的还有肚皮颜色各不相同的红尾伯劳，毛色各异、

---

① 彼得大帝于1709年在彼得堡近郊建的皇家行宫建筑群，有大、小宫殿，广袤的园林及人工瀑布和数以千计的大小喷泉，面临芬兰湾。现在是旅游胜地。

领毛蓬松的流苏鹬,绿中带蓝的蓝胸佛法僧鸟。

长脚秧鸡徒步来到这里

有一种奇异的飞鸟——长脚秧鸡是从非洲徒步来到这里的。

长脚秧鸡飞行很艰难,而且飞不快。

它们很容易被鹞鹰或隼在飞行中捕获。

不过长脚秧鸡奔跑非常迅速,而且很会在草丛里躲藏。

因此它宁肯徒步跨越整个欧洲,不知不觉地走过草甸和树丛。只有当它前进的道路被海洋隔断的时候,它才用翅膀飞起来,而且在夜间飞行。

现在长脚秧鸡整天在我们这高高的草丛里叫唤:

“叽——叽!叽——叽!”

你听得见它的叫声,至于能不能把它从草丛里赶出来,看清楚它的模样,你不妨试一试。

谁该笑谁该哭

在林子里大家都在欢笑，白桦树却在哭泣。

在炽热的阳光下，它的汁水在它白色的躯干内越来越快地流动。汁水透过树皮的孔渗到了外面。

人们认为白桦树汁是一种有益和可口的饮料。他们切开树皮，用瓶子收集树汁。

树木如果释放了太多的液汁，就会干涸、死亡，因为它的液汁就和我们的血液一样。

松鼠享用肉食美餐

松鼠整个冬季都光靠吃植物生活。它剥食坚果，享用在秋季储备的蘑菇。现在已到了它享用肉食美餐的时候。

许多鸟类已经筑造了自己的窝并产下了蛋。有些甚至孵出了小鸟。

这事儿可正中松鼠下怀：它在树枝间和树洞里寻找鸟窝，从那里叼走小鸟和鸟蛋做自己的午餐。

这种漂亮的啮齿动物在毁灭鸟窝方面做得决不比任何一种猛禽逊色。

我们的兰花

这些令人好奇的花朵在我们北方可是稀罕之物。当你见到它们的时候，你会情不自禁地回想起它们著名的亲属——在热带丛林里生长的迷人的兰花。在那里甚至在树上也能遇见兰

花。而在我们这儿它只长在地里。

我们这儿有些兰花的根部样子很特别:像一只张开手指的胖胖的小手。它们的花有时很美丽,有时不怎么好看。但是像香子兰、舌唇兰、红门兰这些花朵的香味却十分了得!你会因它们的香味而陶醉。

不过我们这儿的兰花中最出色的一种我是最近几天在罗普什首次见到的。这株我不认识的植物开着五朵美丽的大花。我把一朵花向上翻了翻,但马上厌恶地把手缩了回去。一只怪模怪样的暗红色苍蝇紧贴着花朵停在那儿。我用一个穗子向它拍打了一下。它动也不动。我仔细观察了一番。这不是苍蝇。它有带蓝色斑点的毛茸茸的身体、毛茸茸的短翅膀和一对小胡须,但仍不是苍蝇。这是我当时还不认识的一种花——苍蝇兰的一个部分。

H.帕甫洛娃

寻找浆果去吧!

草莓成熟了。在阳光下能随意碰到完全成熟的鲜红草莓浆果——那么甜,那么香!你吃上一颗,以后就会长久地想念它。

黑果越橘也成熟了。在沼泽地里云莓正在成熟。黑果越橘的灌木丛上有许多浆果,而草莓一棵上难得有超过五颗浆果的。

云莓最小气:它的茎顶只长一颗浆果,而且不是每株都结果——其余的植株开的是不结果的花。

H.帕甫洛娃

阎　虫*

我发现了一种甲虫,但不知它叫什么,应该用什么喂它。

它完全跟叫作瓢虫的那种甲虫一样。只不过瓢虫浑身红色,带有黑色小圆点,而这种甲虫却全身一片黑。它呈圆形,比豌豆稍大,长着六只小爪子,会飞:背上有两片黑色小硬翅,硬翅下有两片黄色的软翼。它翘起黑色硬翅,伸出黄色软翼,就起飞了。

有趣的是当它发现什么危险时,它就把爪子藏到肚子底下,触须和脑袋也缩进身子里面藏起来。如果你把它抓住放在手心里,你无论如何不会说这是只甲虫。这时它极像一颗黑色小水果糖。

但是过了一会儿,当谁也不会再去触动它时,它就先伸出所有的小爪子,然后伸出脑袋,再接着伸出触须。

我非常想请您回答我,这是什么甲虫?

柳霞·留托宁娜,12岁

编辑部的回音

你形象地描述了自己见到的甲虫,使我们立马认出了它。这是阎虫,属于盾蝽科的甲虫。它行动缓慢,就跟乌龟似的,而且也像乌龟一样把头脚藏到甲壳里面。它的甲壳里有很深的凹陷,可以藏进爪子、脑袋和触须。

有各种各样的阎虫,有黑色的,也有其他颜色的。它们全部吃腐败的植物、粪便。

有一种黄阎虫，全身长着小茸毛，和蚂蚁住在一起，想去哪儿就飞哪儿，然后又飞回蚂蚁窝。蚂蚁不去碰它，在保护蚁巢不受敌害时也保护了自己的房客阎虫。

摘自一位少年自然界研究者的日记

毛脚燕的巢

五月二十八日。在邻家农舍的屋脊下方，正对我窗口的地方，一对毛脚燕开始筑巢。这使我非常高兴，因为现在我将观察到燕子如何营造自己精美的圆形小屋，我将从头至尾观察到筑巢的全过程。它们什么时候趴在窝里孵卵，又如何给雏燕喂食，这一切我都将看个明白。

我注视着我的燕子从哪儿获取建筑材料：在村子中间的小河边。它们直接停到水边的岸上，用喙啄取一小块黏土，马上带着它飞回农舍。在这里它们彼此交替把一口口泥粘到屋脊下方的墙上，又匆匆回去衔取新的小泥块。

五月二十九日。很遗憾，我无法独享见证建筑新巢的欢乐，因为邻居家的公猫费多谢依奇现在一早就爬上了屋顶，这是一只样子难看的灰猫，在和别的公猫打架时失去了右眼。

它一直在注视飞来的燕子，已经在窥视屋脊的下方，看燕巢是否已经筑好。

燕子发出了惊恐不安的叫声，只要公猫不离开屋顶，它们就不再往墙上贴泥。莫非它们要从这儿彻底飞走？

六月三日。这几天燕子已用泥糊成了巢下部的基础——呈镰刀形的薄薄一圈。费多谢依奇老是爬上屋顶，使它们受到惊吓，影响工作的进程。今天下午燕子压根儿就没飞来过。看来它们已抛弃这个建筑。它们将为自己寻找一处更为安宁的地方,那样的话我就什么也观察不成了。

六月十九日。连续几天一直很热。屋脊下方黑色的镰刀形泥巢已经干燥,变成灰色。燕子一次也没有出现过。白天乌云布满天空,下起了大雨。真正的倾盆大雨!窗外仿佛蒙上了一层透明的雨柱织成的帘子。街上急湍的水流汇成了小溪。哪儿也别想蹚水过河:河水漫上了岸,发疯似的汩汩流着,在岸边被水浸酥的泥地上,脚踩下去稀泥几乎没到膝盖。

傍晚时雨刚停,就有一只燕子飞来,到了屋脊下方。它把身子紧贴在筑了一半的镰刀形巢上,停了一会儿又飞走了。

我心想:"也许并非费多谢依奇吓着了燕子,而只是因为这些天无处可取潮湿的黏土?也许它们还会飞来?"

六月二十日。燕子飞来了,飞来了!并且不是一对,而是整整一群——整整一个使团。它们聚集在屋顶上,窥视着屋脊的下方,激烈地鸣叫着,似乎在争论着什么。

它们讨论了大约十分钟。然后又一下子都飞走了。只留下一只。它用两个爪子贴紧泥土堆成的镰刀,一动不动地停着,只用喙部在修正着什么,或许是在泥土上涂抹自己口中黏稠的唾液。

我确信这是只雌燕——这个燕巢的主妇。因为不久公燕就飞了回来,把一小团泥从自己喙中塞到了它的喙中。雌燕开始继续糊巢,而雄燕便飞去啄取新泥了。

公猫费多谢依奇来了。然而燕子们并不怕它,也不鸣叫,而是一直工作到太阳下山。

那就是说燕巢仍然会在我的眼前落成!但愿费多谢依奇的爪子从屋脊上够不到这个燕巢。不过燕子也许知道该在什么地方筑造自己的窝儿。

驻林地记者:维丽卡

白腹鹟的巢*

五月中旬的一天,晚上八点左右我在我家花园里发现了一对白腹鹟。它们停在一棵白桦树边的板棚顶上,我在白桦树上挂了一个顶部开口、中心挖空的圆木制成的鸟巢。后来公鸟飞走了,雌鸟却留了下来。它停到了圆木上,却没有飞进里面去。

过了两天我又看见了公鸟。它钻进了圆木里面,后来停在了苹果树的一根枝杈上。

飞来了一只红尾鸲,它们便开始打架。这可以理解,因为无论红尾鸲还是白腹鹟都是以树洞为巢的鸟类。红尾鸲想从白腹鹟身边夺走那个圆木窝,可白腹鹟坚守不让。

白腹鹟夫妇住进了圆木。公鸟老是唱个不停,往圆木窝里钻。

白桦树梢上降落了一对苍头燕雀,但是白腹鹟对它们睬也不睬。这同样可以理解,因为苍头燕雀不是白腹鹟的竞争对手,它自己会做窝,不住树洞,而且它的食物很杂。

又过了两天。

早晨一只麻雀飞到了白腹鹟的窝里。公鸟追着它冲了进去。窝里开始了残酷的争斗。

突然什么声音也没有了。

我跑到白桦树边,拿一根木棒敲打树干。麻雀从窝里跳了出来。而公白腹鹟却没有飞出来。雌鸟在窝边辗转飞翔,惊惶地叫着。

我担心公鸟已经死亡，就往窝里瞧。

公白腹鹟还活着，但羽毛严重破损。窝里有两个鸟蛋。

公白腹鹟在窝里待了很长时间。等再飞出窝时它显得十分虚弱：它降落到了地面上，于是几只母鸡过来驱赶它。我担心它遭遇不测，就把它带回家，开始用苍蝇喂它。晚上我又把它放回窝里。

七天以后我又往窝里瞧了瞧。一股腐败的气息冲着我冒出来。我看见了窝里趴着孵卵的雌鸟。它身边躺着公鸟，身子歪向一侧，已经死了。

我不知麻雀是否再次入侵过，还是在第一次争斗后死神就降临了。

雌鸟没有飞出来，甚至在我把死去的公鸟掏出窝的时候，它依然在孵卵。

伏洛佳·贝科夫

森林里的战争

（续 前）

你们是否记得，住到采伐迹地上的记者曾经给我们写了些什么？他们一天天地在期待年轻的云杉钻出地面，使整个采伐迹地开始披上绿装。

果然如此：下了几场温暖的雨，于是一天早晨采伐迹地开始披上绿装。那么是什么树从地下钻出来了呢？

根本不是年轻的云杉！不知从哪儿冒出来的蓬勃的草类——苔草和拂子茅早已赶在了它们前面。它们长得又快又密。尽管年轻的云杉齐心协力地钻出地面往上长，它们还是落在了后面：采伐迹地被野草大军占领了。

这时便开始了第一场战争。

幼小的云杉用像矛一样尖的梢头好不容易穿过覆盖在它上面稠密的草皮。善于攀附的草类极尽全力向小树发起进攻。无论在地下还是地上都开始进行生死搏击。

犹如可恶的鼹鼠，草类和树木具有抓握力的根须在地下挖掘伸展。它们彼此纠结缠绕在一起，为争夺饱含盐分、富于营养的地下水分而相互挤压、扼杀。所以许多幼小的云杉从来也没有见到过阳光，因为它们在地下被像细铁丝一样柔韧而坚强的草根绞杀了。

那些钻出地面的小树则遭遇了草茎的缠绕，被绞得透不过气来。

草类缠住了云杉坚强的树干。云杉极力想往上钻，用尖尖的树梢分开强劲有力、彼此缠绕的草类身体。草类却不让它们钻出去见阳光。

很难找到一块地方，哪里单独的一棵云杉能够克服草类难以估量的力量而向上生长。

正当采伐迹地上鏖战方酣的时候，河对岸的白桦刚刚开花。可是山杨却已经准备出征了：空降到河的对岸。

它们的葇荑花序已经张开。每一个花序里都飞出了几百颗独脚的空降种子，它们头上张着白色的一撮毛降落伞。

风儿喜出望外地接住了它们的一撮毛，比羽毛更轻松地将它们在空中转动起来，像吹动白云一样带过河去。它把它们降落下来，在整个宽广的采伐迹地上广为播撒——直至云杉林的边缘。

独脚的空降兵犹如白雪一般降落到云杉和草类的头顶。第一场雨把它们打落下来，塞进土里。当时见到的只是白茫茫的山杨种子。

日复一日，采伐迹地上的战事还在继续。不过已经看得出来，草类对云杉渐渐招架不住。

草类尽力向上长，但是不久便长足了个子，不再生长。而云杉却在继续生长。

这时草类的日子不好过了。年轻的云杉在它们头顶用自己宽广而繁茂的枝叶张起了浓荫，挡住了它们的阳光。在阴影里草类迅速枯萎，无力地垂向地面。

然而另一支军队——年轻的山杨已经从地下破土而出。它们抱成一团团，惊恐不安地彼此偎依在一起，从头到脚都在瑟瑟发抖。

它们来晚了，它们同样没有能力和云杉较量。

云杉在它们上面张开了自己浓密的枝叶，山杨屈居下位，很快就在浓荫里变得虚弱无力，凋零了。

山杨是非常喜欢阳光的植物。没有阳光它们根本无法生活。

云杉胜利了。

这时采伐迹地上又降临了新的敌方空降兵，它们乘着双翼滑翔机，同样首先躲进地下。这是白桦的种子。它们毫不费力地飞过河面上空，也撒落在整个采伐迹地上。

它们是否注定会战胜首批占领者——云杉一族，我们的记者不得而知。

在下一期里我们将登载他们发来的新消息。

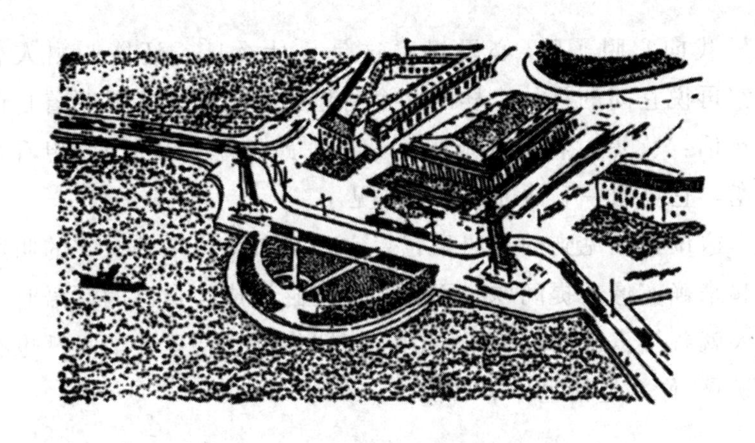

都市新闻

列宁格勒的驼鹿

五月三十一日清晨,人们在密切尼科夫医院旁边发现一头驼鹿。在城市边缘地区出现驼鹿,这已经不是第一次。正如人们所推测的,驼鹿是从弗谢沃洛斯克区的森林来到列宁格勒的。

用人的语言说话

一位公民来到《森林报》编辑部说:

“早晨我在公园里踱步。突然灌木丛里有人吹着口哨问我,而且声音是那么响亮,那么执着:‘你见过特里什卡吗?’我一看:四周一个人也没有,只有一只鸟——全身一片红色,停在灌木上。我向它瞅了瞅,心里想:‘这是只什么鸟?还能叫出人名来?再说它问的是什么样的一个特里什卡?’可它还是叫着自己那句话:‘你见过特里什卡吗?’我向它跨近了一步,因为想看个究竟。它嗖的一下钻进灌木丛不见了。”

这位公民见到的鸟叫朱雀。它是从印度飞来的。它的叫声听起来确实像在提问题。不过在把它翻译成人自己的话语时每个人就各按自己的理解了:有人说是“你见过特里什卡吗?”也有人说是“你见过格里什卡吗?”

客自海上来

最近胡瓜鱼从芬兰湾游入了涅瓦河,它们是到涅瓦河产卵的。渔民们累得筋疲力尽,因为他们的网里装进了那么多的鱼。

胡瓜鱼产完卵又游回大海。

客自大洋深处来

许许多多各种各样的鱼儿从大海和大洋来到内河里产卵。年轻的鱼群以后将从内河回到大海。

但是唯有一种鱼是出生在大洋深处,而从那里游入内河生活的。它出生在大西洋的马尾藻海。

这种神奇的鱼,叫柳叶鱼。

你们没听说过这个名称吧?

其实这并不难理解:只是当这种鱼还很小,生活在大洋里的时候才这么称呼它。

那时它通体透明,甚至能看到它的肠子,身体两侧扁扁的,薄得像一张纸。长大以后它就变得像蛇。

到这时每个人才想起它的真名:鳗鱼。

柳叶鱼在马尾藻海生活三年。到第四年它们变成了依然像玻璃一样透明的青年鳗鱼。

现在像玻璃一样透明的鳗鱼密密麻麻、成群结队地拥进了涅瓦河。

从自己在大西洋神秘深处的故乡到这儿,它们的行程不少于两万五千公里。

尝试飞行

在走过公园、街道或街心花园时你抬头望望,会担心脑袋被从树上掉落的乌鸦或椋鸟的幼雏砸到,还会担心有麻雀和寒鸦的小鸟从屋顶掉到头上。它们现在正好飞出鸟窝,还在学习飞行。

斑胸田鸡在城里高视阔步

最近,在夜间郊区的居民听到断断续续的低声鸟叫:"福奇——福奇!……福奇——福奇!"叫声先从一条沟里传来,过会儿又从另一条沟里传来。这是斑胸田鸡——生活在沼泽地的母鸡正在穿过城市。它是长脚秧鸡的近亲,也和长脚秧鸡一样徒步跨越整个欧洲来到我们这儿。

采蘑菇去吧

一场温暖的好雨下过之后，你可以到城外采蘑菇去了：红菇、牛肝菌和白菇从地里钻了出来。这是夏季长出的首批蘑菇——抽穗菇。之所以这么叫是因为在它们出现时越冬的黑麦已经开始抽穗。它们不久将要消失——在夏季结束以前。

当你发现花园里丁香花开始凋谢时，你应该知道春季结束了，夏季已经开始。

有生命的云

六月十日许多人在列宁格勒涅瓦河畔的滨河街上散步。晴空无云，天气闷热。屋子里和柏油马路上热得叫人透不过气来。孩子们使性子闹着脾气。

突然间宽阔河流的对面出现了大块灰色的云团。

大家都停住了脚步，开始瞧这云团：云团在很低的地方快速移动，低垂在水面上方，眼看着一点点大起来。

这时它带着簌簌沙沙的声音将散步的人群笼罩其中，此刻大家才弄明白，这不是云团，是巨大的一群蜻蜓。

在一刹那间，周围的一切神奇地改变了模样。

由于无数翅膀的扇动，吹起了一股清凉的轻风。

孩子们也不再闹脾气了。他们惊讶地看着阳光透过斑斓多彩、云母般透明的蜻蜓翅膀，在空中闪烁出彩虹般的五光十色。

所有散步人的脸顿时变得绚丽多彩，每一张脸上都变幻着一道道微小的彩虹，太阳的一个个光影，星火般的一个个亮点。

有生命的云团带着沙沙声从滨河街上空疾飞而过，升向高处，消失在楼群后面。

这是新生的年轻蜻蜓，他们立刻就结成齐心协力的群体，飞去找寻新的居住地了。至于它们在何处诞生，又在何处降落——谁也没有发现。

这样的蜻蜓群体在许多地方并不少见。假如你看见这样的蜻蜓群体，可要记住年轻的蜻蜓从何处飞来，又去往何处。

列宁格勒州新出现的野兽

在我们州叶菲莫夫区和邻近区域的森林里，最近几年猎人们常常碰见一种当地居民不认识的野兽，它的个头儿跟狐狸差不多。这是样子像浣熊的乌苏里狗，或者就简称它为乌苏里浣熊。

它是怎么来到这里的？

很简单：火车运来的。

运来了五十只小兽，放进了我们的森林。经过了十年，它们在这里大量生殖繁衍，现在已决定可以对它们进行捕猎了。

乌苏里浣熊提供珍贵的皮毛。整个冬季都可对它们进行捕猎：它们在我们这儿不冬眠，不像在自己的故乡，那里的冬季太严酷了。

鼹　鼠*

有些人以为鼹鼠是啮齿动物，它一面在地下爬行，一面像某些生活在地下的鼠类那样以植物的根为食。这可冤枉了鼹鼠，它根本不属于鼠类，而更像一头刺猬，只是穿了一身丝绒般柔软的皮大衣。它也是食虫兽，吃五月金龟子和其他有害昆虫的幼虫，这对我们非常有益。它不存在毁坏植物的罪过。

不过它在花园或菜园的地垄上抛撒一堆堆泥土，筑起所谓的鼹鼠窝，从而损坏花朵和蔬菜。假如有人不能原谅这样的事情，他可以稳稳当当地在土里插上一根高高的杆子，顶端安上一个小风车。

风一吹，小风车就转动起来，杆子就会颤动，土地就会作出反应——鼹鼠的洞穴里会发出响声，于是所有的鼹鼠便溜之大吉。

少年自然界研究者：尤里亚

蝙蝠的回声探测器

一个夏天的傍晚，一只蝙蝠飞入了敞开的窗户。

"赶它出去！赶它出去！"几个女孩子急忙将头巾盖到头上，叫了起来。秃头的老爷爷喃喃地说道："只要在窗户里给它透点光就行了，要不它会钻进你们头发里去！"

直至最近，科学家还没有弄清楚蝙蝠怎么在黑夜里，一片漆黑的情况下，找到飞行的道路的。

他们蒙住它的眼睛，堵住它的鼻子，它依然能够在空中避开一切障碍，甚至能躲开在房间里绷紧的一根根极细的线索——巧妙地避免落网。

直到发明回声探测仪，谜底方始解开。现在弄清楚了，原来所有蝙蝠在飞行的时候都从嘴里发出一种超声波——人的耳朵听不见的尖厉声音。这种声波从任何障碍物上反射回来，于是蝙蝠敏锐的耳朵就接收到了信号：“前方是墙壁！”或者“细线！”或者“蚊子！”只有细而稠密的女人头发对超声波的反射非常差。

秃顶的老爷爷当然不会受到任何威胁，可是女孩子蓬松的发式倒确实会使小兽误以为是窗户里的亮光，于是蝙蝠就可能冲进这样的一扇“窗户”。

狩猎纪事

我们的国家地域辽阔。当列宁格勒近郊早已结束狩猎的时候,北方河流才刚开始进入汛期,猎事活动也正值旺季。许多热衷打猎的人这时正赶往北方。

驾舟进入汛期的茫茫水域

(本报特派记者)

天空阴云密布,今夜如秋夜一样阴暗。

我和塞索伊·塞索伊奇驾着一艘小船,沿着夹峙在陡峻的两岸之间的林中小河顺流而下。我拿着桨坐在船尾,他坐在船的前部。

塞索伊·塞索伊奇是位任何野兽、任何野禽都打的猎人。他不喜欢捕鱼,甚至看不起放钩垂钓的人。即使今天出门打鱼,他也不违背自己的宗旨:他出去正是为了猎鱼,而不是用鱼钩、渔网或别的渔具捕鱼。

眼看着高峻的河岸过完了,我们来到了汛期浩渺的水域。有一处地方水里露出一丛丛灌木的树梢。往前是茫茫的大片树影。再往前是黑压压的林障。

这里长满灌木丛的河岸在夏季形成了一条狭长的堤坎,隔出一个与小河分离的小湖。湖里有一条小河汊与小河相通。不过现在不必寻找这条小河汊,因为到处是足够深的水。小船在灌木丛中滑行。

船头的铁板上准备了干树枝和松脂。

塞索伊·塞索伊奇擦亮火柴点燃了它。

水上漂浮的篝火红中带黄的火光照亮了宁静的水面和小船旁光秃的灌木丛黑魆魆的枝条。

但是我们顾不上观赏两岸景色:我们正专心致志地注视着下面,湖水的深处。我勉强划动着船桨,不让它露出水面。小船静悄悄地向前行进。

浮现在我眼前的是一个奇幻的世界。

我们已经置身湖上。水底下是深深植根于地下的庞然大物,它们彼此交错纠结的长长毛发在无声地颤动。这是水藻还是水草?

眼前是一个黑暗的陷坑,深不见底。也许这儿未必会那么深:篝火的光亮透进水里的深度不会超过两米。然而望着这漆黑的无底深渊,直觉得心里发毛:谁知道那里隐藏着什么呢?

这时从水下的黑暗里升起一个明晃晃的小球,起先是慢慢地上升,接着越升越快,不断变大。

眼看着它急速地向我眼前飞来,立刻就要跳出水面,撞上我的脑门……

我不由自主地把头避向一边。

小球变成了红色,浮出水面,破裂了。

原来是个沼气的普通气泡。

我仿佛乘坐一艘空中飞船在不知名的行星上空飞行。

身下漂过长满挺拔的密密丛林的岛屿。是芦苇吗?

一头黑色的怪物颤颤巍巍地把歪歪扭扭的触手向我伸来。怪物像章鱼,像鱿鱼,不过它的触手更多,样子更丑陋,更可怕。这是什么呢?

原来就是一个枝杈露出地面的树墩。这是一棵盘根错节的白柳的基部。

塞索伊·塞索伊奇的动作使我抬起了眼睛。

他站在船上,左手举着鱼叉:塞索伊·塞索伊奇是个左撇子。他双眼盯着水里,目光炯炯。他的样子看起来像个军人。这个小个儿大胡子战士似乎想用长矛叫拜倒在他脚下的敌人惊诧不已。

鱼叉的木柄有两米长,它的下端是五根闪闪发亮、带倒钩的钢齿。

塞索伊·塞索伊奇把被篝火映红的面孔转过来向着我,扮了个可怕的鬼脸。我把小船停了下来。

猎人开始小心翼翼地把鱼叉伸入水中。我向下望去,只看到这里水深处有一个笔直的黑色带状物。起先我以为那里是根棍子,后来开始明白,这是一条大鱼的脊背。

塞索伊·塞索伊奇慢慢地把自己的武器向水深处伸下去。他把它斜伸下去,手里纹丝不动地握着鱼叉,屏息凝神地站着。

猛然间他把鱼叉直插下去,使劲向黑色的鱼背刺去。

在他把自己的猎物拖出水面时湖水涌动起来:鱼叉的钢齿上一条重约两公斤的圆腹雅罗鱼正在挣扎。

我们驾船继续前行。不久我发现一条不大的鲈鱼。它凝滞不动地停在水中，脑袋钻进了水下的一棵灌木丛里。看样子，它似乎正在深沉地思索。

它距水面是那么近，以至于我能看清它体侧的深色纹理。

我望着塞索伊·塞索伊奇。他否定地摇摇头。

我心里清楚：对他来说这个猎物太微不足道了。我们就放过它。

就这样我们航遍了整个湖区。水下王国的神奇图景在我眼前一幅幅漂过——当需要再次把小船停下来时，我无法使自己不去看猎人是怎样战胜水下的野味的。

又有一条雅罗鱼、两条硕大的鲈鱼、两条金灿灿的细鳞冬穴鱼从湖底来到了我们的小船底。夜已快过去。现在我们驾船在田野上方滑行。燃烧着的一段段树枝和红红的炭火嗞嗞地响着落入水中。偶尔能听见头顶上空看不见的野鸭扇动翅膀的声音。在一座黑漆漆的孤林里，花头鸺鹠在用温和的叫声告诉什么人："我在睡觉！我在睡觉！"灌木丛后方一种叽叽叫的鸟儿发出悦耳的叫声，这是小公鸭在叫。

我发现船头前面的水中有一段短短的原木，就调转船头驶向一边，以免撞着它。突然我听到塞索伊·塞索伊奇发出了令人惊恐不安的嘘嘘声：

"停住！……停住！……狗鱼！……"

因为激动他说话的声音甚至开始变得像在说悄悄话。

他利索地把绳子缠到手上，绳子的另一头系着鱼叉柄的上端，然后非常仔细、久久地瞄准着，非常小心地把自己的武器伸进水里。

他用尽全身之力向狗鱼刺去。

好啦，现在这条鱼在拖着我们走了！幸好钢齿扎得很深，所

以它摆脱不掉。

原来这条狗鱼的重量大约有八公斤。①

当塞索伊·塞索伊奇终于把狗鱼拖进小船时，天色几乎大亮了。黑琴鸡絮絮叨叨、响亮的叽叽叫声透过薄雾从四面八方传入我们耳际。

"好啦，"塞索伊·塞索伊奇乐呵呵地说，"现在我来划桨，你来打猎，别错过了。"

他把烧剩的树枝抛进水里，我们在船里换了位置。早晨清新的微风很快吹散了朝雾。晴空如洗。迎来的是一个美好明媚的早晨。

我们沿着一块笼在森林绿色轻烟中的林边空地划行。白桦白色光滑的树干和云杉深色粗糙的树干直接从水里挺拔而出。你向远方望去——森林宛如悬挂在空中。你向近处看去——两座森林静静地在你眼前漂移：一座树梢向上，另一座树梢向下。灰暗的水面荡漾着神奇的涟漪，如镜子一般映照出深色和白色的树干，细细的树枝在水中的倒影宛如一根根线条，显得支离破碎，摇曳不定。

"准备！……"塞索伊·塞索伊奇提醒说。

我们驶近一个长着白桦的谷地——一个小树林，在水淹的林间空地上行舟。在林梢光秃的树枝上栖息着一群黑琴鸡。奇怪的是，在这些大鸟的重压下细小的树枝竟没有折断。

明亮的天空映衬出黑琴鸡结实的黑色身躯、细小的头颅、末端拖着两根弯曲羽毛的长尾巴。颜色微黄的母黑琴鸡显得更朴素、轻松和飘逸。

黑色和微黄色的大鸟的影子，头朝下伸长了身子在谷地下

---

① 在俄罗斯许多州用鱼叉猎鱼已经被禁止。（原注）

方的水中晃荡。我们离它们已近在咫尺。塞索伊·塞索伊奇默默地划着桨，赶着小船沿谷地推进。为了不惊动谨慎的鸟儿，我从容不迫地举起双筒猎枪。

所有黑琴鸡都伸长了脖子，朝我们转过了小脑袋。它们感到奇怪：是什么东西在水上漂？这有危险吗？

鸟类的思维是迟钝的。眼看着我们离最近的一只黑琴鸡只有五十步了。它不安地转动着小脑袋：万一有情况该往哪儿飞呢？它的两只脚交替地挪动着步子。它身子下面细小的树枝弯了下去。它的翅膀猛然扇了两三下，以便保持平衡。

然而它的伙伴们停在那儿岿然不动。它也放心了。

我开了一枪。轰鸣的枪声像气团一样沿水面滚向树林，又遇到林障的反射，向后滚了回来。

黑琴鸡的黑色身躯扑通一声一下子跌入水中，溅起的七色水珠扬起了一根水柱。鸟群激烈地扑棱着翅膀，一下子从白桦树上消失了。

我急忙瞄准正在飞离的一只黑琴鸡开了第二枪，但是落空了。

但是一清早就得到这么一只羽毛丰满的鸟中俊美，难道还不心满意足吗？

“满载而归了！”塞索伊·塞索伊奇祝贺说。

我们捡起湿漉漉、没有生命、耷拉着身子的黑琴鸡，从容地徐徐划着小船回家。

一群野鸭在湖水上方疾飞而过，鹬群发出叽叽的叫声，黑琴鸡在岸上更加响亮、更加警惕地唠叨着，气呼呼地啾啾叫个不停。一轮旭日在森林上空冉冉升起。

云雀在田野上空放声歌唱。经过无眠之夜以后的我们，却一点睡意也没有。

施放诱饵

狗熊常来我们周围偷鸡摸狗。有时听说它们在一个集体农庄里咬死了一头没下过崽儿的母牛，有时又听说在它们另一个农庄咬死了一匹母马。

在会上塞索伊·塞索伊奇说了一句聪明话：

“既然它已冲着咱们的牲口来了，还等啥，咱们得采取措施呀。不是说加甫里奇哈家的小牛死了吗，把它给我：我用它来做诱饵。既然熊围着咱们的牲口群转，盯着不放，那它就会来上钩。要是它来了，那就别想碰一下牲口。我已想好招了。”

在我们这儿，塞索伊·塞索伊奇是个好猎手。

集体农庄把加甫里奇哈家的小牛给了他，说你干起来吧，那样我们会安宁些。

塞索伊·塞索伊奇把小牛放上大车，运到了森林里。在那里把它放在一个干净的场地,把牛的头部转向日出的方向。

塞索伊·塞索伊奇在本行事务中是把好手。他知道熊不碰头朝南或朝西躺着的动物尸体,因为它怀疑这是个圈套。

在尸体周围用没有去皮的白桦树木搭起一个低低的平台。离平台二十步的地方,在两棵并排的树上做了个离地约两米的观察点:用树条搭成的一个小台,夜间可以坐在上面守候野兽。

现在已万事俱备了。不过他没有爬上观察点,而是回家睡觉了。

一个星期过去了,他还在家里睡大觉。早晨他抽时间走到平台前,围着它走了一圈,卷了个漏斗形烟卷儿,抽了会马哈烟,就回家了。

我们农庄的庄员们开始取笑他。小伙儿对他眨眼睛,说:

“怎么样,塞索伊·塞索伊奇,看来还是家里的炉炕上睡得香吧？你不乐意在林子里守夜,是吗?”

他回答说:

“没有小偷,守夜也是白搭。”

他们对他说:

“可小牛犊已经发臭啦。”

他说:

“这就对啦。”

不管你对他说什么,他都不为所动。

塞索伊·塞索伊奇知道该怎么办。他还知道熊已经不是第一天围着畜群转了。只是如果眼皮底下放着一头动物尸体的话,熊不会去扑杀活的牲畜。

塞索伊·塞索伊奇知道野兽已经嗅到了小牛犊的尸体:猎人敏锐的眼睛已经发现,在放牛犊的平台四周有像人踩出的但带爪痕的脚印。但是熊还没有去动牛犊:显然它的肚子经常吃得饱饱的,它要等着吃更美味的食物——要等到动物尸体真正发出臭味的时候。这头毛茸茸的林中野兽的口味就是这样的。

死牛犊躺在林子里已经两星期了,可是塞索伊·塞索伊奇仍然在家里过夜。

终于他从脚印上看出熊已经越过平台,从牛尸上咬下一块好肉吃了。

当天傍晚塞索伊·塞索伊奇带猎枪爬上了观察点。

夜里林子里静悄悄的。野兽们在睡觉,鸟儿也在睡觉。

但并不是所有的鸟兽都睡了。猫头鹰悄无声息地扇动毛茸茸的翅膀,在空中飞过:它在窥测草丛里沙沙走动的老鼠。刺猬在林间游荡,寻找青蛙。兔子在咔嚓咔嚓地啃食山杨苦涩的树皮。獾在土里寻找只有它看得见的草根。而熊也正无声无息地偷偷向诱饵逼近。塞索伊·塞索伊奇的眼皮困得睁不开了:他习惯于在夜间这个时候沉沉酣睡。他打了个盹儿。

他身子一颤:传来咯吱一声响!……

难道这是幻觉?

不是。没有月亮,但是北方的夏夜即使没有月光也是亮的。清晰地看得见在白色桦木平台边上有一头黑黢黢的野兽。

熊已经到达美食的边上,在吧嗒嘴巴了。

"别急!"塞索伊·塞索伊奇心里暗想,"我有更好的东西款待你呢——铅做的牛肉饼。"

于是他举枪仔细地瞄准了野兽左边的肩胛。

骤然而起的枪声犹如雷鸣一般在沉睡的森林里到处滚动。受惊的野兽蹦得离地半米高。獾吓得像猪一样地嚎叫着往自己洞里跑;刺猬身体卷成一个长满刺的小球;老鼠赶紧往洞穴里窜;猫头鹰不声不响地冲进一棵大云杉的漆黑阴影里。

但是万物又复归一片寂静。夜行的野兽壮大了胆子,重又

操起了各自的营生。

塞索伊·塞索伊奇爬下观察点,走近平台。接着用马哈烟卷了个烟卷儿,抽了起来。他不慌不忙地走回家去:天正在亮起来,能稍稍睡会儿觉也好。

而当整个集体农庄苏醒时,塞索伊·塞索伊奇对小伙们说:

“得啦,小子,把马车套起来,从森林里搬熊肉吧。”熊不会再碰我们的畜群了。

森林报

No.4

筑巢月

（夏一月）

六月二十一日至七月二十日　　太阳进入巨蟹星座

第四期目录

一年——分十二个月谱写的太阳诗章

六月——绚丽多彩的月份。初夏时节已然终结,盛夏由此肇始。遥远的北方全然没有了夜晚:太阳不再下山。原先色彩单调的草地越来越多地开放出阳光色的鲜花:金莲花、驴蹄草、毛茛,草地因此而呈现出一片金黄。

在这个时节——太阳开始发挥生命活力的时节,人们为自己采集有益于健康的鲜花、茎、根,储藏起来,以便一旦生起病来,可以把积蓄其中的太阳的生命力输送到自己身体里。

眼看着一年中最长的一天——六月二十一日,夏至日已经过去。

从这一天开始,就如春日的阳光徐徐来临一样,白昼慢慢地、慢慢地——而感觉中却是如此迅速——变得越来越短。民间的说法是:"'盛夏'看上去和栅栏一样高了。"

所有会唱歌的小鸟都筑好了窝,所有的窝里都产下了各种颜色的蛋。透过薄薄的蛋壳依稀能见到柔弱细小的生命。

它们各居何处

孵育雏鸟的时节已经来临。森林里每一种鸟都为自己筑了巢。

我们的记者决定搞清楚兽类、鸟类、鱼类和昆虫各在什么地方居住，如何生活。

精致的家

原来，整座森林现在从上到下都被动物的住所占满了。一处空闲的地方也没有剩下。它们住在地上、地下、水上、水下、树上、树内、草丛和空中。

空中有黄莺的家。它把用大麻纤维、草茎、细毛和绒毛编织的小篮悬挂在离地高高的桦树枝条上。小篮子里放着黄莺的蛋。真叫人奇怪，在风儿吹得树枝东摇西晃的情况下这些蛋竟不会破。

云雀、林鹨、黄鹀和许多其他鸟类在草丛里安家。我们的记者最喜欢柳莺的小窝棚。它用干草和苔藓做成，上面有盖儿，出入口在旁边。在树里面——树洞里——安家的有飞鼠（肢间有蹼的一种松鼠）、甲虫木蠹蛾、小蠹虫、啄木鸟、山雀、椋鸟、猫头鹰和别的鸟类。

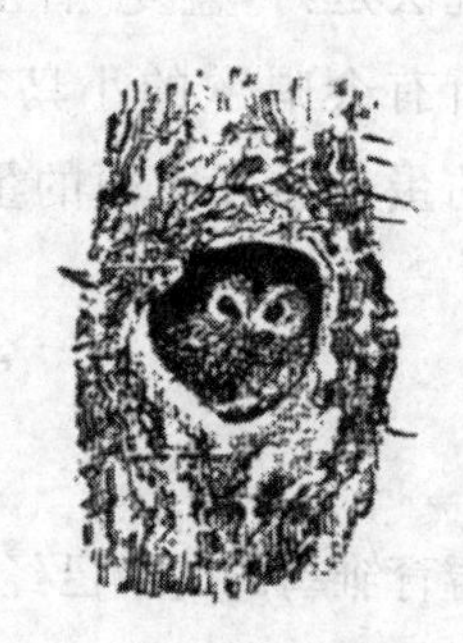

在地下安家的有鼹鼠、老鼠、獾、灰沙燕、翠鸟和各种昆虫。

凤头鸊鷉——属于潜鸟类的一种水鸟——做的是在水上漂流的窝，这种窝由一堆沼泽地的野草、芦苇和水藻构成。凤头鸊鷉趴在上面在湖面上任意漂流，就如乘着木筏一般。

在水下安家的有石蛾和水蜘蛛。

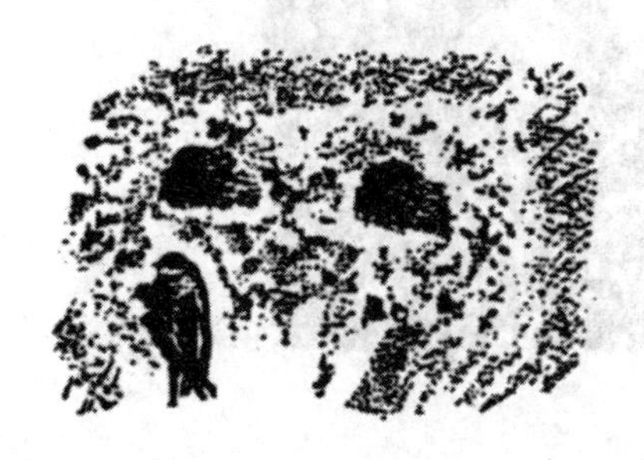

哪一种动物的家最好？

我们的记者决计寻找最好的窝。看来要解答哪一种动物的家最好的问题并不那么简单。

最大的窝是鹰窝。它由粗树枝构成，安在高大粗壮的松树上。

最小的窝是黄头戴菊鸟的窝。整个窝大小像个小拳头，而且它本身的个头儿比蜻蜓还小。

最狡猾的窝是鼹鼠窝。它有那么多备用的通道和出口，所以你无论如何也无法从洞穴里挖到它。

最精巧的窝是象甲(一种带长鼻的小甲虫)的窝。象甲啃食桦树叶的叶脉,当树叶开始枯萎时,就把它们卷成筒状,再用唾液将叶子粘住。在这样的筒状小屋里雌象甲就产下自己的卵。

最简单的窝是剑鸻和夜鹰的窝。剑鸻把自己的四个蛋直接产在河岸上的沙里,夜鹰把蛋产在树下干树叶堆成的坑里。这两种鸟在筑巢时不花太多的力气。

最美丽的是柳莺的窝。它在桦树枝上编织自己的窝,用地衣和轻薄的桦树皮装修住处,再把某一个别墅的花园里扔掉的各色花纸片编织进去作为装饰。

最舒适的是长尾山雀的窝。这种鸟又叫汤勺鸟,因为样子像舀汤用的大勺子。它的窝内部用绒毛、羽毛和细毛发编织,外部则用苔藓和地衣编成。整个窝圆圆的像个小南瓜,入口也是圆圆小小的,位于窝的正中央。

最方便的是水蛾幼虫的窝。

水蛾是一种有翅膀的昆虫。它们在栖息的时候就把翅膀在自己背部像盖子一样叠起来,把整个身体都遮住。而水蛾的幼虫是没有翅膀、身体裸露的,没有东西遮蔽自己。它们生活在溪流和小河的底部。

幼虫常常找来一根火柴大小的树枝条或芦苇茎,用小沙粒在上面粘成一个圆筒,将身体倒爬进里面。

这样做的结果非常方便:愿意的时候完全躲进圆筒里,尽管安安稳稳睡觉,谁也看不见;想出来的时候把前面的小脚伸出来,连同小屋一起在水底爬行,因为小屋很轻巧。

有一只水蛾的幼虫找到了一截丢弃在水底的烟卷儿的吸嘴,它就钻进里面,带着它在水底旅行。

最令人惊奇的是水蜘蛛的窝。这种蜘蛛把蛛网织在水草之间,用毛茸茸的肚子拖来气泡放在蛛网下面。蜘蛛就这样住在空气组成的小屋里。

还有哪一种动物有窝?

我们的记者还找到了鱼类和鼠类的窝。

刺鱼为自己营造了一个名副其实的窝。筑巢的是雄鱼。为了筑巢它只用分量重的草茎,这种草如果不靠鱼嘴从水底拔起并抛到上面,自己是不会浮上水面的。刺鱼把这些草茎固定在水底的沙滩上。它用自己的黏液涂抹巢的四壁和天顶,再往所有的小孔里塞进苔藓。只在巢壁上留两个洞口。

巢鼠做的窝完全像鸟巢。它用小草和撕成丝状的草茎编织自己的窝。鼠巢挂在刺柏的树枝上约两米高的地方。

各用什么材料给自己造屋?

森林里动物的小屋是用形形色色的材料建筑的。

善歌的鸫鸟用朽木的粉末当混凝土涂抹自己圆巢的内壁。

家燕和毛脚燕用自己的唾液黏结泥土来筑巢。

黑头莺用轻而黏的蛛丝固定筑巢的细树条。

䴓——一种能在直立的树干上头向下奔跑的小鸟——入住了一个开口很大的树洞。为了防止松鼠钻进它的家,䴓用泥土把门堵死,只留很小的一个口子,刚好能让自己的身子挤过去。

最好玩的要数翠绿、咖啡、湖蓝三种颜色相间的翠鸟做的窝。它在河岸上给自己挖一个深深的洞,在洞内的地面上铺上细细的鱼骨。这块垫子居然还很软和呢。

寄居别家

如果有动物不会或懒于为自己营造小屋,它就去霸占人家的房子。

杜鹃把卵产在鹡鸰、红胸鸲、莺和其他善于持家的小鸟的窝里。

林间白腰草鹬寻找旧的乌鸦巢，把自己的蛋产在里面。

鮈鱼非常喜欢位于沙岸边水下被螃蟹废弃的蟹洞。它们就在那里产卵。

只有麻雀的手段非常狡猾。

它把巢筑在屋檐下，却让小孩儿扒了。

它把巢筑在树洞里，伶鼬又把所有的蛋拖走了。

于是麻雀把自己的窝依附在雕的大窝里。在构成这个窝的粗枝之间它自由自在地安下了自己的小窝儿。

现在，麻雀日子过得安安稳稳，谁也不怕了。身高体大的雕对这么小的一只鸟压根儿连睬也不睬。但是无论伶鼬，还是猫咪或者鹞鹰——甚至小孩儿，都不会来捣毁麻雀的窝了，因为谁都怕雕呀。

公共宿舍

森林里也有公共宿舍。

蜜蜂、黄蜂、熊蜂和蚂蚁筑的巢可以容纳几百几千的居民。

白嘴鸦占据一座座花园和小树林作为自己的侨居地；鸥鸟则占据沼泽地、有沙滩的岛屿和浅滩；灰沙燕在陡峭的河岸上打出自己栖身的小洞。

窝里究竟有什么?

窝里有鸟蛋，每一种鸟的蛋都各不相同。

但是问题并非不同的鸟有不同的蛋那么简单。

田鹬的蛋布满了斑点和小麻点，而歪脖鸟的蛋是白的，稍带点绯红色。

问题在于歪脖鸟的蛋下在又深又暗的树洞里，所以你看不见。而田鹬的蛋直接就下在小草墩上，完全外露。假如它们是白色的，那就谁都能发现。所以它们被涂成接近草墩的颜色，你还没发现，就一脚踩上了。

野鸭的蛋也几乎是白色的，而它们的巢也筑在草墩上，同样是开放式的。不过野鸭也要了点小花招。当野鸭要离开巢的时候，它就拔下自己腹部的羽绒，把蛋盖起来。这样蛋就看不见了。

可是为什么田鹬会生下这样一头尖的蛋呢？要知道像鸳这么体大而凶猛的鸟产的蛋却是圆的。

这又好理解了：田鹬是一种小鸟，大小只有鸳的五分之一。如果这些蛋不摆放得那么服服帖帖——尖头对着尖头，使尖的一头都在一起——以便尽可能不占地方，它怎么用自己小小的身躯来孵这么大的蛋并将它们遮蔽起来呢？

可为什么小小的田鹬有像巨大的鸳那么大的蛋呢？

对这个问题，只能在下一期的《森林报》上去回答了，到那时小田鹬该啄破蛋壳出世了。

林间纪事

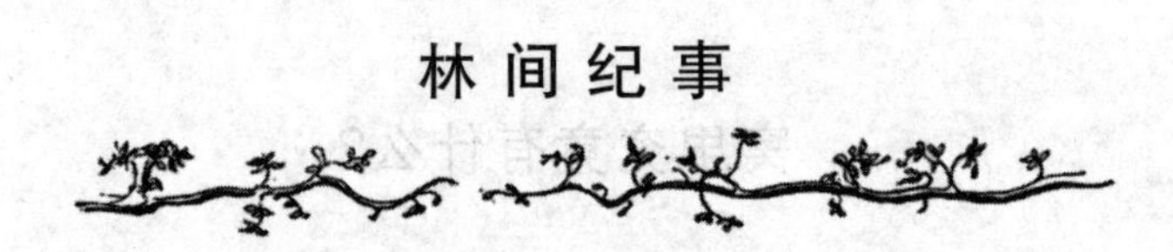

狐狸是怎样把獾撵出家门的

狐狸遭了殃:它洞穴的顶塌了下来,差点把小狐狸压死。

狐狸看到大事不妙,得搬到别的地方去住。

它便去找獾。獾的洞穴很气派,是自己挖的,有多个进出口,还有应对突然袭击的备用侧洞。

它的洞很宽敞:够两个家庭居住。

狐狸恳求住进去,可獾不让进。它是个处事一板一眼的主儿,喜欢井井有条,干干净净,哪儿也不愿弄脏,怎么能让它带着一群孩子住进来呢!

它把狐狸赶跑了。

"好哇,"狐狸想道,"你这么对我!行,你等着!"

它做出到森林里去的样子,其实它到了灌木丛后面,在那儿坐着等。

獾往洞外瞅了瞅,见狐狸已经不在,就去森林里找蜗牛吃了。

狐狸一下子溜进洞里,在地上拉上大便,使洞里脏得一塌糊

涂，就走了。

獾回来了——老天，怎么这么臭！它懊丧地哼了一声，就出去为自己挖另一个洞了。

而狐狸要的正是这个结果。

它把幼崽拖来，开始在舒适的獾洞里过日子。

有趣的植物

池塘水面上开始蒙上浮萍。有些人说这是水藻。但是水藻归水藻，浮萍归浮萍。浮萍是一种有趣的植物。它不像别的植物。小小的叶柄和浮在水上的绿色小瓣，小瓣上带有椭圆形突出的边缘。这些突出的边缘就是连接小瓣的小茎和小枝条。浮萍没有叶子。可是偶尔也会出现花朵，不过这种情况很少见。浮萍不需要开花。它的繁殖既简单又快捷。从连接小瓣的小茎上脱落一个小枝，一棵植物就变为两棵了。

浮萍日子过得既滋润又自在，什么也不能把它拴在一个地方。旁边有一只鸭子游过，浮萍就粘在鸭掌上，于是它就随鸭子飞到了另一个水塘。

H.帕甫洛娃

顺应第一需求

在草地和林间空地上紫红色的草地矢车菊已经盛开。我见到它就要联想起伏牛花，因为它和伏牛花一样也会耍小花招。

矢车菊开的不是一朵花，而是一个花序。它那美丽的叉状小花是无实花。真正的花在正中央。这是一个深紫红色的小管子。在这根管子里面才是雌蕊和会耍花招的雄蕊。

只要碰一下紫红色的小管子，它就向旁边一晃，于是一团花粉就从管口溜了出来。

稍过一会儿你再碰一下这朵小花，它又一晃，又落下一团花粉。

这就是它的全部花招！

花粉不会平白无故地四处抛撒，而是顺应每个昆虫的第一需求按份发放。拿去吃吧，把身子沾脏吧——只求能把花粉带给另外一棵矢车菊，即使只有几小粒。

H.帕甫洛娃

夜间神秘的盗贼

森林里出现了一个神秘的盗贼。森林里的居民们惶恐不安了。

每天夜里都会有几只年轻的小兔子失踪。每到夜里，无论小鹿、花尾榛鸡、母黑琴鸡、松鸡、兔子还是松鼠，谁都没有安全感。不管是树丛里的鸟儿，还是树上的松鼠，或者地上的老鼠，都不知道攻击会来自何方。神秘的杀手会蓦然出现，忽而来自草丛，忽而来自灌木丛，忽而来自树上。也许它不是孤零零的一个：说不定是整整一伙盗贼。

几天前，森林里的一种小鹿——狍子的一个家庭：公狍、母狍和两只幼狍夜里在林间空地上吃草。公狍站在离灌木丛八步远的地方警戒，母狍带着幼崽儿在空地中央吃草。

突然树丛里蹿出一个黑黑的身影，直扑公狍的脊背。公狍倒下了。母狍带着幼狍逃进了林子。

早晨母狍回到林间空地时，公狍的身体只剩下一对角和四条细腿。

而昨天夜里一头驼鹿也遭遇了攻击。它正在僻静的林子里走路，看到一棵树上的一根枝杈似乎多出了一个难看的大赘瘤。

这林中的巨兽还怕谁呀？它头上有那么一对角，连熊也不敢攻击它。

驼鹿走近这棵树下，刚想抬头看个明白，究竟树杈上多出的是什么玩意儿，突然一样可怕而沉重的东西坠落到它的后颈上，那重量足足有三十公斤。

驼鹿大吃一惊——当然是由于事出意料，便把头一摇，将盗贼从背上甩掉，头也不回地跑了起来。它始终不知是谁在黑夜里向它发起了攻击。

我们的森林里没有狼，而且狼不上树。熊现在钻进了密林——正在换毛，而且它不会从树上往驼鹿的后颈上跳。究竟这神秘的盗贼是谁？

暂时还不得而知。

夜鹰蛋神秘失踪

我们的记者找到了一个夜鹰窝。一个坑里放着两个蛋，当人走近时母鹰从蛋上飞走了。

我们的记者没有去触动这个窝，只是让自己看清楚窝所在

的位置。

一小时以后他们回到了窝边，但是蛋已经没有了。

但是两天后他们发现了蛋的去处：母夜鹰把它们衔在嘴里搬到了另一个地方。它担心人会毁了它的窝。

勇敢的小鱼

我们在前面已经说过，雄刺鱼在水下筑了什么样的一个巢。

在工程结束后它选择了一条雌刺鱼，把它带回自己家。雌鱼走进门里，产下卵，马上就溜到别家去了。

雄鱼又去找另一条雌鱼来，接着又找来第三条和第四条，但是所有的雌鱼都从它身边溜走了，只把卵留下来让它照管。

于是雄鱼就独自留下来守家，而家里放着一整堆的鱼卵。

河里有的是对刚产的鱼卵垂涎三尺的食客。可怜的小雄鱼只好守卫自己的窝，使它免遭水下凶猛的怪物的袭击。

不久前饕餮之徒鲈鱼对它的窝发动了攻击。小小的窝主英勇地投入了与怪物的搏斗。

它竖起了身上所有的五根刺：三根在背上，两根在肚皮上，机灵地向鲈鱼的面部猛扎过去。

鲈鱼全身披满了坚固的盔甲——鳞片，唯有脸部是不设防的。

鲈鱼被英勇的小鱼吓退了，便溜之大吉。

谁是凶手?

（请参阅《夜间神秘的盗贼》一文）

今天夜间，在森林里的一棵树上，发生了一件针对一只松鼠的凶杀案。我们查看了凶杀现场，根据凶手在树干和树下地面

上留下的痕迹，我们弄清楚那个神秘的夜盗是谁了，它不久前曾杀死狍子，使整座林子惶惶不可终日。

根据爪痕我们得知，这是我们北方森林里的一种豹子——森林中凶猛的猫——猞猁①。

它的幼猫已经长得有点大了，现在猞猁妈妈就带着它们满林子转悠，爬树。

它在黑夜里和白天一样看得清清楚楚。谁要是在睡觉前不善于好生躲藏起来，谁就要遭殃了！

六只脚的鼹鼠*

我报一位驻林地记者从加里宁州发回报道说：

“为了体育锻炼，我往地里埋一根杆子，挖土时把一只小动物和土一起抛了出去。它的前趾有爪，背部长着像翅膀似的薄膜，身上覆盖一层黄棕色的细毛，仿佛披着一张稠密的短毛皮。小东西的长度有五厘米，样子像黄蜂和鼹鼠。从它的六只脚我认出这是只昆虫。

① 猞猁是属于猫科的猛兽，俗称大山猫。

编辑部的解释

这只与众不同的昆虫确实像一只小兽。难怪它得了这么个和野兽有关的名称：蝼蛄[①]。总的说蝼蛄与鼹鼠最相似。它的两个前爪的掌很宽，两者都是挖土的能手。还有，小小的蝼蛄两个前爪的构造像剪刀。这正合它的要求，以便在地下行进时剪断植物的根。个头和力气都比它大的鼹鼠干脆把这些根用自己强有力的爪子挖掉或用牙齿啃掉。

蝼蛄的颚部布满了像牙齿似的尖角形薄片。蝼蛄一生的大部分时间在地下度过，像鼹鼠一样在土中挖通道，在那里产卵，再在卵上面像鼹鼠一样堆上小土堆。此外蝼蛄还有大而柔软的翅膀，所以它很善于飞行。这方面鼹鼠可就赶不上它了。

在加里宁州蝼蛄比较少见，在列宁格勒州更少见，但是南方各州却非常多。

如果有人想找到这种与众不同的昆虫，就到潮湿的土壤里去找，尤其在水边、花园和菜园里。捉它的方法可以这样：每到傍晚就在同一地方浇上水，再用细柴火把这地方盖住。夜里蝼蛄就钻进柴火下的污垢里了。

救命的刺猬

玛莎早早地醒了，把连衣裙往身上一套，就和往常一样光着

① 在俄语里“蝼蛄”一词与“熊”同源，该词的另一意义是“熊皮”或“熊皮大衣”。

脚跑进了林子。

森林里的小丘上有许多草莓。玛莎利索地采了一小篮，就踩着被露水浸得冰凉的小土堆蹦蹦跳跳地跑回家。但是她突然滑了一跤，痛得大叫一声：她的光脚丫子从小土堆上滑了下来，被尖利扎人的东西戳出了血。

原来土堆下边有一只刺猬。它立马卷成一团，“呋呋”地叫起来。

玛莎哭了起来，坐到旁边的一个土墩上，开始用手帕擦脚上的血。刺猬不再叫了。

突然一条灰色大蛇向着她爬来，它的背部有黑色之字形花纹，是条有毒的蝰蛇！玛莎吓得手足无措了。而蝰蛇却向她爬来，吐着开叉的芯子咝咝直叫。

这时刺猬猛然舒展身子，迅速小步迎着蛇跑去。蝰蛇用身体的整个前部扑将过去，像鞭子一样抽到它身上。但是刺猬机灵地用它的刺在下面抵挡。蝰蛇可怕地咝咝叫起来，绕了开去，打算逃开它。刺猬追着它扑过去，用牙齿咬住蛇头后方的位置，两只爪子扎到它的背上。

这时玛莎回过神来，一骨碌跳起来，逃回家去。

蜥　蜴*

我在森林里的一个树桩边捉到一条蜥蜴，就把它带回了家。它住在一个宽敞的大罐子里，我往里面放了沙子和小石子。每天我更换罐子里的草根、土和水，放入苍蝇、小甲虫、毛毛虫、蚯蚓和蜗牛。蜥蜴张开大嘴把它们咬住，贪婪地把它们吃下去。它特别爱吃白色的菜蝶。它把小脑袋迅速转向菜蝶这一边，张开嘴巴，伸出自己开叉的芯子，然后像狗一样跳起来去捕捉美食。

有一天早晨,我在沙子里小石子之间发现了十几个椭圆形的白色小蛋,外面包着薄薄的软壳。蜥蜴为这些小蛋选择了一处阳光晒得到的地方。过了一个多月蛋壳破了,从里面爬出灵活的小蜥蜴,样子很像它们的母亲。

现在这小小的一家子爬到小石子上面,懒洋洋地晒着太阳。

驻林地记者:舍斯季雅科夫

摘自一位少年自然界研究者的日记

毛脚燕的窝

六月二十五日。每天燕子都在我的眼前操劳着,做着自己的窝,于是窝就一点点地变大。它们一清早就开始工作,到中午休工两三个小时,然后接着修整和营造,直到太阳下山前大约两小时才结束工作。不停地造巢是做不到的,因为黏土需要时间变干燥。

有时有别的毛脚燕飞来它们那儿做客,如果公猫费多谢伊奇不在屋顶上的话,它们还会停在树墩上坐一会儿,叽叽喳喳地说着话儿。新迁入的房主也不会赶它们走。

现在燕窝已经像一个满圆后开始亏缺的月亮，缺口向着右边。

我非常清楚燕巢这样的形状是怎么形成的，为什么它不是向左右两边均衡发展。这是因为雌燕和雄燕都参与了造巢的工作，但两者花的力气是不一样的。雌燕含泥飞来巢上时总是头向左栖停，它做得非常努力，而且啄泥的次数比雄燕频繁得多。雄燕常常不知飞到哪儿待着不见了影儿，一去就是几个小时，可能和别的燕子在白云下面追逐去了。它停到巢上总是头朝右。它的工作当然赶不上雌燕，所以巢右边的进度总是落后于左边。这就是燕巢的建筑进程发展不平衡的原因。

雄燕竟是那么懒惰的家伙！它怎么不为自己的懒惰感到害臊！它可比雌燕力气大。

六月二十八日。燕子已经不再筑巢，而是把麦秸和羽毛往窝里拖——它们在铺床了。我就是没有想到它们的整个工程盘算得那么利落。原来，理应让一边的进度快于另一边！雌燕把巢的左边筑得高到了顶，而雄燕却没有把自己这一边筑到头，于是筑成了右上角开了口的一个不完整的泥球。当然它正需要这个样子：这里是它们的出入口，是门户。否则燕子怎么进自己的屋呢？看来我是无缘无故地责骂了雄燕。

今天是雌燕留在窝里过夜的第一个晚上。

六月三十日。巢筑完了。雌燕已经不再出窝——也许它已产下了第一个蛋。雄燕时不时地带些蚊子回来给它吃，还不停地唱着歌——它在祝贺它，心里乐着呢。

又飞来了一个“使团”——整整一群毛脚燕。它们全体在飞行中依次向巢内瞧着，在巢边凌空摆动着身子，说不定还吻了幸福的女房东伸到门外的嘴呢。它们叽叽喳喳地叫呀叫的，叫了一阵就飞走了。

公猫费多谢伊奇偶尔爬上屋顶，往屋檐下窥探。它该不是在等窝里出现小鸟的时刻吧？

七月十三日。雌燕几乎不间断地趴在窝里已经有两个星期。它只在中午最热的时候飞出来，因为只有那时柔弱的燕蛋才不会着凉。它在屋顶上空盘旋，捕食苍蝇。接着它飞向水塘。在那里贴近水面飞掠而过，用喙汲水。水喝够了，就又回到窝里。

今天雌燕和雄燕两口子都开始经常从窝里飞进飞出。一次我看见雄燕嘴里含着一片白色蛋壳，而雌燕则含着一只小苍蝇。这表示窝里已孵出了小鸟。

七月二十日。可怕，好可怕！公猫费多谢伊奇爬上屋顶，身子已经完全从屋脊上悬着了，——它想用爪子去够那个窝。而窝里的小鸟是多么可怜地在叽叽叫着！

不知从哪儿冒出来的，突然飞来了整整一群燕子。它们叫着，飞掠着，几乎要碰到猫的鼻子。哎哟，它差点儿没用爪子逮住一只！哎哟！……它又扑过去抓另一只了！……

好哇！灰色的强盗失算了：它从屋顶滑了下去——嘭！……

它摔倒没有摔死，不过反正够受的：喵呜叫了一声，踮着三只脚走了。

它活该！它再也没有来惊扰燕子。

驻林地记者：维丽卡

苍头燕雀的幼雏和它母亲*

我们家的院子里草木很茂盛。

我在院子里走着，突然脚下飞出一只刚出窝的苍头燕雀的雏鸟，它头上长着一撮尖尖的绒毛。它飞起来，又落下了。

我捉住它带回了家。父亲建议我把它放在敞开的窗口。

不到一个小时，小鸟的父母就开始飞来喂食了。

它就这样在我那儿过了一整天。

夜里我关了窗户，把小鸟关进了笼子。

早晨五点左右我就醒了，看见窗户的装饰框上停着小苍头燕雀的母亲，嘴里含着一只苍蝇。我跳下床打开了窗，开始从房间深处观察。

不久小鸟的母亲又出现了。它停在窗口。小鸟叽叽叫起来——要求吃食。这时雌苍头燕雀毅然飞进房间，跳到鸟笼跟前，开始隔着笼栅给小鸟喂食。

接着它飞去寻找新的食物了。我把小鸟从笼子里取出来，带到了院子里。

当我想再看看小苍头燕雀时，它已经不在原地：母亲把自己的小鸟带走了。

沃洛佳·贝科夫

铁 线 虫

在河流、湖泊和水塘，甚至就在深水洼里，生活着一种神秘的生物——铁线虫。老人们说这是复活的马鬃。游泳的时候它似乎钻到了人的皮下，在那里爬行，使人奇痒难耐……

铁线虫确实像一条棕红色的粗毛发，更像用钳子剪下的一段铁丝。它十分坚硬，就是把它放在一块石头上，用另一块石头敲打它，也无法将它怎么样。这时候它总是一会儿伸展，一会儿收紧,蜷缩成奇妙的一个彼此缠绕的小团。

其实铁线虫只是一种对人毫无伤害的无头蠕虫。它的雌虫体内充满了卵。它的卵在水里孵化成有角质长吻和小钩的幼虫。它们附着在水生昆虫的幼虫身上,钻进其体内,就处于一个外壳的包裹之中。如果它们的寄主不被水蜘蛛或别的昆虫吞食的话,这里是幼虫的终点站。在新寄主的体内铁线虫的幼虫变成无头的蠕虫,出来以后便爬到水里,使迷信的人惊恐不安。

枪打蚊子

达尔文国家自然资源保护区的建筑物坐落在一个半岛上。四周是雷宾斯克海。这是一片与众不同的新海,因为这里不久前还是一片森林。这片海很小,有些地方还露出树木的尖顶。海里的水是温暖的淡水。水里滋生着无数的蚊子。

大群大群的吸血害虫钻进了科学家的实验室、食堂、寝室,搅得人既不能安生工作,又不能安生进餐和睡觉。

傍晚的时候,所有房间里突然响起了霰弹枪射击的砰砰声。

出什么事啦?其实没什么好大惊小怪的:不过是向蚊子开枪而已。

子弹筒里装的当然不是子弹头,也不是铅霰弹。带雷管的子弹筒里装了一小撮平常打猎用的火药。火药上面放了塞得紧紧的弹塞。然后弹筒里装入杀虫的药粉——除虫剂,满满地装到口子边,再从上面将它塞紧,免得它撒出来。

射击时杀虫药以极细的粉尘状弥漫在整个空间,钻进所有的缝隙,杀死各处的害人虫。

一名少年自然界研究者的梦想

一名少年自然界研究者正努力地准备要在班级里作的报告,题目是《昆虫对森林和田间的危害及与它们的斗争》。

"用机械和化学方法对付甲虫,耗费的资金达1.37亿卢布,"少年自然界研究者念道,"……手工捕捉的甲虫达1301.5万只。""为了进行与昆虫的战争,每公顷上耗费达二十至二十五个工作日。"

少年自然界研究者看得头都发晕了。一长串尾数带零的数字开始讨厌地在他眼前闪烁,打转,他只好上床睡觉。

蚊子折磨了他一整夜。甲虫、毛毛虫、蛾子组成的无穷无尽的长长队伍从幽暗的森林里冒出来,急急地爬过田野,缠绕在他身体的四周,缠得他透不过气来。他用双手捏死它们,用皮管喷洒有毒药水浇它们,可是它们没有少下去,依然源源不绝地过来,它们经过的地方只剩下一片荒漠……少年自然界研究者从睡梦中惊醒过来。

清晨起来一看,原来情况并不见得有那么糟糕。少年自然界研究者在自己的报告里建议制作许多椋鸟窝、山雀窝、树洞,向爱鸟日献礼。鸣禽捕捉甲虫、毛毛虫和蛾子比人要能干得多,而且它们做这一切是不取报酬的。

请验证!

据说,如果在上部开放式的禽舍或鸟笼上方绷上一些呈十字状交叉的绳子,那么任何一头猫头鹰,甚至雕鸮,在扑向禽舍或鸟笼里熟睡的鸟儿之前,必定先停到这些绳子上。在它们自己的眼看来,这些绳子是坚硬的。可是一旦它停到上面,立马就双脚朝天身子倒翻下去,因为绳子太细,而且绷得不太紧。

双脚向上倒翻以后,这头猛禽就会一直头朝下挂到早晨,因为它不敢用这样的姿势扇动翅膀,怕掉到地上摔死。天亮的时候你就来从绳子上取下窃贼吧。

事情果真是这样吗?请验证。绳子可以用粗铁丝代替。

鲈鱼晴雨表

据说还有这样的事:如果从你打算钓鱼的湖泊或河流里把小鲈鱼连水一起取来,放进金鱼缸或空的大果酱罐头里,你就总能知道今天是否值得到这个湖泊(或这条河流)里去钓鱼。只消在出发之前给小鲈鱼喂点儿食。假如它们迫不及待地冲向饵料,那就表示去湖上钓鱼会有好收获,鲈鱼和别的鱼都很容易来咬钩;要是罐头里的小鱼不吃食料,那就表示处在自由状态下的鱼儿没有食欲。这预示着气压不对头,眼看着会变天,也许会下雷雨。

因为鱼儿对空气和水里的任何变化都十分敏感,根据它们的行为就能预知几小时以后的天气。每一个钓鱼爱好者只要试一下,就知道它们这些活的晴雨表在家里和在野外表现是否一样好。

天空中的大象

乌云在天际飘浮,犹如一头大象。它时不时地将自己的长鼻子垂向地面。这时,尘土像一根柱子一样从地面上升起,开始一圈圈地旋转,不断升高,和天空中的大象的长鼻子连接在一起。从地面到天空出现了一根旋转的极高的柱子。大象把这根柱子吸进自己的身体，便继续沿着天空疾驶而去。

……天空中的大象扑向一座小城，就悬挂在小城上空。突然从它身子里涌出了倾盆大雨。那是一场什么样的大雨啊——名副其实的一场神奇大雨！房顶上、人们头顶的雨伞上鼓点似的乒乒乓乓落了下来——你以为是什么？——蝌蚪、小青蛙、小鱼！它们躲进街上的水洼里窜来窜去。

后来弄明白了，原来大象一样的乌云借助龙卷风——一种从地面一直连接到天空的旋风，从林间的一个小湖汲取了湖水，把蝌蚪、小青蛙和小鱼连水一起吸进了自己的身体。它在天空飞行了许多公里以后，就把自己的全部猎物都丢给了小城，自己又继续疾飞而去。

绿色朋友

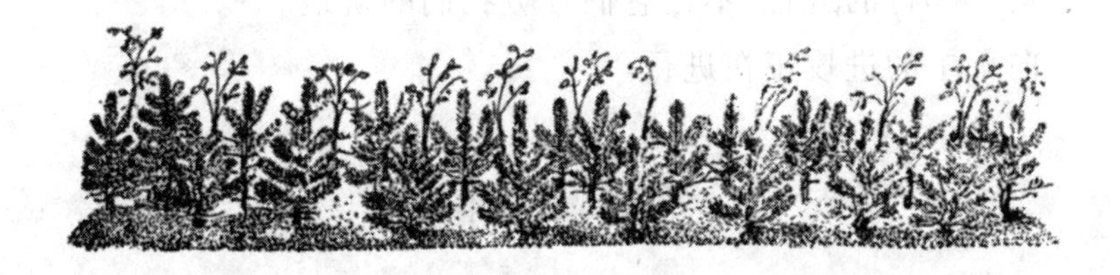

我们的森林曾经让人觉得是无穷无尽,无边无际的。

但是从前,我们那毫无打算的主人——地主对森林却毫不珍惜,不知体恤。他们无度地采伐森林,无度地耗尽了地力。

而在森林消失的地方,出现了沙化的土地和沟沟壑壑。

田野四周没有了森林,远方沙漠的风——干热风横扫着田野。灼热的沙砾撒落在耕地上,于是庄稼遭受灭顶之灾,却没人来护卫它。

河流、水塘和湖泊的岸边失去了森林,于是水体开始干涸,沟壑就在田地上漫延。

而这时人民赶走了不称职的主人——地主,开始自己管理这份巨大的家业。他们向干旱、干热风、流沙和沟壑宣战了。

他们的主要助手就是绿色的朋友——森林。

我们把它派到那些地方,去保护我们毫无遮蔽的河流、水塘、湖泊免受炽热阳光的侵害。于是强大的森林挺起了自己勇士般的身躯,用自己头发蓬松的头颅替它们遮挡阳光。

在需要把广袤的田地从凶恶的干热风的侵袭下解救出来的

地方，在来自远方沙漠的灼热沙尘撒落到耕地上的地方，人们培育起了森林。于是勇士般的森林迎着恶风挺胸而立，仿佛一道密不可透的长城，保护田野免受恶风的侵害。

在变疏松的土地正在流失的地方，在沟壑和干涸的河床急剧增长并贪婪地吞噬我们耕地边缘的地方，我们种植了森林。绿色朋友森林把自己强壮的根须牢牢地扎进土里，将它固定，阻止了沟壑爬行的进程，不让它们吞噬我们的耕地。

向干旱的进攻正在进行。

恢复森林

在季赫温区，所有采伐地都在人工造林。人们在这面积达二百五十公顷的土地上种植了松树、云杉和西伯利亚落叶松。在采伐地有二百三十公顷土地已耙过，以便让从留种树上落下的种子坠入耙过的土壤，能较快生长。

十公顷土地上播下了西伯利亚落叶松的种子。年轻的树木长出了很好的嫩芽。这个品种的繁殖使列宁格勒州森林的珍贵建筑用材更为丰富。

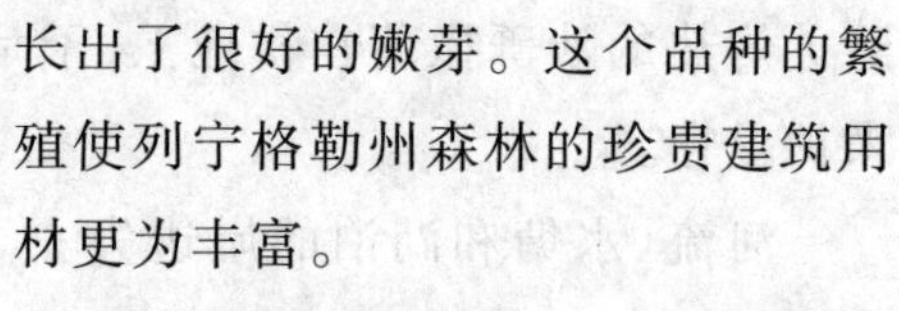

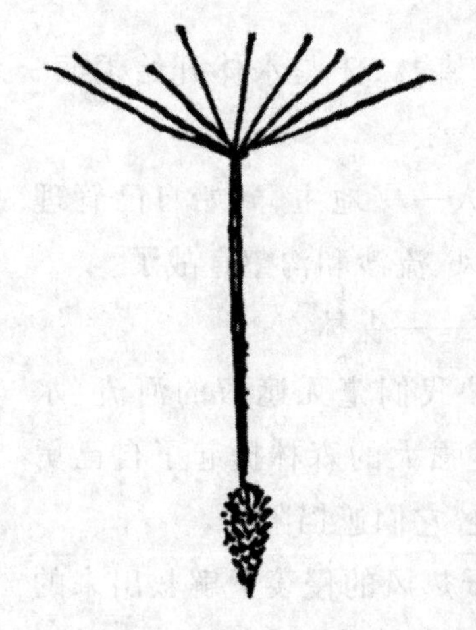

树木的苗圃已经建立，那里正在培育建筑用材的针叶和落叶的树木品种。

人们还计划繁殖果树和含胶的灌木——瘤枝卫矛。

塔斯社列宁格勒讯

森林里的战争

（续　前）

年轻白桦的遭遇与草类和山杨一样，也因为云杉窒息而死。

如今，采伐迹地上入侵者再也没有敌手了。本报记者卷起了自己的帐篷，转移到了另一块采伐迹地，那里的木材不是去年冬季，而是前年冬季采伐的。

在那里他们亲眼看到了战争的第二年发生在入侵者身上的情况。

云杉一族是相当坚强的，但是也有两个弱点。

首先，它们的根部虽然伸展得很广，但是不深。秋季，强劲的秋风经常光顾广袤空旷的采伐迹地。许多年轻的云杉被风暴刮倒，从土里拔起。

其次，云杉在年轻、没有长结实的时候怕冷。

严寒把年轻云杉所有的幼芽都冻死了，凌厉的寒风刮断所有还显得柔弱的嫩枝。于是到开春的时候，所有原先已经被占领的土地上就一棵云杉也不剩了。

云杉的种子不是每年都会有收获。于是发生了这样的情况：云杉虽然当初取得了迅速而不稳固的胜利，现在却被永远淘汰出局了。

新一年春天的时候蓬勃的野草族类刚从地里露头，一下子就又卷入了争斗。

它们现在得跟山杨和白桦争斗了。

不过年轻的山杨和白桦却在成长过程中轻易地摆脱了草类覆盖在自己身上纤细柔韧的躯体。它们只因被草类紧紧地包围而占了便宜。隔年的死草给大地铺上了厚厚的一层覆盖物,它们在腐烂,同时提供了温暖。而新的草类幼苗,却用自己的身体庇护了刚刚破土而出的柔弱树苗,使它们免遭危险的晨寒的侵袭。

低矮的草类在个头儿上长不过迅速成长的山杨和白桦。它落后了。可是一旦落后,它便被遮盖了。

每一棵小树都高过了草类,于是立马在它的上方伸展自己的枝叶。好在山杨和白桦没有像云杉那样稠密而幽暗的针叶。但是它们的叶子很宽阔,投下了巨大的树荫。

假如小树长得稀疏,草类也许还有生长的余地。然而整个采伐迹地上到处都长出了密密层层的山杨和白桦。它们友好地进行斗争,彼此向对方伸出自己的枝叶,棵棵行行紧密地交织在一起。

这已经是一幅严丝合缝、盖满大地的帐幔。它们下面的草本覆盖物失去了阳光便开始死亡。

不久我们的记者发现,第二年的战争以山杨和白桦的彻底胜利而告终。

于是记者们转向第三处采伐迹地。

我们将在下一期刊登他们在那里的见闻。

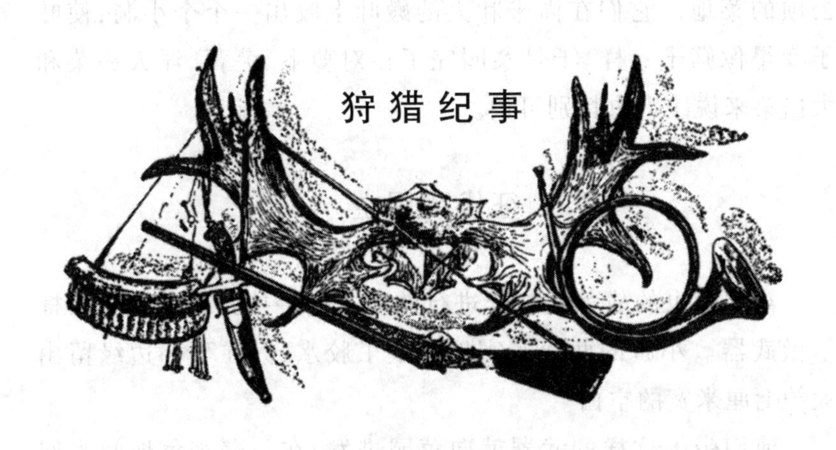

既不打野禽也不打野兽

夏季狩猎既不打野禽,也不打野兽。说是打猎,倒不如说是战争。夏季人类有许多敌害。比如说您开辟了一个菜园,种下了蔬菜,还给它浇水。可是您会保护蔬菜免遭敌害吗?

在杆子上少放几个稻草人。稻草人有助于赶走麻雀和别的鸟儿,就是这也不是很管用。

菜园子里有这样一些敌害,不用说稻草人,就是连持枪的人它们也不怕。你用木棍打不死,用猎枪也打不着。

对它们只能用计谋,对付它们需要警觉敏锐的眼睛。它们本身个头不大,要用别的方法才能取胜。

跳来跳去的敌害

蔬菜上出现了一种背部有两道白色花纹的小甲虫。它们像跳蚤一样在菜叶上跳来跳去。敲起警钟吧:菜园落入险境了。

可怕的敌害——菜园跳甲虫。它们能够在两三天内毁灭几公顷的菜地。它们在尚未壮大的嫩叶上咬出一个个小洞,使叶子变得像筛子一样,于是菜园完了!对萝卜、芜菁、洋大头菜和大白菜来说跳甲虫特别可怕。

征伐跳甲虫

对跳甲虫的战争是这样进行的。人们手持张着小旗子的杆子做武器。小旗的两面密密地涂上了胶水,只在下部边缘留出大约七厘米宽的空白。

他们带上这样的武器就向菜园进发,在一垄垄菜地间来回走动,把小旗在蔬菜上方来回扫荡,使未涂胶的下缘碰到跳甲虫。

跳甲虫向上跳跃,就粘在了胶水上。但这时还不能认为自己取得了胜利。新的一批害虫可能再度向菜园进攻。

应当在清晨趁青草还沾着露水就起床,用细孔的筛子给蔬菜撒上草木灰、烟灰或熟石灰。在农庄大面积的土地上,这不是通过手工操作的,而是飞机播撒的。

这对蔬菜没有损害,而跳甲虫却被从菜园里驱除了。

飞来飞去的敌害

比跳甲虫更可怕的是蛾子。它们神不知鬼不觉地在菜叶上产卵。从卵里孵化出毛毛虫,啃食菜叶和菜茎。最危险的蛾子中,白昼活动的有菜粉蝶(吃菜叶,长着有黑色斑点的白翅膀)和芜菁粉蝶(和前者一样,只是体形较小);夜间活动的有菜螟蛾

(体小,翅膀下垂,前部赭黄色)、菜夜蛾(有茸毛,灰褐色)和菜蛾(细小的浅灰色蛾子,样子像衣蛾)。

和它们只能打白刃战:把卵搜集起来直接用手捏死。

还有一个办法:在蔬菜上撒粉,就像对付跳甲虫那样。还有一种敌害更可怕,它们直接攻击人类。

这些敌害就是蚊子。

在死水里游动着有毛的小蠕虫和眼睛勉强能觉察的蛹,蛹的头部大得不成比例,上面有小小的角状物。

这是蚊子的幼虫孑孓和蛹。这儿的沼泽里就有它们的卵:有一些粘在小船上漂流,另一些附着在沼泽地的草上。

蚊子和蚊子的区别

蚊子和蚊子不一样。一种叮过以后你只觉得痒,然后起一个疙瘩。这是普通蚊,不危险。而另一种叮过后你会得冷热病,就是科学家所说的疟疾。得了这种病一会儿感到热,一会儿感到冷,又发抖又发冷。病情减轻一两天后又来一遍。

这种蚊子叫疟蚊。它的样子画在下边。

从样子看两者彼此相似,但是雌疟蚊的吻(刺)两旁有触须。吻上面沾有有毒微生物。蚊子叮人时这些微生物就进入人

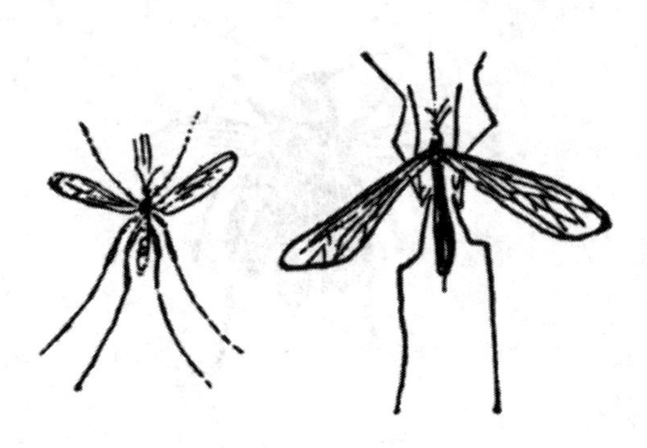

的血液，然后破坏血液。

因此人会得病。

科学家在仔细观察了高倍显微镜下的蚊子血液后知道了这一切。用肉眼是什么也看不见的。

叫蚊子去死！

用手是打不完所有蚊子的。

科学家趁它们的幼虫孑孓还在水里时和它们作斗争。

你去拿个玻璃瓶装上沼泽里有孑孓的水，往瓶子里滴几滴煤油，看看会发生什么。煤油在水面上散播开来，孑孓开始像蛇一样扭动身体。大头蛹一会儿沉到水底，一会儿又急速上升。

孑孓用小尾巴，蛹用角状物开始打通煤油的油膜。煤油包裹了孑孓的呼吸孔，于是它们都闷死了。还有许多别的办法也可和蚊子作斗争。

在沼泽地区人们没有不受蚊子侵扰的住所，他们就在死水里倒上煤油。

为了消灭疟蚊的后代，一个月在水上倒一次煤油就够了。

难得遇见的一件事

我们这儿发生了一件前所未有的事。

牧人助手从牧场跑来，喊道：

"一头没下过崽儿的母牛被野兽咬死了！"

农庄庄员们一片惊呼，挤奶的妇女们大哭起来。

这是我们最好的一头奶牛，在展览会上得过奖章。

大家都丢下手头的工作，跑向牧场去看个究竟。

在草场——我们那儿这样称呼放牧牲口的牧场——远处的一个角落里，森林边上，躺着被咬死的奶牛。它的乳房已被吃掉，后颈被撕碎，其余部分都完好无损。

"是熊，"猎人谢尔盖说，"它经常这样，咬死后又丢下了。然后等肉腐烂发臭了，又来吃它。"

"就是这么回事，"猎人安德烈表示赞同，"现在没什么可猜测的了。"

"大伙儿都散了吧，"谢尔盖说，"我们会在这儿的树上搭一个观测台。不是现在，而是明天夜里，熊大概会来这儿。"

这时他们俩才想到了我们的第三位猎人塞索伊·塞索伊奇。他个子小，在人群中不显眼。

"和我们一起坐下来看守好吗？"谢尔盖和安德烈问。

塞索伊·塞索伊奇没搭腔。他走到一边，仔细打量着地上。

"不对，"他说道，"熊不来这儿。"

谢尔盖和安德烈耸了耸肩。

"随你怎么想吧。"

庄员们四下散去，塞索伊·塞索伊奇也走了。

谢尔盖和安德烈砍下树条，在就近的松树上搭观测台。

他们一看——塞索伊·塞索伊奇带着猎枪和佐尔卡(他自己的猎犬)回来了。

他又仔细查看了母牛四周的地面,不知为什么还仔细看了附近的树木。

接着他就向森林中走去。

当天夜里,谢尔盖和安德烈坐在观测台设伏。

他们坐了一夜——没见野兽出现。

又坐了一夜——还是没有。

坐过了第三夜——仍然没有。

猎人们失去了耐心。他们彼此说道:

"看来塞索伊·塞索伊奇侦察到了我们没看出来的什么东西。明摆着的事:熊没来。"

"那咱们问问他去?"

"问熊吗?"

"干吗问熊? 问塞索伊奇。"

“另外无处可去了。只能去他那儿了。”

他们来到塞索伊·塞索伊奇家,而他刚从森林里回来。

他把一只大袋子卸到角落里,顾自清理着猎枪。

“是这么回事,”谢尔盖和安德烈说道,“你说得没错:熊没来。这中间的原因是什么,你倒开恩说说看。”

“你们什么时候听说过,”塞索伊·塞索伊奇问他们,“熊会吃掉死母牛的乳房,而宁可把肉丢下的?”

两个猎人彼此交换了一下眼色:熊没做过这样的淘气事儿。

“那么地上的脚印你们看了吗?”塞索伊·塞索伊奇接着问。

“是啊,看啦。脚印的间距很宽,有四分之一俄丈①。”

“那么爪印大不大?”

两个猎人尴尬极了。

“脚印上没发现爪痕。”

“问题就在这儿。熊的脚印上你首先看到的是爪痕。现在你们说说:什么野兽走路时是把爪收起来的?”

“狼!”谢尔盖胡乱答道。

塞索伊·塞索伊奇咳了一声。

“真不愧为善辨脚印的人!”

“得了吧你,”安德烈说,“狼的脚印和狗的一样,只是要大些,而且比较窄。倒是猫——它确实把爪收起来走路的,它的脚印是圆的。”

“这就对了,”塞索伊·塞索伊奇说,“是猫把母牛咬死了。”

“你在笑我吧?”

“你们不相信——看看袋子里是什么。”

谢尔盖和安德烈冲过去看袋子,解开袋子一看——是一张

① 1俄丈等于2.134米。

有棕红色花斑的大猞猁皮。

这表明了把我们的奶牛咬死的究竟是什么野兽。至于塞索伊·塞索伊奇在森林里怎么遇到猞猁,又怎么把它打死的——这只有他和他的猎狗佐尔卡知道了。他们知道,却三缄其口,对谁也不说。

猞猁攻击奶牛的事一般很少见。可这事现在在我们这儿却发生了。

天南海北趣闻

无线电呼叫

请注意！请注意！

列宁格勒广播电台——这里是《森林报》编辑部。

今天，六月二十二日，夏至，是一年中白昼最长的一天。我们设置了来自我国各地的无线电通报栏目。

我们呼叫冻土带和沙漠地区、原始森林和草原地区、海洋和高山地区。

请告诉我们，现在——正当盛夏时节，在一年中白昼最长、黑夜最短的日子里，你们那里正发生着什么？

请收听！请收听！

北冰洋岛屿广播电台

你们说的是什么样的黑夜？我们忘记了什么叫黑夜，什么叫黑暗。

我们这儿的白昼现在是最长的:它长达整整一昼夜。太阳在天空有时升起,有时降落,但是不在海上消失。如此情景已延续了几乎三个月。

天空没有变暗的时候,我们这儿的野草正以童话般的速度,不是按日计算,而是按时计算,从地里钻出来,长出叶子,开放鲜花。沼泽地里长满了苔藓。连光秃秃的岩石也盖满了各种颜色的植物。

冻土带复活了。

当然,我们这儿没有美丽的蝴蝶和蜻蜓,没有机灵活泼的蜥蜴,没有青蛙和蛇,也没有那些在冬季钻进地里、在洞穴中沉睡一冬的大小野兽。永久的冻土封住了我们的大地,即使在仲夏时节也只有表面解冻。

像乌云一样的蚊阵在冻土带上空嗡嗡鸣叫,但是我们这儿没有对付这些吸血鬼的歼击机——敏捷的蝙蝠。它们即使飞来这里度夏,可怎么在这里生活呢?它们只在傍晚和黑夜才捕食蚊子,而我们这里整个夏季既没有黑暗也没有黄昏。

我们这儿的岛屿上有不多的几种野兽。只有兔尾鼠——身体和老鼠一般大小的短尾巴啮齿动物、雪兔、北极狐和驯鹿。偶尔有硕大的白熊从海里游到我们这儿,在冻土上转悠一阵,寻找自己的猎物。

然而鸟儿,鸟儿在我们这儿却多得数不清!尽管所有背阴的地方都还积着雪,它们却已经成千上万地飞来我们这里。这里有角百灵、鹨、鹡鸰、雪鹀——所有会唱歌的鸟儿伙伴都来了。更多的是海鸥、潜鸟、鹬、野鸭、大雁、暴风鹱、海鸠、嘴形可笑的花魁鸟和其他稀奇古怪的鸟,这些鸟也许你们连听也没有听说过。

一片叫声、喧闹、歌声。整个冻土带,甚至上面光秃的山崖都被鸟巢占满了。有的岩壁上成千上万的鸟巢排列在一起,就连岩石上所有最小的凹陷都被占据了,即使那里只能产下一个鸟蛋。这儿一片喧哗,热闹非凡,简直是个名副其实的鸟类王国[1]!如果有凶猛的杀手胆敢靠近这样的地方,鸟儿就会像乌云一样

① "鸟类王国"是一种变通的译法,俄语原文按字面翻译是"鸟类集市",但是该词组有特定的含义,是指海岸上鸟类的群集栖息地。

扑到它身上,叫声会震聋它的耳朵,鸟喙会将它啄死,——它们不会让自己的孩子受委屈。

这就是目前我们冻土带上的欢乐景象。

你们可能会问:“既然你们那儿没有黑夜,那么你们的鸟儿和野兽什么时候休息和睡觉呢?”

是啊,它们几乎不睡觉,因为顾不上。它们打一小会儿盹儿,就又开始工作了:有的给自己孩子喂食,有的筑巢,有的孵蛋。大家都有太多的事儿要操心,大家都匆匆忙忙,因为我们这儿夏天非常短暂。

至于睡觉,到冬天来得及把一年的觉都补回来。

中亚沙漠广播电台

我们这儿正好相反,大家都在酣睡。

我们酷烈的太阳把绿色植物都晒干了,我们记不得最后一场雨是什么时候下的。更令人惊讶的是并非所有植物都已被晒死。

骆驼刺本身的高度不到半米,但它有一个怪招:把自己的根扎到灼热的地下五六米深的地方,吸收地下的水分。还有一些灌木和草类不长叶子,而长绿色的细丝。这样它们就可以在呼吸时减少水分的散发。梭梭树是我们沙漠上不高的树木,它的树丛根本没有叶子,只有细细的枝条。

当风一刮起来,沙漠上空就升起滚滚沙尘,犹如干燥的乌云一般,遮天蔽日。这时会突然传来令人心惊肉跳的喧哗声和哨音:仿佛有成千上万条蛇发出咝咝的声音。

不过这并非蛇叫,这是梭梭林的细枝在狂风中振动空气发出的咝咝声和哨音。

其实蛇此时正在酣睡。红沙蛇也深深地钻到沙下,睡得正香。它是黄鼠和跳鼠的天敌。

这些小兽也在沉睡。细趾黄鼠为了躲避阳光,用泥塞儿堵住自己的洞口,整个白天都在睡觉。它只在清晨出洞觅食。现在为了找到没有被晒干的小植物,它得跑多少路啊！而沙黄鼠索性钻到地下去睡一个很长很长的觉:睡上一夏、一秋、一冬,直至来年开春。它一年中只有三个月在东游西荡,其余时间就是睡觉。

蜘蛛、蝎子、多足纲昆虫、蚂蚁都躲避炎炎赤日去了:有的躲到了岩石下,有的躲到了背阴处的泥土里,只在黑夜里出来。无论动作敏捷的蜥蜴,还是行动迟缓的乌龟,你都见不到。

野兽们都迁徙到了沙漠的边缘,因为那里接近水源。鸟类早已把幼雏养大,所以带着它们飞走了。迟迟未动身的只剩下飞得很快的沙鸡了。它们飞一百公里到最近的小河边,自己饮饱喝足,还要把嗉囊灌满水,再飞速回到自己窝里给幼鸟饮水。这样的奔波对它们来说不在话下。但是一旦它们的幼鸟学会了飞行,沙鸡也离开了这可怕的地方。

唯一对沙漠无所畏惧的就是我们苏维埃人。他们有强有力的技术做武装，在条件可行的地方，开挖灌溉渠，从遥远的山区引来水源，让没有生命的沙漠变成绿色的草地和田地，在这里培育出花园和葡萄园。

凡是没有人的地方，人类的头号敌人——风就当家做主。它掀起一道道新月形沙丘，驱赶它们向人的居住地步步进逼，掩埋一座座房屋。唯一对它无所畏惧的仍然是我们人：他们跟水和植物联手，坚定地给风设置了边界。在人工灌溉的地方耸立起树木的屏障，草把无数根须扎进了沙中，于是沙丘寸步难行。

在夏季沙漠完全不像冻土带。虽有阳光，但所有活物都在睡觉。夜是黑沉沉黑沉沉的，只有在黑夜里才会有胆怯的生命出没，它们被无情的太阳折磨得奄奄一息了。

请收听！请收听！

乌苏里原始森林广播电台

我们这儿有非常好的森林：它既不同于西伯利亚的原始森林，也不同于某些热带丛林：这里有松树，也有落叶松，还有云杉。这里还有缠绕着有刺的藤蔓和野葡萄藤的阔叶树。

我们这儿的野兽有：驯鹿和印度羚羊、普通棕熊和黑熊，还有兔子、猞猁和豹子，还有老虎、红狼和灰狼。

鸟类有：文静温和的灰色榛鸡和美丽多彩的雉鸡，我们的灰色和白色的中国鹅，嘎嘎叫的普通鸭和五颜六色、美丽绝伦、栖息在树上的鸳鸯，还有白头大喙的白鹮。

在原始森林里，白天闷热、昏暗，阳光无法穿透由茂盛的树冠构成的稠密绿色幕帐。

我们这里夜晚黑漆漆的——白昼也黑漆漆的。

所有的鸟类现在都在孵蛋或哺育幼鸟,所有野兽的幼崽都已长大,正在学习觅食。

库班草原广播电台

机器和马拉收割机摆开宽广的队形在我们一望无边的平坦田野上行进——获得了大丰收。列车已从我们这儿把我们白亚尔产的小麦运往莫斯科、列宁格勒。

雕、鸢、鹫和隼在收割一空的田野上空翱翔。

现在正是时候，它们开始自由地惩治窃取丰收果实的盗贼——老鼠和田鼠、黄鼠和仓鼠：现在从很远的地方就能看清它们从哪里钻出洞来。想想都害怕，当庄稼还直立的时候，这些可恶的有害小兽已经吃掉了多少麦穗！

现在它们正在收拾掉落在地上的谷粒，用它充实自己的地下仓库，做越冬的储备。野兽也不亚于凶猛的鸟类：狐狸正在割过庄稼的田头捕鼠，对我们最为有益的草原白鼬正无情地消灭所有啮齿动物。

阿尔泰山广播电台

幽深的谷地里闷热而潮湿。在夏季炎热的阳光下，早晨的露水蒸发得很快。傍晚草地上弥漫着浓雾。水蒸气向上升腾，给山崖带来湿气，在山峰上冷却下来并凝成云彩。你抬眼望去，能看见黎明前高山上云雾缭绕。

可是到了白昼，太阳在高高的天空把水蒸气又变成了水滴，于是大雨从乌云里倾盆而下。

山顶的积雪正在徐徐融化。只有在长白的雪山上，在最高的峰峦上，继续保留着终年不化的积雪和寒冰，那是一整块冰雪的原野——冰川。那里，在极高的高处，气候非常寒冷，即使中午的阳光也不会使冰雪消融。

然而在它们下方，由雨水和消融的积雪而来的一道道水流却在飞奔直泻，汇成一条条溪流，沿山坡滚滚而下，从山崖上落下飞溅的瀑布，向山下直冲，流入大河。这就是一年中河流由于大量来水而出现的第二次猛涨，河水溢出两岸，在谷地泛滥。

我们山区什么都有：下面的山坡上是原始森林，往上一点儿是肥沃的高山草原——一种草原，再往上就只有苔藓和地衣了，就如在最遥远的寒冷的冻土带那样。至于最高处,就是冰雪世界了,那里是常年的寒冬,就跟北极一样。

那里,在极高的高处,既没有野兽,也没有鸟类生活。只有雕和秃鹫会飞到那里,它们在云端俯视,凭借敏锐的视力可以发现猎物。但是在下面,仿佛在一幢多层的房屋之中,现在却有许多各式各样的居住者安营扎寨,每一种都占据着自己的层面,自己的高度。

野公山羊比谁都爬得高,一直登上光秃的山崖。比这儿低一点的地方住着它们的母羊和小羊羔,还有像火鸡大小的大山鹑——雪鸡。

在青草鲜美多汁的高山草原上,一群群直角绵羊——盘羊在吃草。随它们而来的便是雪豹。这里住着整群整群身肥体壮的旱獭——草原旱獭和许多鸣禽。再往下,在原始林里,住着沙鸡、松鸡、鹿、熊……

以前只在谷地里播种粮食。现在我们在越来越高的山区耕种田地。那里已不用马耕地,而用牦牛——一种长着长毛的高山牛。我们投入了大量劳动,以便从我们的土地获取更好的收成。我们确实获得了!

请收听!请收听!

海洋广播电台

三个无边无际的大洋冲刷着我们伟大祖国的海岸:西面是大西洋,北面是北冰洋,东面是太平洋。

我们乘轮船从列宁格勒出发,经芬兰湾和波罗的海,就到了大西洋。在这里我们经常和外国船只相遇,有英国的、丹麦的、

瑞典的、挪威的，有商船也有客轮、渔船。他们在这里捕捉鲱鱼和鳕鱼。

出了大西洋我们就来到北冰洋。我们沿欧洲和整个亚洲部分的海岸，走上了伟大的北方航线。这是我们的大洋和我们的航线，它是由我们俄罗斯勇敢的海员们开辟的。以前认为这里是不可通行的，到处是坚冰，充满了死亡的危险。现在我们的船长们带领一支支船队，由强大的破冰船引路，在这条航线上行驶。

在这些无人居住的地方我们看到了许多奇迹。从右面漂来墨西哥湾暖流。我们在这里遇见移动的冰山，冰山在阳光下耀眼得叫人难以忍受。我们在此地从水中捕捞出海星、鲨鱼。

接着这股暖流折向了北方——向着北极，于是开始遇到在水面上静静移动、开裂又重新合拢的巨大冰原。我们的飞机进行着侦察，向船只通报何处可以在冰隙间通行。

在北冰洋的岛屿上我们见到了成千上万只正在换毛的大雁，它们处于彻底无助的境地。它们翅膀上的大羽毛开始脱落，所以它们不能飞行。人们直接驱赶它们走进用网围起的栅栏里。我们见到了长着獠牙的海象，它们正爬上浮冰休息，还见到各种奇异的海豹：大海兔，冠海豹，后者会突然在头上鼓起一个皮袋子，仿佛戴上了一顶头盔！我们见到满口利牙的可怕虎鲸，它们猎食鲸鱼和它的幼崽。

不过关于鲸鱼我们还是下次再谈，——当我们进入太平洋的时候，因为那里它们数量很多。再见！

我们来自祖国各地的夏季无线电呼叫到此结束。

我们的下次广播在九月二十二日。

森 林 报

No.5

育雏月

（夏二月）

七月二十一日至八月二十日　　太阳进入狮子星座

第五期目录

一年——分十二个月谱写的太阳诗章

七月正值盛夏,它不知疲惫,一个劲儿地打扫收拾。它吩咐子孙满堂的黑麦向大地鞠躬弯腰。燕麦已经穿上长袍,而荞麦还没有用衬衫把身体包裹。

绿色植物用阳光制造自己的身躯。我们把金光灿烂的成熟黑麦和小麦的海洋变作一年的储藏。我们正为牲口储备干草,森林般的牧草已经安卧在地,如山的一个个草垛正拔地而起。

小鸟儿开始沉默不语,它们已经顾不上歌唱。所有的鸟巢里都是雏鸟。它们生下来就赤裸着身子,紧闭着双眼,需要父母亲长久地操劳。然而大地、水、森林,甚至空气,如今却充满了幼小的生命所需的食物——请尽情地获取吧!

森林里到处都是富足的多汁小果实:草莓、黑果越橘、水越橘、茶藨子的浆果;北方到处是金灿灿的云莓,南方的果园里则是欧洲甜樱桃、麝香草莓、樱桃。草地脱下自己金色的盛装,换上了洋甘菊色的白衣:花瓣的白色反射着灼热的阳光。造物主太阳神在这个时节可不开玩笑,它的爱抚会把万物晒焦。

森林里的小宝宝

谁有几个小宝宝?

在罗蒙诺索夫市城外的大森林里住着一头年轻的母驼鹿。今年它生下了一头小驼鹿。

白尾雕的窝也在那个森林里。窝里有两只幼雕。

黄雀、苍头燕雀、黄鹀各有五只幼鸟。

蚁䴕有八个小宝宝。

长尾山雀有十二个小宝宝。

灰山鹑有二十个小宝宝。

刺鱼窝里每一个卵产一条小刺鱼,一共有一百条小刺鱼。

欧鳊鱼有几十万个小宝宝。

大西洋鳕鱼产的卵数也数不清,也许有一百万颗。

失去照看的宝宝

欧鳊和大西洋鳕鱼对自己的孩子根本不关心。众所周知，它们就放任那些孩子自己孵化、生活和觅食。是呀，有啥办法呢，如果你有几十万个孩子？你不可能把它们都照看到。

青蛙一共有一千个孩子，即使这样它也不想它们。

当然失去照看的宝宝日子过得不轻松。水下有许多贪吃的怪物，它们都喜欢吃可口的鱼卵和青蛙卵、幼鱼和幼蛙。在没有成长为大鱼和大蛙前，究竟有多少幼鱼、蝌蚪送命，有多少危险在威胁着它们——想起来简直感到害怕！

操心的父母

不过母驼鹿和所有母鸟，称得上是会操心的母亲。

母驼鹿愿意为了自己的独生子小宝宝献出生命。要是熊胆敢向它攻击，它马上前后开弓，四条腿又蹬又踢，将它一顿狠揍，使得米什卡[1]下次再也不敢靠近小驼鹿。

① 俄语口语中对“熊”的谑称。

我们的记者有一次在田野里碰见一只小公山鹑:它从他们脚边蹿了出来,飞似的跑进草丛藏了起来。

他们捉住了它,它就拼命叽叽叫!不知从哪儿突然冒出了母山鹑。它看见儿子在人的手上,急得团团转,咯咯叫了起来,匍匐到地上,拖着一只翅膀。

记者以为它负伤了,就把小山鹑丢了,赶过去看它。

母山鹑在地上一拐一拐地走着,眼看着能把它一手抓住了,但是只要你一伸手,它就蹿到了一边。他们就这样一直追着母山鹑,突然它扑棱起两个翅膀,从地面上飞了起来,若无其事地飞走了。

我们的记者回过来找小山鹑,可它连影子也没有了。这是做母亲的为了救儿子,故意装受伤,把注意力从它身上引开。它对每个自己的小宝宝都这样呵护,它可一共才二十个孩子啊。

鸟类的劳动日

天刚刚放亮,鸟儿就展翅飞翔了。

椋鸟一昼夜工作十七个小时,城里的燕子工作十八个小时,雨燕十九个小时,红尾鸲超过二十个小时。

我做了检验。

要它们少工作是不可能的。

为了喂养自己的幼雏,雨燕一天之内要衔来不少于三十至三十五次食物,椋鸟大约两百次,城市里的燕子——三百次,而红尾鸲——超过四百五十次!

一个夏季它们消灭多少森林里有害的昆虫和它们的幼虫——数也数不清!

它们用翅膀不停地工作！

田鹬和鸳孵出什么样的幼雏？

这是刚破壳而出的幼鸳的画像。它的喙上有一个白色小疙瘩。这是“卵齿”。当它到了破壳而出的时候，就用这疙瘩打碎外壳。

现在它是挺好玩的小娃娃，全身披着绒毛，眼睛半瞎。

它是那么无力，那么柔弱：没有爸爸和妈妈它一步也走不了。如果它们不给它喂食，它就会饿死。

不过鸟类中也有好斗的孩子：刚从蛋壳里出来就能站住了，而且请看：它们连食物也自己找了，也不怕水，自己会躲避敌害。

这就是两只小田鹬。它们出壳刚一天，已经离开了自己的窝，而且自己在找蚯蚓吃了。

因此田鹬的蛋有那么大，使得小田鹬能在里面成长。（参考第四期《森林报》。）

我们刚才说到的山鹑的儿子，也很好斗。它一生下来就已经健步如飞了。

还有一种野鸭——秋沙鸭的孩子也是这样。

它刚出世就马上摇摇摆摆向河边走去，扑通一声跳进水里，

游起泳来。它已经会扎猛子了，把身子稍稍站立在水面上伸懒腰，完全跟成年鸭一个样。

旋木雀的女儿是不可救药的娇小姐。它在窝里待了整整两个星期，现在飞出来了，停在木桩上。

你看它绷着脸的样子：心里不乐意呐，因为好久了，妈妈还没有飞回来喂食。

它出生已经快三个星期了，还老是叽叽叫个不停，要妈妈把毛虫和其他美味往它嘴里塞。

岛上的聚居地

在一个小岛的沙底浅滩上，小海鸥住在林区里。

每到夜里它们就在小沙坑里睡觉——每个坑里睡三只。整个浅滩布满了小沙坑,这就是极大的海鸥聚居地。

白天它们学习飞行、游泳,在哥哥姐姐带领下捕捉小鱼。

老海鸥教自己的孩子并机警地护卫着它们。

当敌害靠近时,它们就群起飞上天,发出巨大的叫声和喧哗声向它冲去,谁见到这副架势都会害怕。

甚至身高体大的海上白尾雕也得赶紧退避三舍。

雌雄颠倒

我们收到我们辽阔的祖国各地的来信,信中写到遇见一种很神奇的鸟的事。这个月人们见到它的地方既有莫斯科郊外和阿尔泰山区,也有卡马河畔和波罗的海,还有雅库特和哈萨克斯坦。这种鸟非常温和漂亮,好像城里出售给年轻钓鱼人的鲜亮漂子。而且它对你那么信任,即使你离它只有五步远,它仍然会游到离你最近的岸边,一点儿也不害怕。

其余鸟类现在都在自己窝里待着或孵小鸟,而这些鸟却成群结队聚在一起,在全国各地旅行。

奇怪的是,这些色彩鲜明的美丽小鸟都是雌鸟。其他所有鸟类都是雄的比雌的光鲜漂亮,可这些鸟恰恰相反:雄的灰不溜秋,雌的五光十色。

更叫人奇怪的是这些雌鸟一点儿也不关心自己的孩子。在遥远的北方,在冻土带,它们在坑里产下鸟蛋就——再见了!而雄鸟却留在那里孵蛋,哺育和护卫小鸟。

一切都反其道而行之!

这种鸟叫鹬——圆喙瓣蹼鹬。

到处可以碰见它:今天在这里,明天在那里。

林间纪事

可怕的小鸟

瘦小温和的鹡鸰在窝里孵出了六只光身子的小鸟。五只是像模像样的小鸟，第六只却是只丑八怪：整个身子显得有点五大三粗，青筋嶙嶙，脑袋大大的，蒙着一层膜的眼睛鼓鼓的，等它张嘴的时候，你见着会吓得往后退，因为那里张开的大嘴整个儿就是个无底洞。

第一天，它在窝里安安静静地躺着。只是当鹡鸰父母带着食物飞近时，它才吃力地仰起沉甸甸的大脑袋，有气无力地叽叽叫着，同时张开了嘴巴——喂我吧！

第二天在清晨的寒气中，当父母亲出去觅食时，它开始行动了。它低下头，将头抵住窝里的地面，两条腿大大地分开，开始往后退。

它撞到了兄弟中的一个，就开始往它身子下面拱。它把自己尚未长全的两个光秃秃的歪翅膀向后一伸，抱住了这个兄弟，像钳子一样夹紧了，背着小鸟开始向窝壁不断地后退。

它的小鸟兄弟又小又弱又瞎，被夹在它背部末端的窝儿里，仿佛被一只勺子盛着,正在拼命挣扎。可丑八怪用头和脚抵着,将它越抬越高,直到小鸟被推到了巢的边缘。

这时丑八怪运足了力气,突然将屁股猛地一撅,小鸟便从巢里跌了出去。

鹡鸰的巢筑在河岸边的悬崖上。

身体光秃细小的鹡鸰幼鸟掉了下去,往下啪的一声摔在砾石上,摔死了。

可恶的丑八怪虽然自己也差点儿从窝里摔出去,现在还在窝边不停摇晃,但是它沉重的脑袋把重心稳住了,于是它倒回了窝里。

这件可怕的事整个过程持续了不过两三分钟。

接着筋疲力尽的丑八怪在窝里一动不动地躺了大约一刻钟。

父母飞来了。它用青筋嶙嶙的脖子抬起沉重而盲目的脑袋,完全像什么事也没发生似的,张大嘴叽叽叫了起来——喂我!

吃完了,歇也歇过了,于是它又开始凑到另一个兄弟身边去。

它做这件事并非那么轻而易举,因为小鸟拼命挣扎,常从它背上滚下来。但是丑八怪还是不停地做着。

五天以后,当它睁开眼的时候,发现只有它独自躺在窝里,因为五个兄弟都被它抛到外面摔死了。

直到它出生后的第十二天,它身上终于长满了羽毛,这时真相大白,使鹡鸰夫妇痛苦不堪的是它们竟养育了被偷偷放入窝里的弃儿——杜鹃。

然而它叽叽的叫声是那么强烈,与它们自己死去的孩子是那么相似,它抖动着小翅膀乞食的样子是那么可爱,使得瘦小温

和的这对鸟夫妇无法拒绝,无法将它抛在一边让它饿死。

它们自己过着忍饥挨饿的日子,奔波忙碌中顾不上吃饱肚子,它们从日出到日落都在为它运送肥壮的毛虫,把头伸入它宽大的嘴巴,将食物送进它永不知餍足的喉咙里。

快到秋天时它们把它喂大了。它从它们身边飞走,一辈子再也没有见过它们。

小熊崽儿洗澡

我们认识的一个猎人在林间的一条河边走路,突然听到很响的树枝断裂声。他心中一惊,就爬上了树。

从密林里走出一头棕色大熊,来到河边。和它一起来的是两只欢快的小熊崽儿和一只还未离开母亲的小熊——母熊一岁的儿子,担负着熊保姆的职责。

母熊坐了下来。

小熊用牙齿叼着一只熊崽儿的后颈,把它浸到河里去。

小熊崽儿尖叫起来,挣扎着,但是小熊没有把它在水里好好涮洗一番之前,是不会放开它的。

另一只熊崽儿害怕冷水浴,就开始往林子里溜。

小熊追上了它,打了它几巴掌,然后和第一只一样也把它浸到了水里。

它把熊崽儿在水里涮呀涮呀,偶然间一松口把它落进了水里。小熊崽儿死命地嚎叫起来。这时母熊在刹那之间跳了起来,把小儿子拖上了岸,狠扇了小熊一顿耳光,打得它嗷嗷直叫。

重新来到旱地上以后两只熊崽儿对这个澡感到十分惬意,因为这一天天气很闷,穿着一身毛茸茸的厚皮大衣,它们觉得非常热。水使它们好生凉快。

洗完澡,熊又在林子里消失了,猎人便从树上下来回家去。

浆　果

许多不同品种的浆果成熟了。花园里正在采马林果、红的和黑的茶藨子,还有醋栗。

马林果树在森林里找得到。它以灌木丛的形式生长。如果不折断它脆弱的茎，你就走不过去。你脚下一直都是咔嚓咔嚓的断裂声。但是这不会给马林果造成损失。现在挂着浆果的这些茎只能活到冬季之前。马上就会有接替的新茎。眼看着从它地下的根茎上会长出多少年轻的细茎！这些茎毛茸茸的，长满了小刺。到来年夏天就轮到它们开花结果了。

在灌木丛和小草丘上，在树桩边的采伐迹地上，越橘正要成熟，浆果的一侧已经红了。

这些浆果一簇簇地长在越橘茎的顶端。有些树丛上大簇大簇的果子，长得密密的，沉甸甸的，压弯了茎，搁到了地面的苔藓上。

不由得想要挖一株这样的灌木，移栽到自己家里照料起来——这样它的浆果会不会更大些呢？目前还没有在“失去自由”的环境下培养成功的越橘。越橘是一种很有意思的浆果植物。它的果实保存一冬仍然可以食用，只要给它浇上凉开水或捣碎出汁。

为什么它不会腐烂？它本身就经过了防腐处理。它含有苯甲酸。而苯甲酸可使浆果防腐。

H.帕甫洛娃

猫咪的养子

春天我们家的猫咪生下了小猫，但小猫被人抱走了。正好这一天我们在森林里捉到了一只小兔崽儿。

我们把小兔崽儿带回家，把它放到了猫身边。猫咪奶水很足，所以它很乐意给小兔崽儿喂奶。

就这样小兔崽儿喝猫奶长大了。它们俩非常友爱，连睡觉都在一起。

最好笑的事是猫咪教会了它收养的小兔崽儿和狗打架。只要狗一跑进我家院子，猫咪就向它冲过去，怒气冲冲地用爪子抓它。兔子也跟在它后面跑过来，用两个前爪打鼓似的打它，打得一绺绺狗毛到处飞舞。四周所有的狗都怕我们的猫咪和它喂养大的兔子。

小小转头鸟[①]的诡计

我家的猫咪发现了一个树洞，便想那里是一个某种鸟的窝。它想吃小鸟，就爬上了树，把脑袋伸进树洞里，看见洞底部有几条小蝰蛇在蠕动，扭来扭去。而且很凶地发出嗞嗞的叫声。猫咪害怕了，就从树上跳了下来，亡命而逃。

其实树洞里根本没有小蝰蛇，而是转头鸟（蚁䴕鸟）的幼雏。这是它们保护自己免遭敌害的诡计：把脑袋转来转去，脖子扭来扭去，因为它们的脖子会像蛇一样扭动。与此同时它们还会像蛇一样发出嗞嗞的叫声。谁都害怕有毒的蝰蛇。于是小小的蚁䴕鸟就模仿蛇的样子来吓唬敌人了。

① 该鸟的另两个译名是“地啄木”和“歪脖鸟”，本文中该名称的俄文又有另一种表达形式，不过其构成仍是“转动”和“脑袋”两个部分，故按字面译成“转头鸟”。

一场骗局

一只很大的鹞看中了一只母黑琴鸡和整整一窝毛茸茸的浅黄色小黑琴鸡。

它想午餐有着落了。

它已看准了,打算从上面向它们猛扑下去,但这时母黑琴鸡发现了它。

母黑琴鸡叫了一声,于是所有的小黑琴鸡转瞬之间都消失了。鹞看呀看,就是一只小鸡也没有,仿佛陷进了地里似的!它便飞走,去找别的猎物当午餐了。

这时母黑琴鸡又叫了一声——围着它跳跳蹦蹦地拥出来一群毛茸茸的浅黄色小黑琴鸡。

它们哪儿也没有陷进去,而是就地躺下,把身子紧贴在地面上了。你倒试试看,能不能把它们跟树叶、草和土块分辨清楚!

可怕的花朵

蚊子在森林的沼泽地上方飞呀飞呀，飞累了，就想到要喝点儿什么。它看见了一朵花。花的茎是绿的，上面是一个个小小的白色小铃铛，下面，在茎的四周是像小碟一样圆圆的红色叶子。叶子上还有眼睫毛一样的毛毛，毛毛上是亮晶晶的一滴滴露珠儿。

蚊子停到叶子上，把尖嘴插到露珠里，可是露珠儿又稠又黏，把蚊子嘴粘住了。

突然小毛毛都动了起来，像触手一样伸长了，捉住了蚊子。圆圆的叶子闭合起来，于是蚊子不见了。

后来当叶子重新展开时，蚊子的空壳掉在了地上：花儿吸干了蚊子的血液。

这是可怕的花朵、凶猛的花朵，叫茅膏菜。它捕捉小昆虫并把它们吃掉。

水下的打斗

住在水下面的孩子也喜欢打架,就跟住在陆地上的一样。

两只小青蛙一个猛子扎到了池塘的水底下,看到那里一只怪模怪样、瘦瘦长长的小北螈,它有四只短爪子。

"看这可笑的丑八怪!"小青蛙想,"得教训教训它!"

一只小青蛙抓住了小北螈的尾巴,另一只抓住了它右面的前腿。

它们用劲一拽,腿和尾巴留在了它们那儿,小北螈却溜走了。过了几天,小青蛙又在水下遇见了这只小北螈。现在它已经成了真正的丑八怪:在尾巴的位置长出了一只爪子,在断了爪子的地方长出了尾巴。

北螈比蜥蜴更会再生尾巴和断肢。只是有时候会乱了套,于是在断肢的部位再生了不适合长在这儿的其他东西。

帮忙的不是风,不是鸟,而是水

我禁不住想说说景天还在开花时的样子。我非常喜欢这种小小的植物。我特别喜欢它那肥厚鼓胀的灰绿色叶子,它们在茎上长得密密麻麻,密得连茎也看不见。景天的花很好看:是一个个鲜亮的小五角星。

不过现在已经没有花了。代替花的是果实,也是扁平的小五角星。它们紧紧地闭着,但这不意味着种子没有成熟。景天的果实在晴朗的日子总是闭合的。

我要它们立马张开,只需要从水洼里取来少量的水,一滴水就够。这一滴水正好滴在小五角星中央。于是我达到了自己的

目的:果实上的叶瓣开始展开。马上就露出了种子。它们和许多植物的种子一样,遇水并不躲避,反而要出来迎接它。再滴上两滴,种子就漂起来了。水托着它们,将它们带走并播撒开去。

既不是风,也不是鸟,也不是其他动物帮助景天播撒种子,而是水。我在陡峭岩壁的缝隙里见到过景天。这是雨水在岩壁上流过时把它的种子带到了这里。

H.帕甫洛娃

潜　鸭*

我到湖里去洗澡。我一看,潜鸭正在教自己的小潜鸭从人的身边游开。潜鸭像一只小船浮在水上,而它的孩子们则正在扎猛子。小潜鸭潜入了水中,它就游到它们下潜的位置,四下里观望。终于它们在芦苇荡旁边潜出水面,游进了芦苇丛中,我就开始洗澡。

驻林地记者:波波夫·瓦连京

别具一格的果实

能结出如此别具一格的果实的老鹳草,却是一种杂草。它长在菜园里。这是一种其貌不扬、表面粗糙的植物,开的花像马林果的花,很一般。

现在一部分花已经谢了,在原来花的位置上,每一个花萼上竖起了一个“鹤嘴”。每一个鹤嘴就是五颗靠小尾巴联结的果实。它很容易分离。这就是一颗别具一格的老鹳草果实,头子尖尖,满身刺毛,长着小尾巴。长在末端的小尾巴弯成镰刀形,下面卷成螺旋状。这个螺旋状的东西遇潮会展开。

我把一颗果实放在掌心里,对它呵气。它开始旋转,发出声音。真的,再也没有了螺旋状的东西——它展开变直了。但是在掌心里放了不多一会儿,它又卷了起来。

植物干吗要玩这套把戏?原因是这样的:果实在下落时会扎进土里,可是它的小尾巴却用镰刀形末端钩在了小草上。在潮湿的天气螺旋状的东西展开了,于是头尖尖的果实就扎进了土里。

它没有退路可走:小刺毛毛不让它回去,它们向上竖着,在土里撑住了,毫不放松。

这就是它狡猾的一招:植物自己把种子栽到了地里!

至于老鹳草的小尾巴有多么敏感,我们从这一点可以看出:从前它曾被人们用作液体比重计——测量空气湿度的仪器。人们将果实固定不动,小尾巴就起了指针的作用,它会运动并指示刻度,表示湿度有多少。

H.帕甫洛娃

小凤头鸊鷉*

我在河岸上走,看到水面上一种鸟不知是野鸭,还是别的什么鸟,说是野鸭又不像。我在想这究竟是什么鸟呢?鸭子的嘴是扁平的,可这些鸟的嘴却是尖的。

我赶紧脱了衣服,泅水去抓鸭子。它们避开我向对岸游去,我便跟着它们。眼看着要抓到了,它们却回头游向这边的河岸了!我追赶它们,它们却躲开我。它们引着我顺流而下,弄得我筋疲力尽,我勉强才游回岸边!最终还是没有捉到。

后来我多次看见它们,不过不再泅水去追它们。原来这不是鸭子,而是鸊鷉的孩子。

驻林地记者:A.库罗奇京

摘自一位少年自然界研究者的日记

夏末的铃兰

八月五日。我家花园里小溪的对面长着铃兰。这种五月开花的谷地百合花——大科学家林耐[1]用拉丁语这样称呼铃兰,比其他所有的花更令我喜欢。我喜欢是因为它那质朴无华、铃铛似的花朵白得像晶莹的瓷器,翠绿的花茎是那么柔韧,长长的叶子是那么清凉滋润,它的香味是那么怡神,整朵花又是那么清纯和充满朝气。春季里,我早早地跑过小溪去采铃兰花,每天把新鲜的花束带回家,插在水里,于是小屋里整天洋溢着它的清香。我们列宁格勒郊外铃兰在六月开花。

① 林耐(1707—1778),瑞典博物学家,植物界和动物界分类法创始人。

而现在,时当夏末,可爱的花朵又给我带来了新的欢乐。

偶然之间我在它尖头的大叶子下发现了红红的东西。我跪下来展开它的叶子,叶面下是坚硬而略呈椭圆形的一颗颗橙红色小果实。它像花一样漂亮,漂亮得使我禁不住想用它们来穿成耳环送给我所有的女友们。

驻林地记者:维丽卡

蓝的和绿的

八月二十日。今天我早早地起了床,向窗外一望,不禁哇的一声叫了起来:那么蓝,一派蓝蓝的草色!草被露水的重量整个儿压弯了,晶亮晶亮的。

如果你把白色和绿色颜料掺和起来,就得到了湖蓝色。就是因为露水撒满了鲜亮的绿草,才使它呈现出一派蔚蓝的颜色。

从灌木林到小板棚之间,有一条条绿色小道能快速穿过蔚蓝的牧场。一群灰色的山鹑趁人们还在睡觉,跑来啄食村里的谷物:板棚里放着一袋袋粮食。它们就在打谷场上——蓝色的母鸟胸口有一道咖啡色的半圆形花纹。它们用嘴笃——笃笃笃笃——笃笃笃笃地啄个不停!它们要趁人们尚未醒来赶紧吃个饱。

再远处,紧靠森林的地方,还没有收割的燕麦也是一派蔚蓝。那里有一个猎人手持猎枪来回走动。我知道他在跟踪一群小黑琴鸡,它们在母黑琴鸡的带领下从森林里出来,到庄稼地里补充食物。燕麦地里它们走动的地方呈现出绿色,因为小黑琴鸡穿行其间的时候把露水抖落了。猎人没有开枪,显然母黑琴鸡及时把自己的小鸡们带回到了森林里。

驻林地记者:维丽卡

请保护森林!

假如闪电袭击干燥的森林,事情就糟了。假如有人在森林里扔下没有熄灭的火柴或没有灭尽的篝火,事情也糟了。

未熄灭的一丝小火会像一条细小的蛇一样从小火堆上蔓延开去,隐没在苔藓里、一堆干燥的针叶里、落叶里。它会突然从里面蹿出来,舔食掉一丛灌木,奔向一堆枯枝……

一秒钟也别错过:这是不断移动的火灾,趁它还小,还微弱,你自己就能对付它。你要迅速折下一把新鲜的枝叶,用它扑打火焰,将它消灭,使尽全力抽打它,别让它蔓延,从一个地方跑到另一个地方!同时向同伴呼救。

如果手头有铲子或者哪怕是一根结实的棍子,就挖土,将土或草皮块抛到火焰上。

假如火焰已经从地上蹿起来,而且从一棵树蹿向另一棵树,这已经是蹿天大火了。你要拼命跑去叫人救火,发出警报。

森林里的战争

（续 前）

本报记者来到的第三块采伐迹地，是十年前采伐的。这块迹地还在山杨和白桦的控制之下。

胜利者不许任何族类进入自己的地盘。每年春天，草类试图从地底下露头，然而在枝叶繁茂的帐篷下迅速枯萎了。每逢两三年云杉总是收获一次自己的种子，便把空降兵派往采伐迹地。可它们就是无法从地底下露头，因为山杨和白桦阻止了它们的生长。

年轻树木的生长速度不是以日计，而是以时计。它们在采伐迹地上稠密地一群群往上长。它们变得很拥挤。这时它们彼此之间开始了争夺。

每一棵树都想在地下和地上占据更多的地盘。每一棵树在生长过程中都要伸展，挤压和推搡邻近的树木。采伐迹地变得拥挤不堪。

强壮的树木在个头儿上赶过了柔弱的，因为强壮的无论根须还是枝杈都比较强壮。强壮的树木把枝条像手臂一样伸展到邻近树木的上方，那些树就屈居在它的下方。既然屈居下方，那就和阳光告别吧。

于是后面那些柔弱的树木在浓荫下渐渐死去。个子矮小的草类终于破土而出。不过高大的树木已经不再对它感到害怕:让它在脚边生长,给自己保暖吧。胜利者自己的后代——它们的种子,落到这块幽暗潮湿的土地上,也透不过气来,夭折了。

而云杉却还在不慌不忙地每隔两三年派遣自己的空军到这块已经长满树木的采伐迹地上。胜利者甚至没有发现这个小小的动作。对它们来说这算得了什么:就让这些小家伙在地下蠕动吧。

小小的云杉苗终于钻出了地面。它们处在阴暗潮湿的地方,但是仍然有供生长需要的足够阳光。它们长得又细又矮。

然而它们在这里没有风来打扰,不会被风从土里拔起。即使在强大的风暴发作,白桦和山杨被刮得呼呼直响,低头折腰的时候,它们身下的底层仍然很安宁。

粮食也绰绰有余,而且很暖和。在这里小云杉受到很好的保护,得以免遭春季危险的晨寒和冬季凛冽严寒的侵袭,毕竟和在毫无遮蔽的采伐迹地上大不相同。白桦和山杨秋季的落叶在地面腐烂,提供了热量。草类也提供了热量。应当耐心地熬过底层经久不散的昏暗。

年轻的云杉并不像白桦和山杨那么酷爱阳光,它们忍耐着,生长着。

本报记者怜悯它们,便转向第四块采伐迹地。

我们期待着他们发来的消息。

鸟岛*

我们乘舰艇在喀拉海东部航行。四周是浩瀚无际的水域。

突然索具兵叫了起来:

“一座倒立的山峰,正对着船头呢!”

“他产生什么幻觉啦?”我想着,于是爬上了桅杆。

清清楚楚可以看到我们正向一个山石嶙峋的海岛驶去,它悬在空中,山顶向下。

山崖在天上凌空悬着,山脚向上,没有任何支撑。

“我的朋友,”我自言自语说,“你的脑子急转弯了!”

但是这时我想起了一个词:“折射!”于是大笑起来。这是一种奇异的自然现象。

在这里,极地海域经常有这种折射现象,或者叫海市蜃楼。突然在远方会出现头朝下的海岸或者船舰,也就是它在大气中颠倒的映像,就像在相机的取景框里那样。

几个小时以后我们驶近了远方的海岛。它当然没有想过要头向下凌空挂起,而是极其平静地将自己所有的山崖耸峙在海面上。

舰长确定方位并看了看地图以后,说这是比安基岛,位于诺登舍尔德群岛的入口。海岛这样命名是为了表示对一位俄罗斯大科学家的尊敬，他就是瓦连京·利沃维奇·比安基[1]，《森林报》就是为了纪念他而创刊的。因此我在想，你们也许会有兴趣了解这座海岛的外貌怎么样，上面都有些什么。

这座岛是由岩礁、巨大的漂砾和片石堆积而成的。上面既没有灌木丛，也没有草，有的地方只有淡黄和白色的小花耀人眼目，再就是岩石背风向南的一面，覆盖着地衣和很矮小的苔藓。这里的苔藓让人想起我们的松乳菇，嫩而多汁。这样的苔藓在任何别的地方我再也没有遇见过。在坡度平缓的岸滩上堆着整堆整堆的漂来物，也就是原木、树干和木板，是大洋把它们送到这里的，说不定来自几千公里之外。这些木材是那么干燥，你弯起手指头轻轻一敲都会咚咚响。

现在——七月底，这里夏季才刚刚开始。但这并不影响浮冰和不大的冰山安详地从岛旁漂过，它们在阳光下闪射出耀眼的光芒。这里经常有很浓的大雾，而且低低地弥漫在海面上，使你只能看见海上过往船只的桅杆。不过这里行驶的船只相当稀少。岛上没有人，所以这里的野兽根本不怕人——任何一个人都可以往它们尾巴上撒盐[2]，只要你带着盐。

比安基岛是名副其实的鸟类天堂。鸟群的集栖地——几万只鸟在那里密密麻麻地筑巢生息的山崖——这里倒没有。但是许多的鸟类在整个岛上自由自在地安顿了自己的巢穴。这里筑巢而居的有数以千计的野鸭、大雁、天鹅、潜鸟、各种各样的鹬。它们上方，在光秃的山崖上，居住着海鸥、海鸠、暴风鹱。这里的海鸥形形色色：有白鸥和黑翅鸥、小小的红鸥和叉尾鸥，还有以鸟蛋、小鸟和小兽为食的硕大而凶猛的北极鸥。这里还有巨大

---

① 他是本书作者维塔里·瓦连京诺维奇·比安基的父亲。

② “往尾巴上撒盐”是俄语中的一个成语，意思是“使生气，难堪”，在本文中指的是“谁也不可能惹得野兽惊慌不安”。

雪白的北极猫头鹰。美丽的、白翅白胸的雪鹀升到空中,像云雀一样婉转啼鸣。北极云雀长着黑胡子,头上有尖尖小小的角状羽,一面在地上跑,一面唱着歌。

至于这儿的野兽真是没得说!……

我拿了早餐,上岸去坐坐,就在海岬后面。我坐着,兔尾鼠却围着我拼命乱窜,这是一种小型啮齿动物,皮毛厚,毛色灰、黑、黄相间。

这个岛上有许多北极狐。我在岩石之间看到一只:它正偷偷逼近还不会飞的海鸥雏鸟。突然海鸥发现了它,整群鸟立刻全体出动向它冲去,又叫又闹!小偷夹着尾巴亡命而逃!

这里的鸟类善于自我捍卫,不让自己的小鸟受欺侮。野兽就被迫挨饿了。

我开始向海上眺望,那里也有许多鸟在浮游。

我打了声呼哨。突然紧靠岸边的地方,从水里钻出一个个溜光的圆脑袋,深色的眼睛好奇地盯着我看:这是什么标本?干吗吹口哨?

这是环斑海豹——一种体形较小的海豹。

接着——再远些的地方——出现了很大的一只海豹——髯海豹。再后来是长着胡须的海象,个头比它还要大。突然它们都钻到水底下不见了,鸟类也都啼叫着升了空,原来从水下伸出了一个脑袋,一头白熊正在岛边游过,这是北极地区最强大和凶猛的野兽。

我觉得饿了,就去找自己的早餐。我清楚地记得把它放在身后的石头上,可是这儿却没有。石头底下也没有。

我霍地站了起来。

石头下面蹿出一只北极狐。

小偷,小偷,小偷!是它偷偷逼近,拖走了我的早餐:它牙齿间还带着我包灌肠面包的纸呢。

你看，鸟类竟把体面的兽类逼到了这步田地！

远航的航海长：基里尔·马尔德诺夫

狩猎纪事

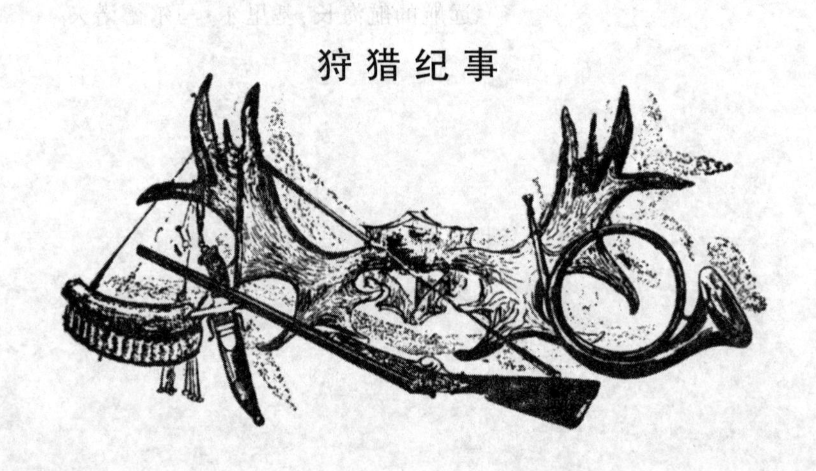

在幼鸟还没有长大和学会飞行时,该怎么打野味?不能打幼小的鸟兽。法律禁止在此期间攻击野兽和鸟类。

但是夏季允许猎杀吃林中幼小动物的猛禽,猎杀危险和有害的野兽。

黑夜惊魂

如果夏天你在黑夜里出门,林子里会突然传出咕咕一声叫,又突然传来哈哈嚯嚯的笑声,直叫人心惊肉跳,背上掠过一阵鸡皮疙瘩。

要不就是从顶层的阁楼间或者从屋顶上的暗处响起嘶哑的声音,似乎在呼唤你一起走:

“咱们走吧!走吧!到墓地去!……”

于是马上在黑暗的空中亮起两点圆圆的绿莹莹火光——两

只凶险不祥的眼睛,同时一个无声无息的影子一闪而过,几乎触及人的面部。这时怎么会不感到害怕?

由于恐惧人们就憎恶鸮和猫头鹰。刚才就是猫头鹰在林子里每到黑夜发出的刺耳笑声,而纵纹腹小鸮则用凶险不祥的声音发出呼唤:

"咱们走吧,走吧!"

就是在大白天,如果从黑乎乎的树洞里突然伸出一个脑袋,上面长着一对黄色大眼睛,用钩状的嘴巴大声地发出吓人的声音,也很容易被它们吓着。

如果在半夜里掀起一片惊慌,鸡窝里的母鸡咯咯叫了起来,鸭子也开始嘎嘎叫个不停,鹅也发出了喷喷的叫声,到早晨主人点数时发现少了两只小鸡——他马上会把罪过直接归到猫头鹰或鸮的身上。

光天化日下的劫掠

不仅在黑夜,就是在光天化日之下,农庄庄员们也被凶猛的鸟儿搅得心神不宁。

抱窝鸡一不留神,老鹰就把它的小鸡抓走了。

公鸡刚跳上篱笆墙,鹞鹰嚓的一下把它抓住了。鸽子从屋顶上刚飞起,不知从哪儿冒出一只隼来。它冲进鸽群,只打了一下,四周就飞扬着鸽毛了,它接住被打死的鸽子,顿时便消失得无影无踪。

所以如果凶猛的杀手叫农庄庄员撞见了,火冒三丈的人不会去分析谁对谁错,而要把所有嘴巴像钩、爪子长长的鸟儿都杀了。他说干就干,把周围所有的猛禽都消灭了,这时他才会醒悟过来:田里老鼠会不知不觉地大肆繁殖起来,黄鼠会把所有的粮食都吃个精光,野兔会把所有的白菜都啃了。

于是不会算账的农庄庄员经济上损失惨重。

谁是敌谁是友

为了避免这样的事,首先得好好学会区分有害的猛禽和有益的猛禽。有害的鸟杀死野鸟和家禽。有益的鸟消灭田鼠、黄鼠和其他使我们受损的啮齿动物,以及螽斯、蝗虫等有害的昆虫。

就拿猫头鹰和鸮来说吧,不管它们样子有多可怕,它们几乎都是益鸟。有害的只是猫头鹰中个儿最大的那些——体型大耳朵大的雕鸮和体大头圆的林鸮。就是这两种也常捕食啮齿动物。

日常所见的猛禽中最有害的是鹞鹰。我们这儿鹞鹰有两种:个儿大的苍鹰和个儿小的(比较瘦小,比鸽略长)雀鹰。

鹞鹰很容易和别的猛禽区分开来。它们呈灰色,胸脯上有波浪形的花纹。它们头小额低,眼睛淡黄,翅圆尾长。

鹞鹰是力气极大又极其凶狠的一种鸟。它们能杀死比自己个头儿大的猎物,即使在吃饱的时候也会不假思索地把鸟儿杀死。

老鹰比鹞鹰要弱得多,根据它末端开叉的尾巴很容易认出它。对大型的野禽它不敢贸然攻击,只是观望,看可以从哪儿叼走一只小而蠢的小鸡或啄食尸体。

还有大型的隼也是害鸟。

它长着尖尖的镰刀形翅膀。它的飞行速度超过所有别的飞鸟,总是在飞行中离地面很高的地方打击猎物,以免在猎物转向避开攻击时,它自己胸脯触地而撞死。

最好不要去捕杀小的隼,因为其中有非常有益的品种。

比如说:红隼,或按俗称叫作“抖翅鸟”。

棕红色的红隼经常可以在田野上空见到。它悬在空中,仿佛被一根无形的线挂在白云上,同时抖动着双翅(因此它被称作“抖翅鸟”),因为这样它看得清草丛里的老鼠、螽斯和蝗虫。

雕造成的危害比益处多。

对猛禽的捕猎

对有害的猛禽允许常年射杀。捕猎它们的方法有多种。

窝边捕猎

在猛禽窝边捕猎它们最省力。但这是一种危险的捕猎方法。

为了保护幼雏,大型猛禽会大叫着直接扑向人。人被迫在近处开枪。开枪要快,举起就打,否则可能被啄瞎眼睛。不过要找到鹰窝很困难。雕、鹞鹰、隼把自己的住处设在无法攀登的山崖上,或者莽莽林海中很高的树上。雕鸮和巨大的林鸮把巢筑在山崖和地上,在茂密的原始林里。

潜猎

雕和鹞鹰经常停在干草垛、白柳和孤零零耸立的枯树上窥视猎物。它们不会让人靠近。

这时就用潜伏的方法猎取,也就是从灌木丛或岩石后面偷偷靠近。子弹只能用远程步枪射击。

带雕鸮射猎

捕猎白昼活动的猛禽要带上一只雕鸮。

猎人在某地的一个小土丘上插进一个带横木的杆子，在离它几步远的地方往地里种一棵枯树，再在附近盖一个小棚子。

早晨猎人带雕鸮来到这里，让它停在带横木的杆子上，把它拴住，自己躲进棚子里。

不用等太久：只要鹞鹰或隼发现这可怕的怪物，立马就会冲向它。它们都想要敌方为它夜间的抢劫血债血偿。

鸟儿们一圈圈地围着它飞，向它进攻，停到枯树上向盗贼叫喊不停。

雕鸮被拴住了，只好把全身的羽毛竖起来，一面眨眼睛，一面用钩嘴发出鸣叫，而对它们无可奈何。

怒火万丈的其他猛禽没有注意到窝棚。这时你就向它们开枪吧。

在漆黑的夜晚

对猛禽最有趣的射猎发生在夜晚。老雕和其他大型猛禽飞往哪里宿夜，这一点不难发现。比方说，雕就在没有山崖的地方，通常在孤立的大树顶部睡觉。

猎人选择一个比较黑的夜晚，就向着那样的一棵树出发了。

熟睡的雕不提防他向这棵树靠近。猎人突然把一束耀眼的灯光打到它身上，那光来自暗藏的灯(电灯或电石灯)，灯事先被点亮了用盖子盖着。雕被突如其来的光惊醒了，睁不开眼，眯了起来。它什么也看不见，根本想不出是怎么回声——停在那儿惊呆了。

而猎人从树下却看得一清二楚。他瞄准以后开了枪。

夏季开猎

从七月底开始，急不可耐的情绪萦绕在猎人们的心头，他们变得烦躁不安了：一窝窝的小鸟小兽已经长大，可是州执行委员会还没有确定开猎的日期。

终于等到了——报纸上宣布，今年对森林和沼泽地野禽野兽的猎捕允许从八月六日开始。

每位猎人都备足了弹药，猎枪也反复检查了多遍。五号这一天，下班以后，城里所有火车站都挤满了手持猎枪、牵着猎狗的人。

这儿什么样的狗没有啊！短毛猎禽犬和长着像树枝一样笔直尾巴的向导狗。它们什么样毛色的都有：白色带黄色小斑点的，黄色带花斑的，咖啡色带花斑的，白色、眼睛耳朵和整个身躯带黑色大花斑的，深咖啡色的，全身乌黑发亮的。还有长毛、尾

巴像羽毛的塞特狗：白色，全身布满泛着蓝光的黑色小花点，还带几块黑色大花斑。“红色”塞特狗全身火黄，红里带黄，几乎全红色，还有大型塞特狗，身体重，动作迟缓，全身黑色带有黄色小花点。这一切都属于追踪狗，培育它们的唯一目的是在夏季狩猎中对付新生野禽。它们都被教会了一旦觉察野禽便就地伺伏：待在原地不动，等候主人到来。

另外，也有一些小型狗，毛很长，腿短，挂着两只几乎碰到地的耳朵，尾巴的部位只留下一截残余。这是西班牙猎犬。它们不伺伏，不过带着它们很方便在草丛和芦苇里打野鸭，在林中杂草丛生难以通行的地方打黑琴鸡。

西班牙猎犬从水里、稠密的灌木丛林里、芦苇荡里，总之从四面八方把野禽赶出来，把打死的或只是打伤的野禽交到主人手里。

大部分的猎人乘坐近郊列车，分布在各个车厢里。所有乘客都看着他们，仔细端详漂亮的猎犬。车厢里的话题尽是有关野禽、猎犬、猎枪和行猎的功绩的。于是猎人们觉得自己是英雄，自豪地看着既不带枪又不带狗乘车的“普通百姓”。

六号晚上、七号清晨，还是那列火车把同样的乘客往回运送。可是——唉！许多猎人的脸上挂的可并非凯旋的表情。他们背上可怜兮兮地挂着瘪瘪的背囊。

“普通百姓”对不久前的英雄们笑脸相迎。

“你们打来的野味呢？”

“野味留在森林里呢。”

“它们飞到海那一边去死了。”

但是人们用赞叹的窃窃私语迎接着在一个小站上车的猎人，因为他的背囊鼓鼓的。他对谁也不看一眼，正在寻找可以落座的地方，马上有人给他让了座。他毫不客气地坐了下去。然而他那眼睛很尖的邻座却已经向全车厢的人宣告了:“哎!你的野味爪子怎么是绿的?”说着毫不客气地将他背囊的边掀起了一点儿。

从那里露出了云杉树枝的梢头。

狼狈不堪!

森 林 报

No.6

成群月

（夏三月）

八月二十一日至九月二十日

太阳进入室女星座

第六期目录

一年——分十二个月谱写的太阳诗章

八月是闪光之月。夜间急速的闪光无声地照亮森林上空。

草地换上夏季最后一次盛装：如今它缤纷多彩，上面的鲜花颜色越来越深，变成蓝色和紫色。太阳神的气势开始消减——得把它行将告别的光芒收集、保存起来。

蔬菜和水果硕大的果实开始成熟。晚熟的浆果：马林果和越橘也开始成熟。长在沼泽地的红莓苔子、树上的花楸果也正在成熟。

那些不喜欢灼热阳光的老头儿，那些避开阳光而躲进阴凉所在的老头儿——菌菇，开始大肆繁殖。

树木则停止了长高变粗。

森林里的新习俗

林子里的小娃娃长大了，而且爬出了窝。

春季里成双结对地住在自己地盘上的鸟儿，现在带着自己的孩子满林子游荡了。

森林里的居民常常到彼此家里做客。

连凶猛的走兽和飞禽也不那么严格地守卫自己的地盘了。到处有许多可餐的野味。什么都够吃。

貂、艾鼬、白鼬满林子转悠，到处可以轻易找到吃的：呆头呆脑的小鸟、不懂世故的兔崽子、粗心大意的小老鼠。

鸣禽成群结队在灌木丛和大树上漫游。

每一群都有自己的习俗。

这些习俗是这样的:

我为大家,大家为我

谁首先发现敌情,应当发出尖叫或打一声呼哨——向大家发出警报,以便整个群体立即四下分散。如果其中一员落难,整个群体就起来发出叫声和吆喝去吓唬来敌。

一百双眼睛和一百双耳朵警惕着来敌,一百只利嘴准备着击退进攻。汇入群体的小家庭越多越好。

群体里有为娃娃们定的法则:在各方面向年长的看齐。年长的安详地啄食谷粒,你也啄食。年长的抬起头不动了,你就装死。年长的逃跑,你拔脚就逃。

教　场

鹤和黑琴鸡都有为年轻一代而设的名副其实的教学场地。

黑琴鸡的教场在森林。年轻雄黑琴鸡聚在一起,看发情的老黑琴鸡做什么。

老黑琴鸡自言自语,年轻的也开始自言自语。老黑琴鸡啾啾一声叫,年轻的也开始啾啾叫——细声细气地叫。

只是现在老黑琴鸡不像春天那样喃喃自语了。春天时它念叨:"我要把大衣卖掉,买件宽松外套。"可现在却说:"我要把外套卖掉,我要把外套卖掉,买件大衣。"

年轻的鹤排着队伍飞来教场。它们学习在飞行中保持正确队形——三角形。为了在飞越遥远的路程时保存体力,需要学习这个本领。

在三角形中领头飞的是体力最好的一只老鹤。它作为处在最前面的一只,冲破空气更费力。

到它飞累了的时候,它就换到队伍的末尾,它的位置就由另一只蓄足新鲜体力的鹤来替代。

从领头到殿后,再从领头到殿后——年轻的鹤就这样一面扇动着双翅,一面有节奏地交替着飞到前面领头。谁的体力好,就飞在前头,谁的体力差,就在后面。气浪就从三角形的顶角上分开,犹如船头劈浪前进一般。

咕尔雷!咕尔雷!①

"听命令:咱们到了!"

鹤一只接一只地相继着陆。这里——在田野中间的教场上,年轻的鹤正在学习舞蹈、体操:跳跃、身体旋转、按节奏跳出灵巧的舞姿。还有一项训练,也是难度最大的:要把石子向上抛,再用嘴接住。

它们正准备飞向遥远的征途。

① 这是对鹤唳声的模拟。

会飞的蜘蛛

没有翅膀怎么飞呢?

可有些蜘蛛就变成了(应当要点小花招!)凌空漫游的飞行员。

蜘蛛从肚子里吐出细丝,把它搭在灌木丛上。风儿接住了蛛丝,就这儿那儿地到处扯,可就是扯不断它,因为它像丝线一样牢。

蜘蛛蹲在地上。挂在树枝和地面之间的蛛丝在空中飘荡。蜘蛛坐着绕蛛丝。它自身搅进蛛丝里面,整个身子就同包在一个丝做的小球里似的,而蛛丝还在源源不断地吐出来。

蛛丝变得越来越长,风儿更用力地扯它。

蜘蛛在地上站稳,把脚牢牢地扎住。

“一、二、三!”蜘蛛迎风爬过去。它咬断了挂着的一头。

一阵风吹来,蜘蛛脱离了地面。

蜘蛛和蛛丝飞了起来。

赶快把绕着的蛛丝捯开!

空中小球正在升起……它在草丛、灌木丛的上空高高飞翔。

飞行员从上面俯瞰着:哪里可以降落呢?下面是森林,小河。继续往远方飞呀飞!

眼见得下面是一个院子,苍蝇在粪堆上飞舞。停!向下!

飞行员在自己身下缠丝,用爪子把它捻成一个小球。凌空的小球越来越低地下降……

准备——着陆!

蛛丝的一头粘在了草上——落地了!

这里可以安安稳稳地开始过自己的小家庭生活了。

当许多这样的蜘蛛和它们的蛛丝在空中飞翔时——这样的事常发生在秋季天气晴朗干燥的日子里——村里人就说:“小阳春”到了。空中飞舞着秋天的银光闪闪的白发……

林间纪事

山羊吃了一座林子

这可不是说着玩的,它真的把一座林子都吃了下去。

护林员买了这只山羊,把它带到自己的林子里,拴在草地上的一根木桩上。夜里山羊挣脱了木桩,便逃走了。

四周都是森林,它究竟去了哪儿呢? 幸好附近没有狼。

找它找了三天,还是没有着落。到第四天它自己回来了。一回来就"咩咩"叫——您好! 这不是我吗!

傍晚邻村的护林员跑来了,原来在他管辖的地段山羊把所有树苗吃了个精光——把整座林子都吃了。

树木在小的时候完全是毫无庇护的,任何一头牲口都能欺负它,把它从地里连根拔起。

山羊喜欢吃小松树。它们的外表这么美丽,像棕榈树。红红细细的根部,上面翠绿柔软的针叶像扇子一样,在山羊看来确实是十分可口的美食。

成年的松树山羊大概就不敢走近了,成年松树的针叶会扎到它!

驻林地记者:维丽卡

把强盗罩住

成群的黄色柳莺在森林里辗转迁徙。从一棵树到另一棵树,从一个树丛到另一个树丛。每一棵树,每一丛灌木,它们都自下而上爬遍搜遍了。如果发现哪儿树叶下、树皮上、小洞里有蠕虫、甲虫、蛾子,就统统拖出来,啄了吃。

"啾伊奇! 啾伊奇!"其中一只鸟惶恐不安地尖叫了一声。所有的鸟一下子都警觉起来,它们看见下面有一只凶猛的白鼬躲在树根之间,时而闪过黑魆魆的背影,时而消失在枯枝间,正在悄悄逼近。它那狭窄的身躯像蛇一样迤逦而行,凶狠的眼睛像星火一样在阴影里闪烁。

"啾伊奇! 啾伊奇!"四面八方都叫了起来,于是整群鸟都急急忙忙地离开了那棵树。

如果天亮着倒还好。只要哪一只鸟发现敌情,大家都可得救。夜里鸟儿们都蜷缩在枝叶下面睡觉。但是敌方并没有睡觉。猫头鹰无声无息地用柔软的翅膀推动着空气,飞近前来,一发现,就——嚓的一下! 睡梦中的小鸟吓得魂不附体,四下里逃命要紧,而其中两三只在强盗钢铁般的钩嘴里挣扎。天黑了真不是好事。

鸟群从一棵树到另一棵树,从一丛灌木到另一丛灌木,继续向密林深处跋涉。轻盈的小鸟与所有的枝叶擦身而过,进入最为隐秘的角落。

在密林的中央有一个粗粗的树墩。树墩上有一颗形状丑陋的树菇。一只柳莺非常近地飞到了它旁边:这里会不会有蜗牛?

突然树菇灰色的眼皮徐徐抬了起来。眼皮下是两只冒着火光的圆眼睛。

直到这时，柳莺才看清像猫一样的圆脸和脸上凶猛的钩嘴。

它慌慌张张地闪到一边。“啾伊奇！啾伊奇！”鸟群慌作一团。但是没有一只飞走。大家都聚集在可怕的树墩周围。

“猫头鹰！猫头鹰！猫头鹰！请求帮助！请求帮助！”

猫头鹰只是气呼呼地啪的一下叩响了它的钩嘴：“到底碰上了！连个安稳觉也不让睡！”

可这时小小的鸟儿们却已经从四面八方向柳莺发出可怕警报的方向飞来！

它们把强盗罩住了！

小巧的黄头戴菊鸟从高高的云杉上下来了。活泼的山雀从树丛里跳出来，勇敢地加入了冲锋的队伍：它们就在猫头鹰的鼻子下面那么飞来飞去，辗转翻身，嘲弄地对它叫嚷：

“来呀，来碰我呀！来呀，来抓我呀！追我呀，抓住我！有本事光天化日下做，夜里行凶的卑鄙强盗！”

猫头鹰只是把钩嘴叩得啪啪响，眨着眼睛：大白天它能做什么呢？

但是鸟儿却在源源不断地飞来。柳莺和山雀的叫声和喧哗将整整一群勇敢而强大的森林乌鸦——蓝翼的松鸦吸引到了密林里。

猫头鹰吓坏了，它翅膀一扇——溜之大吉。趁自己还毫发未伤，逃命要紧：否则这一群群鸟的嘴巴啄下来，那还了得！

一群群的鸟紧追不舍。追呀，追呀，直到把它完完全全赶出森林。

这天夜里柳莺将会睡上一个安稳觉：受过这么一顿教训以后，猫头鹰不敢很快回到老地方来。

草　莓

森林边缘草莓正红。鸟儿常常寻找并叼走鲜红的草莓。它们把草莓的种子播撒到远方。不过有一部分草莓的后代会留在原地和母株一起生长。

现在在这棵灌木边已经出现一条条匍茎——藤蔓。藤蔓的顶上长着小小的派生幼株：莲花形的一丛小叶和根芽。还有，在同一根藤蔓上有三丛叶子，第一丛已经长壮实了，第三丛——长在顶端的那丛——还没有发育全。藤蔓从母株出发向四方蔓延。应当就地在草稀之处寻找母株和去年的派生株。要是发现这种情况就好：母株在中央，派生株一圈圈地围在它四周，长成三圈。每一个圈里有五棵植株。

草莓就这样一圈接一圈地占领着土地。

H.帕甫洛娃

熊的胆量

晚上猎人从森林回到村里已经很晚。他走到燕麦地边，一看：燕麦中间黑乎乎的什么东西在打滚？难道是牲口误入了不该去的地方？

他仔细一瞧——老天，是一头熊在燕麦地里！它肚子着地趴着，两只前爪把麦穗搂成一抱，塞到自己身子下面，吸着它的汁水。它懒洋洋地伸开四肢，得意地发出呼哧呼哧的声音，看来燕麦的汁水挺对它胃口。

猎人恰好没有子弹了。只有小小的霰弹，那只适合打鸟。不过他倒是个有胆量的小伙子。"唉，"他想道，"不管三七二十一，对天放一枪再说。不能让熊瞎子把农庄庄员们的生计给毁了。只要不伤着它，它就不会碰我。"

他托起了枪，突然，在熊的耳朵上方响起了嘭的一声。地边有一堆枯树枝，熊瞎子像小鸟一样从这堆枯枝上蹿了过去。

它头向下打了个滚儿，又站了起来，头也不回地往林子里跑去。

猎人嘲笑了熊瞎子的胆量，就回家去了。

可是到早晨时，他想道："让我去瞅瞅，熊瞎子把地里的燕麦

压坏得多不多。”他来到老地方，看到熊吓得没命逃跑的踪迹，那踪迹一直延伸到森林里。

他循迹走去——熊在那儿躺着，已经死了。

可见突发事件造成的惊吓有多厉害。况且这还是森林里最强大、最可怕的野兽。

食用菇

下雨后蘑菇又长出来了。

最好的是在松林里长的白蘑。

白蘑就是美味牛肝菌，粗粗壮壮，肉质肥厚。它的伞盖是深咖啡色的，发出的气味不知怎么特别好闻。

牛肝菌长在林间路上、低低的野草中间，有时直接长在车辙里。它嫩的时候样子很好看，像小线团。样子虽好，但很黏滑，所以总是粘着一些东西：有时是干树叶，有时是小草。

在同一个松林的小草地上长着松乳菇。这些松乳菇棕红的颜色很深，老远你就看得见。而且这儿多的是！老的松乳菇几乎跟小碟子一般大，伞盖被蠕虫咬得都是小洞，菌褶有点发绿。最好的是中等大小的，比五戈比硬币稍大的那种，这些菌结实，伞盖中央凹陷，边缘向上卷。

在云杉林里也有许多蘑菇。既有长在云杉树下的白蘑，也有松乳菇，不过这些蘑菇在这里跟在松林里不一样。白蘑的伞盖有光泽，带点儿黄色，伞柄要细些、高些。松乳菇完全变成了和松林里不一样的颜色——伞盖的上面不是棕红色，而是蓝莹莹的，略带点绿色，伞面上有一圈圈的纹路，跟树桩上似的。

白桦和山杨树下又有自己的蘑菇。所以被称为“桦下菌”和“山杨树下菌”①。其实桦下菌生长的地方远离白桦树，倒是山杨树下菌和山杨树紧密相连。它只能生在树根上。美丽的山杨树下菌形态秀美规整，无论伞盖还是伞柄，都像磨过一样。

H.帕甫洛娃

① 这两个译名只是为了传达原文的语境而照字面直译的，其实这两种菇的学名应是“鳞皮牛肝菌”和“变形牛肝菌”。

毒　菌

雨后毒菌滋生得也不少。食用菌主要是白蘑,而毒菌则主要是毒鹅膏。得留心它!它内部含有所有毒菌中最厉害的毒素。吃下一小块毒鹅膏,比被蛇咬一口还厉害。它是致命的。中了这种菌毒的人难得有救活的。

幸好识别毒鹅膏的方法并不难。它跟所有食用菌的区别在于:它的伞柄仿佛是从大肚子瓦罐的细颈里脱胎而出的。据说毒鹅膏可能和香菇混淆(两者的伞盖都是白色),但是香菇的伞柄就像伞柄,谁也不会去想象它曾被嵌进瓦罐里。

毒鹅膏最像蛤蟆菌。有时它甚至被称为白蛤蟆菌。如果用铅笔将它画下来,猜不出这是蛤蟆菌还是它。跟蛤蟆菌一样,毒鹅膏的伞盖上有白色断片纹,而伞柄上有一圈小领子。

还有两种危险的毒菌,它们可能被误认为是白蘑。这些毒菌叫作苦粉孢牛肝菌和魔牛肝菌。

它们和白蘑的区别是:它们伞盖的内面不是像白蘑那样呈白色或淡黄色,而是绯红甚至鲜红。再就是如果把白蘑的伞盖掰开,它仍然是白的,可是苦粉孢牛肝菌和魔牛肝菌的伞盖掰开后起初变红,后来变黑。

H.帕甫洛娃

暴风雪

昨天我们那儿的湖上刮了一场暴风雪。轻盈的白色雪片在空中飞舞，向着水面纷纷降落，又升上去，团团打转，再从高空纷纷扬扬撒落下来。当时天空晴朗，烈日当头。热空气在炽热的阳光下流动。一丝风也没有。但是湖泊上空却风雪大作。

可今天早晨整个湖面和四岸却撒满了干燥和死气沉沉的雪片。

这雪有点儿怪：在炽烈的日光下它居然不化，而且在日光照耀下没有闪光。它不寒冷而且很脆弱。

我们便去观察那些积雪。待我们走到岸边，才发现这压根儿不是雪，而是成千上万长翅膀的小昆虫——蜉蝣。

它们昨天刚从湖水中飞出。整整三年它们都生活在黑暗深处。那时它们是形象丑陋的幼虫，在湖底的淤泥中蠕动。它们

从淤泥和腐臭的水藻中汲取营养，从未见过阳光。

如此过了三年——整整一千天。

就在昨天幼虫出水爬到了岸上，脱下讨厌的虫皮，展开轻盈的小翅膀，伸出尾巴——三根长长的细线，于是飞到了空中。

蜉蝣只有一天时间用于寻欢作乐和在空中舞蹈。所以它们又被叫作“一日飞蛾①”。

一整天它们都在阳光下舞蹈、飞翔和在空中旋转，犹如轻飘飘的雪花。雌蛾降落到水面上，把细小的卵产在水中。

然后，在太阳下山，黑暗降临时，死去的蜉蝣身体便散落在四岸和水面上。

幼虫从蜉蝣的卵里钻出，又在混浊的湖底深处度过一千个日日夜夜，直至变为长翅膀的快乐蜉蝣飞到水面上空。

患白化病的鸭子

湖中央降下一群嘎嘎叫的野鸭。

我从岸边观察它们的时候，惊讶地发现，在公鸭和母鸭夏季羽毛单一的灰色中，有一丝亮色映入我的眼帘。它一直停留在鸭群的正中央。

我端起望远镜，把它的全部细节看了个一清二楚。它从头到尾都是浅浅的淡黄色。当清晨明媚的阳光破云而出的时候，它突然迸射出耀眼得让人难以忍受的白色，在它深灰色的同伴中显得格外突出。在其他所有方面它和它们没有丝毫区别。

在五十年的狩猎生涯里，这是我第一次在自己面前看到患

① 这同样是为了传递原著语境而按字面直译的权宜之计，其实俄语中该词的正规汉译仍为“蜉蝣”。本文中“蜉蝣”一名最先出现的俄文单词按字面同样是“寿命一天之蛾”的意思。

白化病的鸭子,或者如人们所称的白化鸟或白化动物。这种动物缺少一种色素——血液里的染色物质。这种白色,或者稍带一点彩色的白色,是它们与生俱来,而且保留终生的,它们丧失了大自然里对救生非常有用的色彩,即所谓的保护色,保护色使它们在自己生活的环境里不那么显眼。

当然,我热切地希望得到这只极其罕见的鸟儿,它得以从猛禽的铁爪下幸存下来,实属一个奇迹。然而现在要达到这个目的简直是不可能的,因为鸭群正是因此才停在湖中央休息,使人无法靠近它们开枪。我完全乱了方寸:只能等待白野鸭在我身旁岸边出现的机会了。

不过我遇到这样的机会比我预想的要早。

我走在一个狭湾——狭窄的湖湾——的岸上。突然几只野鸭从草丛蹿出来,其中就有那只白野鸭。我顺手向它开了一枪。但是正在开枪的当儿,一只灰鸭用自己的身体遮挡了白鸭。它中了我的枪弹,掉落在地。而白鸭则和其余的鸭子一起飞走了。

这是不是一种偶然呢?毫无疑问!不过这个夏天我在湖中央和湖湾又见过几次这只鸭子,但总有几只鸭子陪伴着它,仿佛在押送它似的。自然,普通的灰色野鸭不由自主地吸引着猎人的枪弹,而在它们的保护下白野鸭总是完好无损地飞走。

至少我始终没有得到它。

这件事发生在皮罗斯湖上——正好在诺夫哥罗德州和加里宁州的交界处。

绿色朋友

应当种什么*

你们知道什么树种最适合造新林吗?

我们得知,为造新林选择了十六个乔木品种和十四个灌木品种,推荐在我们祖国的不同地区种植。

最主要的乔木和灌木品种有这些:橡树、白杨、山杨、白桦、榆树、枫树、松树、落叶松、桉树、苹果树、梨树、柳树、花楸、金合欢、野蔷薇、茶藨子。

这一点所有孩子都应知道,以便永远记住应当采集哪些植物的种子供苗圃储备。

驻林地记者:彼得·拉夫罗夫、谢尔盖·拉里昂诺夫

机器植树

现在需要种植的树木和灌木是那么多,光凭两只手是无法

完成的。

于是机器来助一臂之力了。人发明和制造了形形色色机灵能干的植树机器,无论种子、树苗,还是大树它们都会种。机器可以用来种植林带、绿化谷地、挖掘池塘、处理土壤,甚至养护苗圃。

新开湖*

你们列宁格勒人拥有许多河流、湖泊和池塘。夏季也不怎么热。而我们克里米昌区以前池塘很少,湖泊根本没有。有一条小河流过这里,但是它到夏天就逐渐干涸,我们只要稍稍卷一下裤脚,就可以赤脚蹚水过河。

我们农庄的果园和菜地吃尽了干旱的苦头。

不过如今它们就不用为缺水而苦恼了。我们区的农庄庄员开挖了新的水库,一个极大的湖泊,容量达五百万立方米。

这个湖足够灌溉我们五百公顷菜地,还可以养鱼、养殖水禽。

第聂伯罗彼得罗夫斯克州克里米昌区少先队员:

瓦尼亚·普隆钦科、列娜·卡巴特钦科

我们帮助年轻的森林成长

我国人民正忙于从事和平的劳动。他们在伏尔加河、第聂伯河和阿姆尔河上建设水电站,把伏尔加河和顿河连接起来,营造防护林带,使田地免遭恶劣风沙的侵害。所有的苏维埃人都投身建设共产主义的事业。我们少先队员和中小学生希望帮助大人们从事这美好的事业。每一个少先队员都记得自己曾当着同学们的面承诺，一定要成长为祖国的合格公民。就是说，我们的责任是为共产主义做力所能及的事情。

几十万棵年轻的橡树、枫树、山杨沿伏尔加河成行成阵，从这一边到那一边，遍布整个草原。现在树木还小，还不够强壮，它们中每一棵树都有许多敌害：有害的昆虫、啮齿动物和燥热的风。

我们学校的共青团员和少先队员决定帮助年轻的树木抵御敌害。

我们知道一只椋鸟一天之内能消灭二百克蝗虫。如果这些鸟住在防护林带附近，就会给树林带来很多益处。我们同乌斯季库尔丘姆斯克和普里斯坦斯克的少先队员一起，在年轻的森林旁边制作并悬挂了三百五十只椋鸟舍。

黄鼠和其他啮齿动物给年轻的森林造成巨大危害。我们将和农村的孩子们一起消灭黄鼠：在它们的洞穴里灌水，用夹子抓捕。我们将制作用于捕黄鼠的夹子。

我们州的农庄庄员们将在防护林带上补种苗木，为此需要许多种子和树苗。我们在夏季采集了一千公斤的树种。我们将在乌斯季库尔丘姆斯克和普里斯坦斯克的学校里建起苗圃，为防护林培育橡树、枫树和其他树木的树苗。我们将和农村的朋友一起组织少先队员巡逻队，保护防护林带免遭火灾、牲畜践踏和其他破坏。

当然这一切不过是少先队员们所尽的绵薄之力。但是如果苏联其余的少先队员和中小学生都按我们的样子采取行动，那我们大家肯定会给祖国带来巨大好处。

萨拉托夫市第六十三男子七年制学校的全体学生

森林里的战争

（续　前）

下面是本报记者在第四块采伐迹地了解到的情况，那里森林是在三十年前被砍伐的。

当柔弱的白桦和山杨在自己强壮姐妹的手下全部夭折以后，林子下层活下来的只有云杉了。

就当它们在阴影里静静地生长的时候，高大强壮的白桦和山杨在上层并未停止宴饮和争斗。重新演绎着一个古老的故事：谁的生长超过了自己的邻居，谁就胜利在握，无情地杀死战败者。

战败者枯萎了，倒下了。于是阳光透过荫盖上的洞孔如倾盆大雨般地涌入地窖似的下层空间——直接照射到年轻的云杉的头顶。

云杉受到阳光的惊吓，开始生病。

随着时间的推移，它们适应了阳光。

它们徐徐地恢复过来，身上换上了新的针叶。于是它们就开始非常迅速地向上生长，连它们上方的对头都来不及修补穿了孔的荫盖。

这些幸运的云杉首先与高大的白桦和山杨的身躯比高低。另一些坚强多刺的云杉也紧随其后，把自己长矛似的锐利尖顶伸进上层空间。

这里暴露了一个情况:无忧无虑的胜利者山杨和白桦让什么样的可怕对手在自己身边地窖般的下层空间生活。

本报记者亲眼目睹了敌对双方可怕的白刃战。

刮起阵阵强大的秋风。它把在此聚居的所有品种的林木搅得天翻地覆。阔叶的林木扑向了云杉。它们用自己手臂一样的枝叶抽打和搏击自己的对手。

就连一直瑟瑟发抖、窃窃私语、胆怯的山杨,也糊里糊涂地挥动着枝叶,竭力与阴沉沉的云杉厮杀,折断它们的枝杈。

然而山杨并非优秀的斗士。它缺乏韧性,它的手臂易折断。坚强的云杉并不害怕它们。

白桦就是另一码事了。它是身体结实、强大有力、富有韧性的树木。它那遒劲有力、富有弹性的手臂即使遇上小风,也会轻摇慢摆。既然白桦出手了,周围所有树木可得当心了。它的拥抱可是十分可怕的。

白桦和云杉打起了白刃战。它们用自己柔韧的枝条抽打云杉枝,削掉对方的针叶。

被白桦绕着枝杈的地方,云杉的针叶便枯萎而死;被白桦绕住主干的云杉,它的整个顶端便会枯落。

云杉能够击退山杨,却打不退白桦。云杉本身是一种坚硬的树木。尽管它不会折断,但是也不会弯曲:它不会用自己笔直的枝杈去抽打。

树种间的战争结局如何,本报记者在这块地方无法看到,因为若要得知结局,就得在此地住上许多年。所以他们出发去寻找森林中这样的地方,那里树种间的战争已然结束。

至于他们在哪里找到这样的地方,我们将在下期报道。

我们将帮助森林恢复元气*

我们少先队大队参与了建造新林的工作。我们采集各种树木的种子,交给我们农庄和防护林站。我们在自己校内的园地里做了不大的一个苗圃,在里面栽种了橡树、枫树、山楂、白桦、榆树。种子是我们亲自采集的。

少先队员:加丽娅·斯米尔诺娃、妮娜·阿尔卡迪耶娃

园 林 周

我国城乡决定每年举办一次园林周活动。在中央和北方各州,园林周在十月初举行,而在南方各州,则在十一月初举行。

首届园林周在筹备十月革命三十周年庆典的日子里举行。数千个重新开辟出来的集体农庄的花园,几百万棵栽种在国营农场中心区以及农业机械站、学校、医院的庭园和街道两旁的果树——这就是少年林艺师和园艺师在伟大节日前献给国家的厚礼。

现在,在园林周活动行将开始之际,国营的苗圃里已储备了一千万棵以上的苹果树和梨树的幼苗,以及大量的浆果植物和观赏性植物的幼苗。现在正是在尚无花园的地方开始筹备建造花园的好时机。

塔斯社

狩猎纪事

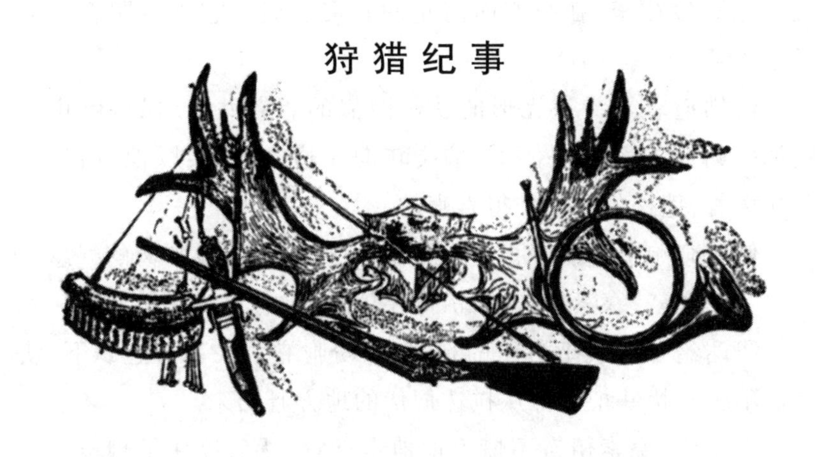

带塞特狗和西班牙狗出猎

（本报特派记者的报道）

在八月里一个清凉的早晨，我随塞索伊·塞索伊奇出门去打猎。我的两只西班牙狗吉姆和鲍埃高兴地吠叫着扑到我身上。塞索伊·塞索伊奇那只硕大漂亮的塞特狗拉达把两只前爪搭到自己小个儿主人的肩头，往他脸上舔去。

“嘘，淘气鬼！”塞索伊·塞索伊奇故意没好气地说，一面用袖子擦着嘴唇，“咱去哪儿？……”

然而三条猎狗已经离开我们在割过的草地上奔跑了。塞特狗美女拉达大步快跑，在碧绿的一丛丛灌木后面闪过它那皮毛白里带黑的身影。我那两条短腿狗委屈地发出抱怨的叫声努力追赶，却赶不上它。

愿它们溜出个好胃口来。

我们走近一丛灌木。吉姆和鲍埃听到我的口哨回来了,在附近忙个不停:闻着每一个树丛,每一个土丘。拉达在前面大步流星地穿梭往来,在我们面前左冲右突。突然它跑着跑着一下子站住了。

仿佛撞着了一道无形的铁丝网似的。它站着,保持停止奔跑那一瞬间的姿势僵住了:脑袋转向左边,背脊柔顺地弓着,左前腿举着,蓬松的尾巴伸得直直的。

使它奔跑中戛然停止的不是铁丝网,而是一股野禽的气息。

"想打吗?"塞索伊·塞索伊奇建议说。

我谢绝了。我把自己的狗叫来,吩咐它们在我脚边趴下,使它们不去干扰并把野禽从拉达伺伏的地方赶出来。

塞索伊·塞索伊奇不慌不忙地走近它,然后停住了脚步。他从肩头卸下猎枪,扳动扳机。他拖延了纵狗向前的时间,显然他和我一样在欣赏这样一个精彩的画面:猎狗伺伏待命,保持着优雅的姿势,满怀着强忍的激情和紧张。

"向前走。"塞索伊·塞索伊奇终于说了这三个字。

拉达不动声色。

我知道这里有一窝山鹑。现在塞索伊·塞索伊奇将向猎狗重复这个指令,它会向前迈出一步,于是从灌木丛里噼里啪啦会蹿出一群棕红色的大鸟。

"向前走,拉达!"塞索伊·塞索伊奇一面举起猎枪,一面重复指令。

拉达迅速向前冲去,它跑了个半圆,又停步保持了伺伏状态,此刻是在另一丛灌木边。

那儿是怎么回事?

塞索伊·塞索伊奇又走到它身边命令说:

“向前走!”

拉达跳进灌木丛,从这一边跑到另一边。

树丛后面的空中无声无息地飞出一只浅棕红色、个头不大的鸟。它似乎不太熟练地、无精打采地扇动着翅膀。它那两条长长的后腿挂在后面,仿佛被打断了。

塞索伊·塞索伊奇放下猎枪,召回了拉达。

原来是这么回事:是长脚秧鸡!

这是生活在草丛里的鸟,它的声音尖锐刺耳。春天里它在草地上的叫声让猎人感到多么亲切,可是在狩猎的季节它使猎人厌恶,因为长脚秧鸡让猎狗伺伏不下去,它会不知不觉地从猎狗身边逃走,使它中止伺伏。

不久我和塞索伊·塞索伊奇分开了,约定在林中小湖边会合。

我沿着一条绿树掩映的狭窄河谷走,一条小溪流经这里,两边是林木葱茏的山岗。咖啡色的吉姆和它的儿子——黑、白、咖啡三色相间的鲍埃跑在我的前面。需要始终常备不懈,用双眼留意这两条狗,因为西班牙狗不会伺伏,随时都可能把野禽赶得飞起来。它们钻进每一丛灌木,一会儿消失在高高的草丛里,一会儿又重新出现在视野。它们被砍短的尾巴在不停地运动,作螺旋状的快速转动。

是呀,不能让西班牙狗留长尾巴,它在草丛和灌木上挥动时会拍打出多大的声响:狗会把整条尾巴打坏,因为它在树丛上狠命地拍打。西班牙狗的尾巴在它三星期大的时候被砍短,不会再长。只留下人手能整个儿握住的那么一截,如果它陷进了泥沼里,能揪住尾巴把它拖出来。我用双眼盯着两条狗,自己也不明白我怎么同时还来得及看清四周的一切,发现成百上千美好而令人惊异的事物。

我看到太阳已经升起在树林上空，在枝叶间和草丛里变幻出许许多多金光灿烂的兔子和长蛇。我看到各处的草丛里和灌木上蜘蛛网超细的银丝在闪闪发光。我看到一棵松树奇巧地弯倒了自己的树干，仿佛变成了一张巨大的椅子。这张椅子上该坐着童话中的树精，这不是吗，在座位上，一个小坑儿里蓄着水，几只蝴蝶在旁边轻轻扇动着翅膀。

它们正在饮水……而我却嗓子眼儿干得要冒烟。在脚边一棵宽叶翠绿的羽衣草上有一颗硕大、晶亮、无比珍贵、宝石一般的露珠。

得小心翼翼地——千万别让它滚落了——俯下身去，摘取羽衣草的这片叶子，它的褶皱里蓄着世上最为纯洁的一滴露珠，而露珠里则精心汇聚着朝阳的全部欢乐。

毛茸茸滋润的草叶轻触双唇，于是有点凉的露珠滚上了干渴的舌头。

吉姆突然吠叫起来："啊呵，啊呵！哈呵——哈呵——哈呵——哈呵！"于是替我解渴的小叶顿时被抛诸脑后，飞到了地上。

吉姆一边叫一边沿着溪岸奔跑，它尾部的螺旋状运动更加频繁和迅速了。

我赶紧往溪边跑去，努力使自己在岸上能赶在狗的前面。

但是我还是没来得及赶上：随着不太响亮的翅膀扑打声，一只看不见的鸟在一棵枝叶扶疏的赤杨后面飞了出去。

眼看着它在赤杨后面垂直上升，原来是只会嘎嘎叫的大野鸭。我因为心情激动，瞄也不瞄，举起枪透过枝叶就向它随意开了一枪。鸭子向后面的溪中坠落下去。

这一切发生得那么快，我简直觉得我没有开枪，是我的意识把它打下来的。我只想了想，它就掉了下来。

吉姆已经游过去取猎物，把它搬上岸。它顾不上抖落身上的水,一刻也没有松开叼着鸭子的嘴巴——那长长的鸭脖子垂到了地面——径直将它交到我手上。

“谢谢你,老伙计,谢谢你,亲爱的!”我俯身抚着它。

可它却已经在抖落身上的水了,于是所有的水雾直接向我的脸上飞溅过来。

“哎哟,不懂礼貌的家伙! 继续往前去吧!”

狗跑走了。

我用两个指头拿住鸭嘴的末端,把鸭子悬在空中。嘿嘿!鸭嘴没拉断,它承受住整个身体的重量不在话下。就是说,是只成年的壮鸭,不是现在出窝的新鸭。

我匆匆忙忙地把鸭子挂到子弹袋的皮带上,因为我那两条狗又在前面叫了。我急忙向它们走去,边走边装弹药。

狭窄的溪谷到这儿变宽了,一块小沼泽地一直延伸到山坡下,上面布满草墩、苔草。

吉姆和鲍埃在草丛里穿进穿出。那里究竟有什么?

整个世界现在就和这块小小的沼泽地融合在一起了,在猎人心中没有别的愿望,只有一件事:快点儿看见两条猎狗在草丛里感觉到了什么,会飞出什么样的鸟儿,而且还要开枪不落空。

高高的苔草间看不见我那两条矮脚狗的身影,但是时而这里,时而那里,它们的耳朵像翅膀一样蹿到苔草的上头:两条狗正在作搜索式的跳跃——要跳到跟前,以便看清近处的猎物。

长脚的田鹬从草墩里拔脚走的时候发出嚓咕嚓咕的声音,那声音听起来仿佛你从泥沼里拔出靴子。它飞得低低的,绕着大大的之字形。

我瞄准了。开了一枪——飞走了!

它飞了一个大大的半圆,然后伸出笔直的双腿降落到离我很近的草墩下面。它把自己像剑一样笔直的长喙俯向地面,停在了那里。

我不好意思这么近开枪打它,况且它停着。

可是吉姆和鲍勃却已经在旁边了。它们又赶得它飞了起来。我从左边的枪筒开了一枪,又落空了!

唉,真倒霉!你看我打猎打了三十年了,平生到手的田鹬也有几百只了,可是只要看到野禽在飞,心里还是按捺不住。我性急了一点。

可是有什么办法呢。现在得寻找黑琴鸡了,否则塞索伊·塞索伊奇看着我的猎物只会轻蔑地笑笑:对城里的猎人来说,田鹬是一件漂亮的猎物,最为美味的菜肴,可乡下的猎人甚至不把它当鸟,跟一片面包、一件小玩意一样。

塞索伊·塞索伊奇在小山后面已经开到第三枪。也许打到的野禽已约莫有五公斤,不会少。

我跨过小溪,爬上一座峭壁。从这里的高处往西方可以看

很远：那里有一大块采伐过的林地，它后面是大片的燕麦。我看见拉达的身影就在那里晃动。又看到塞索伊·塞索伊奇本人也在那里。

啊哈！拉达站住了！

塞索伊·塞索伊奇走近前去。只听见他开枪了：砰，砰！……双管齐发。

他走去捡猎物。

我也不能光看热闹。

我的狗已经跑进密林。那又怎么样呢，我有个规矩：如果我的猎狗在密林里走，我就走林间通道。

林间通道很宽阔，在鸟儿飞越它时可以从容地开枪。但愿能把它们往这儿撵。

鲍埃叫了起来，接着吉姆也叫了起来。我快步走上前去。

眼看着我赶到了狗的前面。它们在那儿倒腾什么？黑琴鸡，没错，它钻进了草堆里，在那里牵着狗的鼻子跑呢，我知道它的把戏。

特拉——塔——塔——塔——塔！——还真是那么回事：只见黑琴鸡起飞脱了身，黑得像烧焦的黑炭。它直接沿着林间通道远飞而去。

我追着它连发了两枪。

它拐了个弯，在高高的林木后面消失了。

难道我又失算了？不可能，我似乎做得很妥当呀……

我吹了一声口哨召狗回来，便朝黑琴鸡消失的林子里走去。我自己在寻找，两条狗也在找，可哪儿也没有。

嗨，真懊丧！……真是个打不中枪的日子！而且没有可以发泄的对象：枪是好枪，子弹是自己装的。

我得再试试，也许，在湖上能碰上运气。

我又走上了林间通道,沿着这条道走不多远,大约半公里,就到湖边了。心情坏透了。这时两条狗又不知去了哪儿,怎么叫也没有回应。

随它们去吧!我独自走。

鲍埃不知从哪儿冒了出来。

“你去哪儿了?你怎么想的?你以为自己是猎人,我呢,只是你的帮手,就是个开开枪的?既然这样,那把枪给你,也许你自己会开枪!怎么?不会?那你趴下干吗,还把爪子向上伸?你想请求原谅!那得听话。一般说来西班牙狗傻里傻气。会伺伏的猎狗就不同了。”

要是野禽从拉达的伺伏中飞出来,事情就简单了,我也就一次也不会落空了。野禽就跟被绳子拴住似的。你想想,要命中是多么容易!

不过前方在一根根树干后面已经隐隐约约现出了明晃晃的小湖。新的希望又充满了行猎人的心。

岸边是芦苇丛。鲍埃已经扑通一声跳入水中,一面泅水,一面晃动着高高的绿色芦苇。

嘎的一声响,马上从芦苇丛里飞起一只嘎嘎叫的鸭子。

我的枪声在小湖中央的上空追上了它。鸭子马上耷拉下了它的长脖子,在水里拍打起阵阵水花。它肚子朝天躺在水面上,两只红红的爪子在空中抽搐地划动。

鲍埃的脑袋正向它游去。眼看着猎狗张大了嘴巴,想一口咬住鸭子,但是那家伙突然钻到水下不见了。

鲍埃弄不懂了:鸭子去了哪儿啦?它在原地转来转去,可鸭子还是没露面。

突然狗头钻进水里不见了。怎么回事?它被什么挂住了?沉到水底了?怎么办?

鸭子露出了水面，慢慢地向岸边游去。它游的样子很怪：侧着身子，而头却在水下面。

原来是鲍埃带着它呢！鸭子后面同样见不到狗的脑袋。真了不起：它潜到了水下，从水下把鸭子捡来了！

“干得不错。”传来了塞索伊·塞索伊奇的声音。他从后面不知不觉地走了过来。

鲍埃已经游到一个草墩边，爬了上去，把鸭子放下，然后抖落身上的水。

“鲍埃，怎么不害臊！马上捡起鸭子，拿到这儿来。”

多么不听话的东西！它对我的吆喝根本不当回事！

不知从哪儿冒出了吉姆。它游到了草墩边，气呼呼地对儿子叫了一声，叼起鸭子，带到了我身边。

它把身上的水抖落后就奔进了灌木丛——真叫人惊喜！——它从那里带回了被打死的黑琴鸡。

现在明白这么长时间这老伙计去了哪儿了：它在林子里到处搜寻，可能根据踪迹追上了被我打伤的黑琴鸡，跟随我拖着它走了半公里。

我在塞索伊·塞索伊奇面前多么为它们骄傲啊！

忠诚的老猎狗！你诚实而尽心尽力地听从了我十一年。难

道这是你跟随我出猎的最后一个夏天？要知道狗的寿命是很短的。我还能找到另一个这样的朋友吗？

在篝火边喝茶时这些想法出现在我的脑海里。小个儿的塞索伊·塞索伊奇务实地把野味挂在桦树枝条上：两只年轻的黑琴鸡，两只沉甸甸的年轻松鸡。

三条猎狗坐在我的旁边，贪婪地用眼睛注视着我的所有动作：它们会得到一小块儿吗？

当然会得到：它们三个都干得很出色。这三条狗都是好样的。

已是中午时分。天空显得高远，一派蔚蓝。头顶上方依稀传来山杨树叶瑟瑟抖动的声音。

太惬意了！

塞索伊·塞索伊奇坐下来，悠闲地卷着烟卷儿。他陷入了沉思。

看来现在我还会听到他讲述自己狩猎生涯中又一次有趣的经历，那可太好了。

在整窝整窝的野禽长大的时候打猎，现在正当其时。为了猎取谨小慎微的鸟儿，猎人什么狡猾的诡计没有施过呀！不过如果他不事先了解野禽的生活和习性的话，诡计也未必有用。

猎 野 鸭

猎人们早就发现，当年轻的野鸭能飞起来的时候，它们就整窝整窝集在一起，成群结队地在一昼夜从一个地方到另一个地方作两次迁徙。白天它们钻进芦苇荡里睡觉和休息。等太阳一下山，它们就从芦苇荡里飞起来，踏上征途。

一个猎人已经守候着了。他知道它们将往田野上飞，所以在等候着它们。他站在岸上，躲在树丛里，面朝水面，对着日落的方向。

在太阳落下的地方，天际燃烧着一条宽广的光带。明亮的光带映衬出一群群野鸭黑魆魆的轮廓。它们直接向猎人的方向飞来。他很方便瞄准。不止一只鸭子从鸭群中被他突然发自树丛里的枪弹击落。

他射击到天全黑下来。

夜里野鸭在种粮食的地里觅食。

清晨它们又飞回芦苇荡。

一个看不见的猎人在它们返程的路上等待着。他现在背对水面站着，面朝东方。

鸭群正好又撞在了猎人的枪口上。

助 手

一整窝黑琴鸡在林间空地上觅食。它们和森林的边缘靠得比较近,以便万一有什么情况可以飞进救命的森林。

它们在啄食浆果。

一只小黑琴鸡听见了草丛里窸窸窣窣的脚步声。它抬起头,看到草丛上方悬着一张可怕的兽脸。肥厚的嘴唇耷拉着,在瑟瑟抖动。贪婪的双眼紧盯着匍匐在地的小黑琴鸡。

小黑琴鸡缩成软绵绵的一团。双方眼睛对着眼睛,等待着下一步会怎么样。只要野兽稍有动弹,小黑琴鸡就会张开强劲的翅膀,把身子闪到一边——你到空中去抓它吧。

时间一秒秒地慢慢过去。野兽的嘴脸依然悬在缩成一团的小黑琴鸡上方。鸟儿不敢起飞。野兽也不敢动弹。

突然传来一声命令:

"向前去!"

野兽冲了过去。小黑琴鸡啪啪啪地飞了起来,箭一般向救命的森林里飞去。

林子里传来一声轰鸣,一道火光,一阵烟雾。小黑琴鸡一个跟头坠向地面。

猎人捡起它,又派遣猎狗继续前进:

"悄悄地走!再去找,拉达,再去找……"

在山杨林里

高高的云杉林里一片昏暗。

万籁无声。

太阳才刚刚下山。猎人在默默无声、挺拔的树干之间款款而行。

前方响起了沙沙声,犹如一阵骤然而起的风吹动了树木的枝叶:那里的前方是一片山杨树林。

猎人停住了脚步。

静悄悄一片。

这时响起了滴滴答答的声音,仿佛稀疏和硕大的雨点打在树叶上。

滴,滴,答,答,答……

猎人悄无声息地向前走去。现在离山杨林已经很近了。

滴,答,答,答……接着不响了。

树叶过于茂密,什么也看不清。

猎人停步下来,不再走动。

看谁更有耐心:是待在山杨林里的那一位,还是持枪躲在下面的这一位?

久久没有出声。一片静寂。

过了一会儿又开始了:

答,答,滴……

啊哈,你终于供出自己啦!

一个黑乎乎的东西停在树枝上,用喙在啄下山杨树细细的叶柄。

猎人仔细地瞄准。于是疏于防范的年轻松鸡像一个沉重的土块飞速地向下坠落。

这是一场诚实的游戏。隐藏的是鸟儿,悄悄逼近的是猎人。

是谁发现在先?

是谁的耐心更坚定?

是谁的眼睛更锐利?

下面就是答案：

不诚实的游戏

一个猎人走在稠密的云杉林中，一条小道上。

“普尔，普尔尔尔，普尔尔尔！”

就在他脚边飞了出来——八只、十只——整整一窝花尾榛鸡。

他还来不及举枪，鸟儿已经各自飞进了稠密的云杉树的叶丛里。

最好不存努力的打算，也别想看清楚它们都在哪里停栖：就是看直了眼，你还是看不见。

猎人在紧靠小道的一棵云杉后面躲了起来。

他掏出一根小木笛，用气把它吹通了，坐到树墩上，扳动扳机。接着把小木笛凑到嘴边。

游戏开场了。

年轻的榛鸡躲了起来，停得稳稳的。只要母亲不发来“可以出来”的信号，它们就会纹丝不动，连抖也不会抖一下。每一只鸟都停在各自的树枝上。

“比——依——依克！比——依——依克！比克——特尔尔尔！比亚季，比亚季，比亚季捷捷列维！①”

这就是信号：可以出来……

“比——依——依克，特尔尔尔尔尔！……”

是母亲满怀信心的召唤：

---

① 这是模拟鸟叫声，“比亚季捷捷列维”正好是俄语中“五只花尾榛鸡”的意思，这只是作者对声音的联想，就如中国古代诗歌中把杜鹃的啼声模拟为“不如归去”一样。

“可以了,可以了,飞到这儿。”

一只小榛鸡静悄悄地从树上溜到了地面。它在听母亲的声音在哪里。

“比——依——依克,特尔尔尔尔,特尔尔尔——在这儿呢,过来吧,过来吧!”

小榛鸡跑出来上了小道。

“比——依——依克,特尔尔尔!”

这就是母亲所在的地方:在一棵云杉后面,那儿有个树墩。

小榛鸡拼命在小道上奔跑——向着猎人直奔而来。

一声枪响——猎人又拿起了小木笛。

小木笛的哨音酷似母鸟轻细的呼唤:

“比克——比克——比克——特尔尔尔!比亚季,比亚季,比亚季捷捷列维!”

于是又一只受骗上当的小榛鸡乖乖地迎面奔向死亡。

森 林 报

候鸟辞乡月

No.7

（秋一月）

九月二十一日至十月二十日　　太阳进入天秤座

第七期目录

一年——分十二个月谱写的太阳诗章

九月里愁云惨淡，生灵哀号。伴随着呼啸的秋风，天空中开始越来越多地出现阴霾。秋季的第一个月已来到跟前。

秋季和春季一样，有着自己的工作进程，不过一切程序都反了过来。秋临大地是在空中初露端倪的。在头顶的高空树叶开始渐渐地变黄、变红、变褐色。树叶一旦缺少阳光，便开始枯萎，很快就失去了绿油油的色彩。枝头长着叶柄的地方开始出现枯萎的痕迹。即使在完全静止无风的日子里，也会蓦然有树叶坠落——这儿落下一片发黄的桦叶，那儿落下一片发红的山杨叶，轻盈地在空中飘摇下坠，在地面上无声无息地滑过。

你清晨醒来的时候会首次发现草上的雾凇，你得在自己的日记里记下："秋季开始了。"从这一天起，确切地说是从这天夜里起，因为初寒往往总在凌晨降临，树叶会越来越频繁地从枝头脱落，直至寒风骤起，刮尽残叶，脱去森林艳丽的夏装。

雨燕失去了踪影。燕子和在我们这儿度夏的其他候鸟都群集在一起，显然是要趁着夜色踏上遥遥征途。空中正在变得冷冷清清。水也正在冷却下去：再也不能激起游泳的兴致……

突然间，仿佛在记忆里的美丽夏日似的，天气晴朗了：白天变得和煦、明媚、安宁。宁谧的空中飞舞着一条条银光闪闪的长长蛛丝……田野上新鲜的嫩绿庄稼泛出了欣喜的光泽。

“遇上小阳春了。”村里人怀着浓浓爱意望着生气勃勃的秋苗,笑盈盈地说道。

林中万物正在为度过漫长的寒冬做准备,一切未来的生命都稳稳当当地躲藏起来,暖暖和和地包裹起来,与其有关的一切操劳在来年春回之前都已停止。

只有母兔不知消停,依然不甘心夏季就这么完了。它们又生下了小兔崽儿！生下的是秋兔。出现了伞柄细细的蜜环菌。夏季结束了。

候鸟辞乡月已然来临。

如同在春季一样,来自林区的电讯又纷纷传到本报编辑部:每时每刻都有新闻,每日每夜都有事件报道。又如在候鸟返乡月一样,鸟类开始长途跋涉,这回是由北向南。

秋季就这样开始了。

首份林区来电

穿着靓丽多彩衣装的所有鸣禽都消失了。它们是怎么踏上征程的,我们没有看见,因为它们是夜间飞走的。

许多鸟宁愿在夜间飞行,因为这样比较安全。那些从林子里出来、在它们飞经的路上守候的隼、鹞鹰和其他猛禽在黑暗中不会去招惹它们。而候鸟在黑夜里能找到通往南方的路径。

在遥遥海途上出现了成群结队的水鸟:鸭子、潜鸭、大雁、鹬。长翅膀的旅行者仍然在春季逗留过的地方小作停留。

森林里的树叶正在变黄。一只雌兔又生下了六只小兔崽儿。这是今年它生下的最后一胎小兔崽儿——秋兔。

在海湾长满水藻的岸滩上不知是谁留下了一个个十字形印记。整个藻滩上布满一个个小十字和小点儿。我们在海湾的岸上给自己搭了一个小窝棚,我们想窥探个究竟,是谁在淘气。

告别的歌声

白桦树上树叶已明显地稀疏起来。早已被窝主抛弃的椋鸟窝孤零零地在光秃的枝干上摇晃。

怎么回事？——突然有两只椋鸟飞了过来。雌鸟溜进了窝里，在窝里煞有介事地忙活着。雄鸟停在一根树枝上，停了一会儿，在四下里东张西望……接着唱起了歌。不过它轻轻地唱着，似乎是在自娱自乐。

终于它唱完了。雌鸟飞出了椋鸟窝——得赶紧回到自己的群体中去。雄鸟跟着它也飞走了。该离开了，该离开了，不是今天走，而是明天要踏上万里征途。

它们是来和夏天在此养育儿女的小屋告别的。

它们不会忘记这间小屋，到春季还会入住其间。

摘自少年自然界研究者的日记

晶莹清澈的黎明

九月十五日。一个晴朗和煦的秋日。和往常一样，我一大早就跑进花园去。

我出屋一望，天空高远深邃，清澈明净，空气中略带寒意，在树木、灌木丛和草丛之间挂满了亮晶晶的蜘蛛网。这些由极细的蛛丝织成的网上缀满了小小的玻璃珠似的露珠。每一张网的中央蹲着一只蜘蛛。

有一只蜘蛛把自己银光闪闪的网张在了两棵小云杉树的枝叶之间。由于网上缀满了冰凉的露珠，它看上去仿佛是由水晶织成的，似乎你只要轻轻一碰，它就会叮叮当当响起来。那只蜘蛛自己则蜷缩成一个小球,屏息凝神,纹丝不动。还没有苍蝇在这里飞来飞去,所以它正在睡觉。或许它真的僵住了,冻得快死了?

我用小拇指小心翼翼地触了它一下。

蜘蛛毫无反抗,仿佛一颗没有生命的小石子,掉落到地上。但是在地面上,草丛下,我看到它立马跳起来站住了,跑着躲了起来。

善于伪装的小东西!

令人感兴趣的是:它会不会回到自己的网上去?它会找到这张网吗?或许它会着手重新织一张这样的网?要知道多少劳动白费了,它又得一前一后来回奔跑,把结头固定住,再织出一个个的圈。这里面有多少技巧!

一颗露珠在细细的草叶尖儿上瑟瑟颤动,犹如长长睫毛上的一滴眼泪,折射出一个个闪亮的光点。于是一种愉悦之情也在这光点中油然而生了。

最后的洋甘菊花在路边依然低垂着由花瓣组成的白色衣裙,正在等待太阳出来给它们取暖。

在微带寒意、清洁明净又似乎松脆易碎的空气里,万物是那么赏心悦目,盛装浓抹,充满节日气氛:无论是多彩的树叶,还是由于露珠和蛛网而银光闪闪的草丛,还有那蓝蓝的溪流,那样的蓝色在夏季是永远看不到的。我能发现的最难看的东西是:湿漉漉地粘在一起、一半已经破残的蒲公英花,毛茸茸、暗淡无光灰不溜秋的夜蛾子,它的小脑袋也许有点儿像鸟喙,茸毛剥落得光溜溜的,都能见到肉了。而在夏天蒲公英花是多么丰满,头上张着数以千计的小降落伞!夜蛾也是毛茸茸的,小脑袋既平整又干燥!

我怜悯它们,让夜蛾停在蒲公英花上,久久地把它们捧在掌心里，凑到已经升起在森林上空的太阳下。于是它们俩——冷冰冰、湿漉漉、奄奄一息的花朵和蛾子，稍稍恢复了一点生气：蒲公英头上粘在一起的灰色小伞晒干了，变白，变轻，挺了起来；夜蛾的翅膀从内部燃起了生命之火，变得毛茸茸的，呈现出了蓝蓝的烟色。可怜、难看而残疾的小东西也变好看了。

森林附近的某一个地方，一只黑琴鸡开始压低了声音喃喃自语起来。

我向一丛灌木走去，想从树丛后面隐蔽地靠近它，看看它在秋季怎么轻声轻气地自言自语和啾啾啼叫的，因为我想起了春季里它们的表演。

我刚走到灌木丛前，它这只黑不溜秋的东西马上就“呋尔”一声飞走了，几乎是从我脚底下飞出的，而且声音大得很，我甚至打了个战。

原来它就停在这儿，我的身边。而我却觉得那声音很远。

这时远方号角般的鹤唳声传到了我的耳边：人字形的鹤阵，正飞经森林上空。

它们正远离我们而去……

驻林地记者：维丽卡

林间纪事

泅水远行

草地上濒死的野草低低地垂向地面。

著名的竞走健将长脚秧鸡已经踏上遥远的旅程。

在万里海途上出现了潜鸟。它们潜入水下捕食鱼类。它们不大振翅飞翔，而是一路游啊游。它们在泅水中越过湖泊和水湾。

它们甚至不需要像鸭子那样为了使自己的身体一下子沉入水下，先飞离水面，提升一点高度。它们的身体结构使它们只要把头一低，用力划动带蹼的脚掌，就已经潜入水下深处了。在水下潜鸟觉得自己就像在家里一样。在那里任何一只猛禽都不会加害于它们。它们游泳的速度甚至能赶上鱼类。

如果飞行，它们要远远落后于疾飞的猛禽。它们干吗要让自己冒险去飞行呢？只要可以，它们就泅水走完自己的漫漫旅途。

林中巨兽的格斗

在晚霞升起的时候森林里传出了低沉而短促的吼声。从密林里走出两头林中巨兽——硕大无朋、头上长角的公驼鹿。它们用仿佛发自肺腑的低吼向对手挑战。

斗士们在林间空地上会合。它们用蹄子刨地,虎视眈眈地晃动着沉重的双角。它们两眼充血,低下长角的脑袋,彼此冲向对方,将两对角相互碰撞、钩挂,发出脆响和隆隆的撞击声。它们把巨大身躯的全部重量都压过去,力图扭转对手的脖子。

彼此退开,又重新投入战斗,曲颈把脑袋低低地垂向地面,又前蹄凌空立起来,用双角对打。

森林里一直响着沉重的双角敲击和碰撞的声音。难怪公驼鹿被称为枝形角兽,因为它的角既宽又大,样子像树杈。

常会有战败的对手从战场仓皇溃逃。也常会有对手在可怕双角致命的打击下折断了脖子而倒地,渐渐把血流干。胜利者

会用尖利的蹄子将对手踩踏致死。

于是强劲的吼声再度响彻森林。枝形角兽吹响了胜利的号角。

在密林深处不长角的母驼鹿正在等它。胜利者成了这些地盘上的一方之主。

它不允许任何一头别的公驼鹿进入它的领地。连年轻的公驼鹿它也不能容忍,要将它们赶走。

周围很远的地方都响彻它那威严低沉的吼声。

最后的浆果

沼泽地上蔓越莓成熟了。它长在一个个泥炭土墩上,浆果直接在苔藓上搁着。这些浆果老远就能看见,可就是它长在什么上面,却看不出。你只要就近观察一番,就会发现在苔藓垫子上伸展着像线一样细细的茎。茎的两边长着小小硬硬、发亮的叶子。

这就是完整的一棵小灌木。

H.帕甫洛娃

原路返回

每个白天,每个夜晚,都有飞行的旅客上路。它们从容不迫、不露声色,途中作长时间的停留,这和春季时不一样。看来它们并不愿意辞别故乡。

返程迁徙的次序是这样的:现在是光鲜多彩的鸟儿首先起飞,最后上路的是春季最早飞来的鸟儿:苍头燕雀、云雀、海鸥。许多鸟都是年轻的飞在前面。苍头燕雀雌鸟比雄鸟早飞。谁体力好,有忍耐性,谁耽搁的时间越长。

大部分候鸟直接飞往南方——到法国、意大利、西班牙、地中海、非洲。有一些飞往东方:经过乌拉尔、西伯利亚,到达印度。数千公里的路程在它们的下面一闪而过。

等待助手

乔木、灌木和草本植物都在急急忙忙地安置自己的后代。

枫树的枝条上挂着一对对翅果。它们已经彼此分离,只待风儿把它们摘下并吹走。

盼望着风儿的还有草本植物:大蓟,在它高高的茎秆上,从干燥的小兜里伸出一束束蓬勃的淡灰色丝状小毛;香蒲,它把茎伸到沼泽里其他野草上方,茎上长着裹在棕色外衣中的梢头;山柳菊,它那毛茸茸的小球在晴朗的日子只要有些许微风随时都可飘扬四方。

还有许多别的草本植物,它们的果实上附有或短或长,或简单或羽状的小毛。

在收割一空的田野上,在道路和沟渠的两旁,下列植物盼望的已不是风儿,而是四脚或两脚的动物:牛蒡,它拥有带小钩的干枯篮状花序,里面塞满了有棱有角的种子;鬼针草,它有黑色的带三个角的果实,那些果实非常喜欢扎到袜子上;善于扎住东西的拉拉藤,它那圆形的小果实会牢牢地粘住或卷进衣服里,要摘下它只能连带拉下一小绺衣服上的绒毛。

H.帕甫洛娃

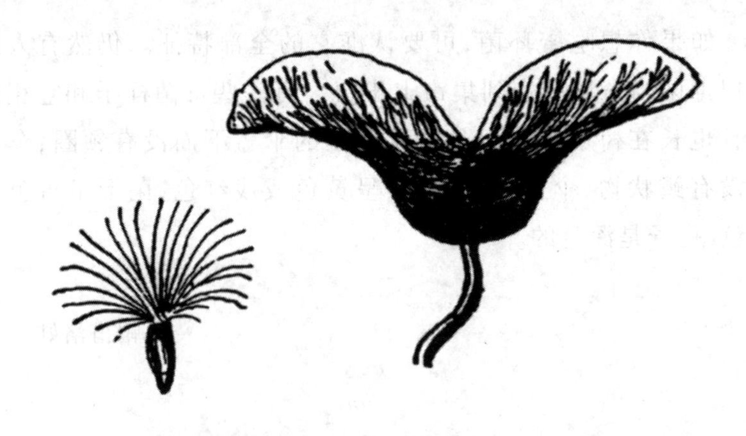

秋季的蘑菇

现在森林里是一副愁眉苦脸的样子，光秃秃一片，充满湿气，散发出腐叶的气息。有一样叫人高兴的东西：蜜环菌，看着它都觉得开心。它们一丛丛地长在树墩上，树干上，散布在地面上，仿佛一个个离群的个体独自在这里踟蹰徘徊。

看着开心，采摘也愉快。不消几分钟就能采满一小篮。要知道你采的都是伞盖，而且是挑选过的。

小的蜜环菌很好看，它的伞盖还很紧地收着，就如婴孩的帽子，下面是白白的小围巾。随后它会松开，成为真正的伞盖，而小围巾则成了领子。

整个伞盖是由毛边的鳞状物组成的。它是什么颜色呢？这一点不容易说确切，不过是一种悦目的、静谧的浅褐色。嫩菌伞盖下面的菌褶仍然是白的，老了以后几乎呈淡黄色。

可是你们是否发现，当老菌的伞盖罩住嫩菌时，它上面仿佛撒满了粉末？你会认为上面长出了霉点。但是你想起来了："这是孢子！"这是从老的伞盖下面撒出来的。

如果你想吃蜜环菌,可要认准它的全部特征。仍然有人经常把毒菌当蜜环菌带到集市上出售。有一些毒菌样子和它相似而且也长在树墩上。但是所有毒菌的伞盖下面没有领圈,伞盖上没有鳞状物,伞盖颜色鲜艳,呈黄色或浅红色,菌褶呈黄色或绿色,孢子是深色的。

H.帕甫洛娃

第二份林区来电

（本报特派记者电）

我们已经探明是什么动物在海湾岸滩藻地上留下了十字形花纹和小点。

原来是鹬的杰作。

在水藻丛生的海湾有它们可以美餐的许多小菜馆。它们在此逗留歇脚，果腹充饥。它们在松软的水藻上迈开自己的长腿，留下三个脚趾分得很开的爪痕。而小圆点则留在它们把长长的喙戳进水藻里的地方，这样做是为了从中拖出某样活物供自己当早餐。

我们捉了一只整个夏季都住在我家屋顶上的鹳，在它脚上套了一个轻金属（铝制）脚环。在环上打着这样的文字：莫斯科，鸟类学委员会，A 型 195 号。然后我们把鹳放了。让它戴着脚环飞行吧。如果有人在它的越冬地捉到它，我们就能从报上得知我们的鹳过冬的住处在何方。

林中的树叶已完全变色，开始坠落。

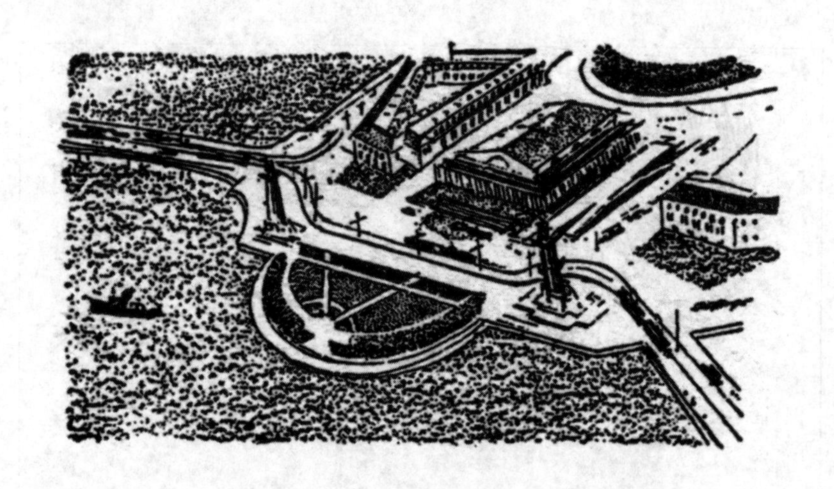

都市新闻

胆大妄为的攻击

在列宁格勒，以撒教堂①广场，光天化日之下，就在行人的眼前发生了一起胆大妄为的攻击事件。

一群鸽子从广场上飞起来。这时从以撒教堂的圆顶上飞下一只硕大的游隼，击中了处在边缘上的一只鸽子。鸽毛开始在空中飞舞。

行人们看见大惊失色的鸽群躲到了一幢大房子的屋檐下，

① 如按俄文字面音译，是“伊萨基耶夫斯基教堂”，该教堂的命名与《圣经》中的人名“以撒”有关。故本文译作“以撒教堂”。

游隼则用利爪抓着死去的猎物，艰难地飞上教堂的圆顶。

巨大的隼迁徙的路线经过我们城市的上空。飞行的猛禽喜欢在教堂圆顶或钟楼上实施它们的强盗行径，因为这里便于它们看清猎物。

夜晚的惊吓

在城郊几乎每天夜里都有使人惶恐不安的事发生。

人们一听到院子里的喧闹声就迅速起床，把头探到窗外。怎么回事，发生什么事了？

楼下院子里传来很响的禽鸟扑打翅膀的声音，鹅啧啧地叫着，鸭子也嘎嘎叫个不停。该不是黄鼠狼攻击它们了？还是狐狸钻进了院子？

可是在房子都是砖石砌成的城市里，安装着铸铁大门的房屋里，哪来狐狸和黄鼠狼呢？

主人仔细检查了院落、禽舍。一切正常。什么野兽也没有，也没有什么东西能通过坚固的锁和门闩。准是那些家禽做了噩梦。你看现在它们不是安静下来了吗。

人们躺回床上，又安心地入睡了。

但是一小时以后又响起了喷喷声和嘎嘎声。一片惊慌，一片恐惧。究竟是怎么回事？那里又出什么事了？

你打开窗，躲起来听着。在黑暗的天空，星星闪烁着金色的光点。四周万籁俱寂。

然而就在这时，似乎有一个捉摸不定的影子在高空滑过，依次遮蔽着天空金色的灯火。听得见时断时续轻轻的哨音。从高高的夜空里隐隐约约传来一种叫声。

家养的鸭和鹅顿时苏醒过来。这些禽类似乎早已忘却了自由，现在有一种朦胧的冲动使它们振翅鼓动起空气来。它们稍稍踮起脚掌，伸长了脖子，悲伤而忧郁地叫着，叫着。

它们自由的野生姊妹们在漆黑的高空用呼唤对它们作出应答。在砖石房屋的上空，在铁皮屋顶的上空，那些飞行中的旅行者正一群接一群地鱼贯而过。夜空传来的便是野鹅[1]和黑雁从喉部发出的彼此呼应声。

"喷！喷！走咯，走咯！离开寒冷，离开饥饿！走咯，走咯！"

候鸟嘹亮的叫声在远方消失了，但是在砖石房屋的院落深处，早已失去飞行习惯的家鹅和家鸭却乱了方寸。

---

① 即大雁。

第三份林区来电

（本报特派记者）

凛冽的朝寒已经降临。

有些灌木丛的叶子已经落尽，仿佛被刀割了一般。雨水使树叶从树上纷纷下落。

蝴蝶、苍蝇、甲虫都已各自藏身。

候鸟中的鸣禽匆匆穿过小树林和幼林，因为它们已经食不果腹。

只有鸫鸟没有抱怨吃不饱肚子。它们正成群结队地扑向花楸树成熟的一串串果实。

在落尽树叶的森林里寒风正在呼啸。树木进入了深沉的睡梦。林中再也听不到如歌的鸟语。

仓　鼠*

我们在挖土豆，突然在我们劳动的地方，什么东西呜呜叫了起来。后来狗跑过来，就在这块地旁边坐了下来，开始东闻西嗅，而这小兽还在呜呜叫个不停。于是狗开始用爪子刨地。它一面刨一面不断汪汪地叫，因为那东西一直在对它呜呜叫。狗刨出了一个小土坑，这时勉强能见到这小兽的头部。接着狗刨出的坑很大了，便把小东西拖了出来，但是这个小兽把狗咬了一口。狗把它从自己身上抛了出去，拼命汪汪叫。这只小兽大小和一只小猫差不多，毛色灰中带黄、带黑、带白。我们这儿称它为黄鼠(仓鼠)。

驻林地记者：巴拉绍娃·马丽亚

连蘑菇都忘了采*

在九月里我和同学们到森林里采蘑菇。我在那里惊起了四只花尾榛鸡。它们一身灰色，长着短短的脖子。

接着我见到一条被打死的蛇。它已经风干了，挂在树墩上。树墩上有个小洞，从那里传出嗞嗞的声音。我想这儿是蛇窝,就从这可怕的地方跑开了。

后来当我走近沼泽时,我见到了有生以来从未见过的情景:七只鹤从沼泽里飞上了天,仿佛七只绵羊。以往我只在学校的海报上见到过它们。

伙伴们都采了满满的一篮蘑菇,我却一直在林子里东奔西跑:到处都有小鸟,传出各种叫声。

在我们走回家时,一只灰色的兔子奔跑着从路上横穿过去,只见它的脖子是白的,一条后腿也是白的。

我从一旁绕过了有蛇窝的那个树墩。我们还见到了许多大雁:它们飞过我们村的上空,发出嘹亮的叫声。

驻林地记者:别兹苗内依

喜 鹊*

春天的时候村里的几个小孩捣毁了一个喜鹊窝,我向他们买了一只小喜鹊。在一昼夜时间里,它很快就被驯服了,第二天它已经直接从我手里吃食和饮水了。我们给它起了个名字:魔法师。它已听惯了这个称呼,一听到它就会回应。

长出翅膀后,它喜欢飞到门上面停着。门对面的厨房里我们有一张带抽屉的桌子,抽屉里总放着一些吃的东西。往往只要你一拉开抽屉,喜鹊立马就从门上飞进抽屉,开始快速地吃里面的东西。如果你要把它挪开,它就嘁嘁叫,不愿意离开。

我去取水时对它一声喊:

“魔法师,跟我走!”

它就停到我肩膀上,跟我走了。

我们准备喝茶了——喜鹊先来个喧宾夺主:啄一块糖,一块小面包，要不就把爪子直接伸进热牛奶里去。

不过最可笑的事常发生在我去菜园里给胡萝卜除草的时候。

魔法师就停在那里的菜垄上，看我怎么做。接着它也开始从地上拔东西，像我一样把拔出的东西放作一堆：它在帮我除草呢！

但是这位助手却良莠不分——它把什么都一起拔了，无论杂草还是胡萝卜。

驻林地记者：维拉·米海耶娃

躲藏起来……

天气越来越冷了。

美好的夏季已经消逝……

血液在渐渐冷却，行动越来越软弱无力，昏昏欲睡的状态占了上风。

长着尾巴的北螈整个夏天都住在池塘里，一次也没有爬离过它。现在它爬上了岸，在森林里到处游荡。它找到了一个腐烂的树墩，钻进了树皮里，在那里把身体蜷缩成一团。

青蛙则相反，从岸上跳进了池塘。它们潜到水底，深深地钻进了水藻和淤泥里。蛇、蜥蜴躲到靠近树根的地方，钻进温暖的苔藓里。鱼儿聚集在水下深深的坑里。

蝴蝶、苍蝇、蚊子、甲虫钻进了小洞、树皮的小孔、墙缝和篱笆缝里。蚂蚁把自己有着成百门户的高高城堡的门以及所有出入口统统堵了起来。它们钻进了城堡的最深处，紧紧聚作一堆，就这么静止不动了。

它们面临着忍饥挨饿的日子。

对于热血动物——兽类和鸟类来说，寒冷并不那么可怕，因为只要有食物，吃一点儿下去，就像炉子生了火。而冷血动物就只能忍饥挨饿了。

蝴蝶、苍蝇、蚊子都躲藏起来了，所以蝙蝠就没有了聊以充饥的东西。它们藏身于树洞、岩洞、山崖的裂缝、屋顶下的阁楼间里。它们用后腿的爪子随便抓住什么东西，头朝下把身体倒挂起来。它们用翼像雨衣一样把身体盖住，就入睡了。

青蛙、蛤蟆、蜥蜴、蛇、蜗牛都隐藏起来了。刺猬躲进了树根下自己的草窝里。獾很少走出自己的洞穴。

鸟类飞往越冬地

自天空俯瞰秋色

真想从高空俯瞰我们辽阔无际的国家。在清秋时节,乘坐平流层气球升到高空,俯瞰耸立的森林,俯瞰飘移的白云——离地大约有三十公里吧。尽管我们国土的疆垠你依然无法见到,然而你放眼望去,目光所及,大地竟是如此广袤。当然这得在天空晴朗、浮云不遮望眼的天气。

在如此的高空鸟瞰下方,你会觉得我们整块大地似乎都在运动:森林、草原、山岭、海洋……的上空有东西在动。

这是鸟类。是难以计数的鸟群。

我们的候鸟去国离乡,飞上了去往越冬地的航程。

当然有些鸟儿依然留在了原地:麻雀、鸽子、寒鸦、红腹灰雀、黄雀、山雀、啄木鸟和别的小鸟。留下来的还有除雌鹌鹑以外的所有母野鸡。还有苍鹰、大猫头鹰。不过这些猛禽在我们这儿到冬季便无事可做,因为大部分鸟类仍然离开我们飞往越冬地了。飞迁是从夏末开始的:最先飞走的是春季来得最晚的那些鸟儿。鸟类的飞迁长达整个秋季,直至河水封冻。最后飞离我们的是春季最先出现的鸟儿：白嘴鸦、云雀、椋鸟、野鸭、鸥鸟……

各有去处

你们是否以为从气球上望去，在通向越冬地的路上布满了自北而南飞行的如潮鸟群？才不呢！

不同种类的鸟在不同的时间飞离，大部分在夜间飞行，因为这样比较安全。而且远非所有的鸟都自北而南飞往越冬地。有些鸟在秋季是自东向西飞的。另一些则相反——自西向东。我们这儿还有那样一些鸟，它们竟直接飞往北方越冬！

我们的特派记者用无线电报、无线电邮——通过无线电——告诉我们哪些鸟飞往何处，那些展翅远飞的跋涉者一路上有何感受。

自西向东飞

“切——依！切——依！切——依！”红色的朱雀成群结队地这样彼此呼应。还在八月份它们就开始了自己从波罗的海沿岸，从列宁格勒州和诺夫哥罗德州出发的旅程。它们走得从从容容，因为到处都有充足的食物，干吗要急着赶路？况且又不是回老家去筑巢孵小鸟。

我们曾看见它们飞经伏尔加河，越过不高的乌拉尔山脊，现在又见它们来到西西伯利亚的草原——巴拉巴。它们日复一日地一直向东，向东——向着太阳升起的方向前进。它们从一座树林飞向另一座树林，因为整个巴拉巴草原长满了一座座小桦树林。

它们竭力在夜间飞行,白昼则休息和觅食。尽管它们成群结队地飞行,而且雀群中每只鸟都十分留神地在注视,以免遭遇不测,仍然会有不幸事件发生:它们没能守护好自己,这只或那只鸟儿落入了鹰爪。在西伯利亚,鹰类非常多:苍鹰、燕隼、灰背隼等等。它们是高速飞翔的能手,可厉害呢!在小鸟从一座小林向另一座小林飞行的时候,有多少只就被抓走了!夜间还是比较好些,因为猫头鹰不多。

在西伯利亚朱雀群的路线转了个向:越过阿尔泰山,越过蒙古沙漠,飞往炎热的印度——在艰辛的旅途上它们这些小鸟又有多少会命丧黄泉!在那里它们停下来过冬。

Φ-197357号脚环的小故事

一只小小的鸥鸟——北极燕鸥脚上的Φ-197357号轻金属脚环是我们俄罗斯的一位年轻学者给戴上的。这件事发生在1955年7月5日,北极圈外白海上的坎达拉克沙自然保护区。

这一年的七月底,当小鸟儿刚刚会飞,北极的燕鸥便聚集成群,起程登上冬季的旅途。它们先向北飞——飞向白海的海口,接着向西——沿科拉半岛的北海岸,然后转向南方——沿着挪威、英国、葡萄牙、整个非洲的海岸一路飞行。绕过好望角后,它们就飞到了东方:从大西洋进入了印度洋。

1965年5月16日,在弗里曼特尔市附近的澳洲西海岸——离坎达拉克沙自然保护区直线距离两万四千多公里的地方,戴着Φ-197357号脚环的年轻北极燕鸥被一位澳大利亚学者捕获了。

它那戴脚环的标本现在收藏在澳大利亚珀斯市动物博物馆。

自东向西飞

每年夏季，有如乌云一般的一群群野鸭和似白云一般的整群整群鸥鸟在奥涅加湖上繁殖。秋季正在临近，于是这些乌云和白云便飞向了西方——太阳下山的地方。针尾鸭群和海鸥群动身向越冬地进发了。让我们乘飞机跟随它们吧。

您听到尖利的哨音吗？随之而起的是拍水声，翅膀扇动声，野鸭绝望的嘎嘎叫声和海鸥的鸣叫声！……

这是针尾鸭和鸥鸟刚想在一个林间小湖上安顿休息，而也是候鸟的游隼追上了它们。仿佛一根长长的牧人的鞭子随着一声呼啸划过长空，它在一只飞到空中的针尾鸭的背部上方飞掠而过，用它那犹如弯曲的小刀似的后趾的利爪划破了鸭子的脊背。受伤的鸟儿长长的脖子像绳子一样垂挂下来，还未等它落入湖中，游隼就骤然转过身来，在紧贴水面的上方用爪子一把将它抓住，用钢铁般的利喙对它的后脑致命地一击，就把它带走作为自己的美餐了。

这只游隼是鸭群的灾星。它与鸭群一起从奥涅加湖上起程，又和鸭群一起经过列宁格勒、芬兰湾、立陶宛……在吃饱的时候，它就停在某一个山崖上或一棵树上，若无其事地看着鸥鸟在水面上方飞翔，野鸭一头扎进水里。它看着它们从水面上飞起来，聚成一堆或排成长长的鸟阵，向着太阳像一颗黄色的圆球落进波罗的海灰暗水中的方向，继续自己西行的征途。但是只要游隼一感觉到饥饿，它便迅捷地追上自己的鸟群，从中为自己抓出一只鸭子来吃。

它将会这样追随它们，沿着波罗的海、北海、德国海的海岸线一直飞下去，追随它们飞经不列颠群岛——也许直至这些岛屿的岸边，这只会飞的狼才会最终脱离这些飞鸟。在这里我们的鸭群和鸥群将留下来过冬，而它，如果愿意，就又会飞去追逐其他南飞的鸭群——飞往法国、意大利，飞经地中海，进入炎热的非洲。

向北飞，向北飞，飞向长夜不明的地方！

绒鸭——正是为我们的外衣提供如此暖和轻柔羽绒的那些鸭子——在白海的坎达拉克沙自然保护区安详地孵育了自己的雏鸭。这里对绒鸭的保护已进行多年，大学生和科学家给鸭子戴上脚环：在它们脚上套上带号码的轻金属圈，以便了解它们从保护区飞往了何处，它们的越冬地又在何处，返回保护区自己营巢孵雏的地方的绒鸭数量大不大，以及关于这些奇异鸟类生活中的其他详情细节。

他们果然得知，绒鸭离开保护区后几乎一直向北飞，直向长夜漫漫的地方，生活着格陵兰海豹和白鲸持久地大声吐气的北冰洋。

白海不久就整个儿被厚厚的冰层覆盖了，冬季绒鸭在这儿没有食物可吃。而在北方，水面长年不封冻，海豹和巨大的白鲸在那里捕食鱼类。

绒鸭从岩礁和海藻上揪食软体动物——水下的贝类。它们这些北方鸟类的头等大事是吃饱。纵然当时正值严寒天气，四周是茫茫水域，一片黑暗，它们对此却无所畏惧，因为它们穿着羽绒大衣，披着寒气无法穿透、世上最为暖和的羽绒！再说有时还会出现极光——北极天空出现的奇异闪光，还有巨大的月亮和明亮的星星。大洋上几个月太阳不露面，这算得了什么？反正北极的鸭子在那儿舒舒坦坦，饱餐终日，自由自在地度过北极漫长的冬夜。

候鸟迁徙之谜

为什么一些鸟类直接飞往南方，另一些飞往北方，还有一些飞往西方，再有一些飞往东方？

为什么许多鸟类只在水面结冰或开始下雪，它们再也无可觅食的时候才飞离我们？而另一些鸟类，例如雨燕，却按时离开我们，准确地遵循日历上的时间，虽然当时它们的食物在四周应有尽有？

还有最为主要的一点：它们根据什么知道秋季应该飞往何方，在何处越冬，以及走哪条路到达那里？

其实一只小鸟破壳而生是在这儿，比如莫斯科或列宁格勒的某地，而它飞往的越冬地却在南部非洲或印度。我们这儿还有一种飞行速度极快的年轻游隼，它从西伯利亚飞往世界的边缘——澳大利亚。它在那儿待上不多久，当我们这儿春暖花开时又飞回我们西伯利亚。

（待续）

森林里的战争

（续 完）

本报记者找到了树种间的战争终结的地方。

这地方原来是云杉的天下，我们的使者在自己旅程一开始的时候就来到了这里。

下面就是他们所了解到的这场可怕战争的结局。

在和白桦以及山杨赤手空拳的搏斗中许多云杉牺牲了。然而最终还是云杉赢得了胜利。

它们比敌手年轻。山杨和白桦的寿命比云杉短。进入老年的山杨和白桦已不能像它们的敌手那样迅速地生长。云杉长得高过了它们，在它们头顶张开了自己可怕的扶疏的枝叶，于是喜光的阔叶树就枯萎了。

云杉还在继续不断地生长，它们下面的阴影变得更密更暗。在那里等待着战败者的是凶狠的苔藓、地衣、蠹甲虫、木蠹蛾。在那里战败者面临的是慢慢地死去。

好多年过去了。

自人们将阴沉年老的云杉林伐尽，已过了一百年。为争夺这块被解放土地的战争也延续了一百年。而如今在原地仍然耸立着那样一座阴沉年老的云杉林。

在这座林子里听不到鸟儿的歌声，也没有欢乐的小兽在里面居住，所有偶然来到这儿的年轻绿色植物都会在这个云杉民族的阴沉沉的世界里枯萎并迅速死亡。

冬季临近了——这是树种间的战争每年休战的时节。树木正在休眠。它们比洞穴中的熊睡得还死。它们睡得沉沉的，似乎没有了生命。它们的经脉里液汁已停止了流动，它们既不吃，也不长，只在睡梦中维持着呼吸。

您仔细去听听——一片沉寂。

您再仔细看看——这是布满了阵亡战士遗体的战场。

本报记者获悉，今年冬季这座阴沉沉的云杉林将被消灭：按计划这里将是林木采伐地。

明年这里将是一片新的荒漠——采伐迹地。在这上面又将开始一场树种间之战。

不过这回我们不会让云杉获胜了。我们将干预这场永恒的可怕战争，我们将在采伐过的土地上引进这里没有见过的树木新品种，还将关注它们的生长，必要的时候在顶上砍出一些窗口，使明亮的阳光能够透入。

到时候鸟儿将在这儿永远为我们演唱欢乐的歌。

和平之树*

不久前我们的小伙伴们向莫斯科州拉缅斯科区所有低年级的学生发出呼吁，在园林周活动期间每人种一棵和平之树。少年米丘林工作者和成年园艺工作者承诺帮助他们栽种和培育和平之树。小伙伴们将借此学习和成长，他们的和平之树也将在校园里和他们一起成长！

第四中学的学生，莫斯科州，朱可夫市

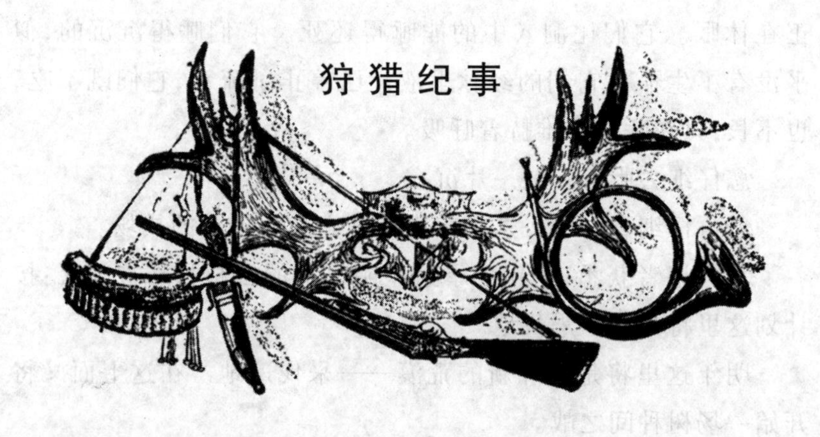

变傻的黑琴鸡

秋季里黑琴鸡大群大群地聚集起来。这里有羽毛丰满的黑色公黑琴鸡,也有羽毛上有花斑的棕红色母黑琴鸡,还有年轻的小鸡。

一大群闹闹嚷嚷地降落到长浆果的地方。

鸟儿在田野里四下散开,有的揪食长得很牢的红色越橘,有的用爪子扒开草丛,吞食细石子和沙粒。细石子和沙粒能助消化,在嗉囊和胃里磨碎坚硬的食物。

干燥的落叶上沙沙地传来了急促的脚步声。

黑琴鸡都抬起了头,警觉起来。

是冲这儿跑来的！树丛间闪动着一条莱卡狗竖起尖耳朵的脑袋。

黑琴鸡们很不情愿地飞上了树枝。有一些躲进了草丛里。

猎狗在浆果地里到处奔跑,把所有的鸟一只不留地都惊得飞了起来。

接着它坐在一棵树下,选中一只鸟,用双眼盯着它,叫个不停。

那只鸟也睁大眼睛看着猎狗。不久它在树上待腻了。它在树枝上走来走去,一直转动脑袋望着猎狗。

这是多么讨厌的一条狗！它干吗老坐着不走！好想吃东西……它得去赶自己的路哇,那样我也好再飞到下面去吃浆果呀……

突然枪声响了,于是被打死的黑琴鸡坠落到了地上:在它被猎狗缠住时猎人偷偷地走近前来,猛然间用枪弹把它从树上打了下来。群鸟啪啪地振翅飞到了森林上空,远离猎人而去。林间空地和小树林在它们下面闪动。在哪里降落好呢？这儿会不会也藏着猎人呢？

在一座白桦林的边缘,光秃的树梢上影影绰绰地停着黑琴鸡。一共有三只。这就是可以安全降落的地方:如果白桦林里有人,鸟儿不会那么安安稳稳地在那儿停栖。

群鸟越飞越低,眼看着就叽叽喳喳地在树梢上各自停了下来。停在这儿的那三只公黑琴鸡连头也不向它们转一下——它们一动不动地停着,仿佛三个树桩。新飞来的那些黑琴鸡专注地端详着它们。公黑琴鸡就是公黑琴鸡:本身黑糊糊的,眉毛是红的,翅膀上有白颜色花斑,尾巴分叉,还有一双亮闪闪的黑眼睛。

那就毫无问题了。

砰！砰！……

怎么回事？哪来的枪声？为什么新来的鸟儿有两只从树上掉了下去？

林梢上空升起一团轻烟,很快就消散了。但是这里的三只黑琴鸡还是像刚才那样停着。群鸟望着它们,仍然停在树上。下面一个人也没有。干吗要飞走呢?!

群鸟把脑袋转来转去,四下里张望了一会儿,便宽下心来。

砰!砰!……

一只公黑琴鸡像土块一样坠落到地上。另一只飞到了林梢上方的高空,在空中向上一蹿,也落了下来。受惊的鸟群飞离了树枝,在受到致命伤的黑琴鸡从高空落到地面前就从视野里消失了。只有那三只公黑琴鸡,刚才那么停着,现在仍然纹丝不动地停在树梢上。

下面的一间不显眼的小窝棚里走出一个手持猎枪的人,捡走了猎物。

白桦树梢上那只公黑琴鸡的一双黑眼睛若有所思地望着森林上空的某一方向。那只静止不动的公黑琴鸡的黑眼睛其实是两颗玻璃珠子。而静止不动的黑琴鸡本身原来是用碎呢料子做的。但是鸟喙倒是真正的黑琴鸡嘴,分叉的尾巴也是真正的羽毛所做。

猎人取下标本,下了树,又爬上树去取另两个标本。

在远处,饱受惊吓的鸟群在飞越森林上空时满腹狐疑地细看着每一棵树,每一丛灌木:哪儿又会冒出新的危险呢?到哪儿去躲避诡计多端、狡猾透顶的带枪人呢?你永远无法事先知道他用什么方法对你使坏……

大雁是好奇的

大雁生性好奇,这一点猎人知道得最清楚。他还知道没有比大雁更有警惕性的鸟了。

在离岸整整一公里的浅沙滩上就栖息着一大群大雁。无论你走着，爬着，还是乘船，都甭想靠近它们。它们把脑袋搁到翅膀下面，缩起一条腿，安安静静地在睡觉。

它们没什么好担心的，因为它们有站岗放哨的。在雁群的每一边都站着一只老雁，它们不睡觉也不打盹儿，而是警惕地注视着四方。不妨打它们一个猝不及防！

一条狗来到了岸上，放哨的大雁马上伸长了脖子。它们在观察：狗打算做什么？

猎狗在岸上跑来跑去，一会儿到这边，一会儿到那边。它在沙滩上捡着什么，对大雁毫不在意。

没什么好疑神疑鬼的。可那几只大雁心里好奇：它老是前前后后地转来转去干吗？应该再靠近些瞅瞅……

放哨的一只大雁开始摇摇摆摆地向水里走去，然后就游了起来。水波的轻声拍打还惊醒了三四只大雁。它们也看见了猎狗，也向岸边游去。

凑近了它们才看明白：从一大块岩石后面飞出一个个小面

包团,有时飞向这边,有时飞向那边,都落在了沙滩上。狗儿摇着尾巴追逐着面包团。

打哪儿来的面包团?

在岩石后面的又是谁?

几只大雁越靠越近,直向着岸边贴近,把脖子伸得长长的,竭力想看得清楚些……从岩石后面跳出来的猎人用准确的射击,使它们好奇的脑袋一下子栽进了水里。

六条腿的马

一群大雁正在田野里觅食,吃得肥肥壮壮。整个雁群都在饱餐美食,放哨的几只则站在四面警戒。它们不会让人或狗靠近。

远处的地里有马匹在走动。大雁并不害怕,因为它们都知道马是性情温和的食草动物,不会攻击鸟类。有一匹马一面揪食着又短又硬的麦茬儿,一面越来越近地向雁群走来。不过那又怎么样呢,就算它走得很近了,飞走不就得了吗!

这匹马有点儿怪:它有六条腿。一定是个怪胎……四条腿和一般的没什么两样,可是有两条腿却穿在裤管里。

一只放哨的雁开始喷喷地发出警报。群雁从地里抬起了头。

马儿在徐徐靠近。

放哨的那只雁展翅飞了起来,飞去侦察动静。

从高处它看见马身后躲着一个人,手里握着枪。

"咯——咯——咯,喷——喷!"侦察员发出了逃跑的警报。

整个雁群一下子开始扇动翅膀,沉甸甸地飞离地面。

懊丧的猎人追着它们开了两枪,然而距离太远,霰弹够不着。

雁群得救了。

迎着挑战的号角

这段时间每到晚上森林里就响起驼鹿挑战的响亮号角声:

“谁个不怕丢了自己的小命,出来决斗吧!”

于是一头老驼鹿从自己长满苔藓的栖息地站了起来。它那宽阔的双角长着十三个新生的枝杈,它的身高有两米,体重达四百公斤。

谁敢向林中第一勇士发出挑战?

老驼鹿怒不可遏地迎着挑战的号角声迅步走去,把沉重的蹄子深深地陷入潮湿的苔藓里,折断了挡路的小树。

又传来了对手挑战的号角。

老驼鹿用可怕的怒吼作出回应,那吼声是如此可怕,使一群

山鹑从白桦树上啪啪地飞离而去，胆小的兔子吓得从地面上高高地蹦了起来，没命地逃进了密林。

“谁敢！……”

热血模糊了双眼。老驼鹿不管前方是否有路，直向对手冲去。树木稀疏起来，这里就是林间空地！

它猛的一下从树间冲了出去——要用双角去撞，用自己沉重的身躯去挤压，把敌手打垮，再用自己尖锐的蹄子践踏它的身体。

只是当枪声响起的时候，老驼鹿才发现树后面带枪的人和挂在他腰间的大号角。

驼鹿迅速向密林中跑去，因为虚弱而摇晃着身子，伤口淌着鲜血。

开猎野兔

（本报特派记者）

猎人出征

和往常一样，报纸上公告十月十五日开始对野兔的捕猎。

又像八月初那样，火车站挤满了一群群猎人。他们仍然带着狗，有些人甚至一条皮带上拴着两条或更多的狗。不过这已经不是猎人夏季出猎时带的狗：不是追踪野禽的猎狗。

这些狗高大健壮，长着挺拔的长腿、沉甸甸的脑袋和一张狼嘴，粗硬的皮毛什么样的颜色都有：这里有黑色的，也有灰色的，有棕色的，也有黄色的，还有紫红色的；有黑花斑的，黄花斑的，紫红花斑的，还有黄色、棕色、紫色中带着一块黑毛的。

这是些善跑的猎犬，有公的，也有母的。它们的工作是根据足迹找到野兽，把它从栖身之地赶出来，吠叫着用声音不断地驱赶它，让猎人知道野兽往哪儿走，绕怎么样的圈儿，然后站在野兽必经之路上，好给它迎面一枪。

在城市里养这么大型而性格暴躁的狗是很难做到的。许多人出门就干脆不带狗。我们的猎队也一样。

我们乘火车去找塞索伊·塞索伊奇一起围猎野兔。

我们一共十二个人，所以占据了车厢内的三个分间。所有的乘客都带着惊疑的表情看着我们的一个伙伴，笑眯眯地彼此窃窃私语。

确实有值得注意的理由：我们的伙伴是个大个子。他太胖了，甚至有些门都走不过去。他体重一百五十公斤。

他不是猎人，但医生嘱咐他多走路。他是射击的一把好手，在靶场里他的射击成绩超过我们每个人。于是，为了培养对走路的兴趣，他就跟着我们来打猎了。

围　猎

傍晚塞索伊·塞索伊奇在一个林区小车站接我们。我们在他家里宿夜，天刚亮就出发去打猎了。我们闹闹嚷嚷的一大群人一起走：塞索伊·塞索伊奇约了二十个农庄庄员来呐喊驱兽。

我们在森林边停了下来。我把写有号码搓成卷儿的一张张小纸片放进帽子里。我们十二个射手，每个人依次来抓阄，谁抓着几号就是几号。

呐喊的人离开我们去往森林的那一边。塞索伊·塞索伊奇开始按号码把我们分布在宽广的林间通道上。

我抓到的阄是六号，胖子抓到了七号。塞索伊·塞索伊奇向我指点了我站立的位置后就向新手交代围猎的规则：不能顺着射击路线的方向开枪，那样会打中相邻的射手；呐喊声接近时要中止射击；狍子不可以打，因为是禁猎对象；等待信号。

胖子号码所在的位置离我大约六十步。猎兔和猎熊不一样，现在就是把射手间的距离设在一百五十步也可以。现在塞索伊·塞索伊奇在射击路线上毫无顾忌地大声说话，他教训胖子的那些话我都能听见：

"你干吗往树丛里钻？这样开枪不方便。你要站在树丛边，就是这儿。兔子是在低处看的。您那两条腿——请原谅——就像您的胖身体。您要把它们分得开些，道理很简单，兔子会把它们当成树墩儿。"

分布好射手后塞索伊·塞索伊奇跳上马，到森林的那一边去布置呐喊的人。

离行动开始还要等好久，我就四下里观察起来。

在我前方大约四十步的地方像墙壁一样耸立着落尽树叶的赤杨、山杨，树叶半落的白桦和黑油油、枝繁叶茂的云杉混杂在一起。也许从那里的树林深处，不久会有一只兔子穿过挺拔交错的树干组成的树阵，向我正面冲来，如果很走运的话，正好会有一只森林巨鸟——雄松鸡大驾光临。我会不会错失良机呢？

时光的流逝慢得像蜗牛爬行。胖子的自我感觉怎么样？

他把身体重心在两条腿上来回转移，大概他想让分开的双腿站得更像两个树墩……

突然在寂静的森林后边响起了两声清晰洪亮而悠长的猎人号角：那是塞索伊·塞索伊奇在指挥呐喊人排列的阵线朝我们这儿向前推进；他正在发信号。

胖子把两条胳膊整个儿抬了起来，双筒猎枪在他手里就如一杆细细的拐杖。接着他就僵滞不动了。

怪人！还早得很呢，他就摆起了姿势，手臂会疲劳的。

还听不见呐喊人的声音。

但是这时已经有人开枪了——枪声来自右方，沿着排列的阵线传来，后来从左方又传来两声枪响。已经开始打枪了！可我这儿还什么动静也没有。

这时胖子的双筒枪连发了两枪——砰砰！这是对着黑琴鸡打的。它们在很高的地方飞了过去，开枪也是白搭。

已经能听到呐喊人不太响的呼喊，用木棒敲击树干的声音。从两侧传来哐啷哐啷的声音……但是仍然没有任何动物向我飞来，也没有任何动物向我跑来！

到底来了！一个带点灰色的白东西在树干后面闪动——是一只还没有褪尽颜色的雪兔。

这是属于我的！哎呀，见鬼，它拐弯了！冲着胖子跳了过去……嗨，还磨蹭什么？打枪呀，打呀！

砰！

落空了！……

雪兔一个劲儿地直冲他跑去。

砰！

从兔子身上飞下一块白色的东西。丧魂落魄的兔子冲到了胖子两条腿的树墩之间。胖子的腿一下子移了过去……

难道他要用腿去抓兔子？

雪兔滑了过去，巨人整个巨大的身躯平扑到了地上。

我笑得合不拢嘴。我透过盈眶的泪珠一下子见到了两只从林子里出来跳到我前方的雪兔，但是我无法开枪。兔子沿着射击路线的方向溜进了森林。

胖子缓缓地跪着抬起身子，站了起来。他向我伸出大手，拿着一团毛茸茸的白色东西给我看。

我对他大声说：

“您没摔坏吧?”

“没事。毕竟还是拽下了一个尾巴,从兔子身上!”

怪人!

枪声停止了。呐喊的人走出了森林,大家向胖子的方向走去。

“他站起来了吧,大叔?”

“站是站起来了;你看看他的肚子!”

“想着都叫你惊奇——这么胖!看样子他把周围所有的野味都塞进自己衣服里了,所以才这么胖。”

可怜的射手!以后城里谁还会相信这个射手呢,在我们的靶场里?

不过塞索伊·塞索伊奇已经在催促我们到新的地点——田野去围猎了。

我们这一群闹闹嚷嚷的人沿着林间道路踏上归程。我们后

面走着一辆马拉的大车，上面装着两次围猎所获的猎物，胖子也在车上。他累了，需要歇息了。

猎人们毫不留情地奚落他，不停地对他冷嘲热讽。

突然在森林上空，从道路拐角的后面出现了一只黑色大鸟，个头抵得上两只黑琴鸡。它直接沿着道路飞过我们头顶。

大家都从肩头卸下了猎枪，森林里响起了惊天动地的激烈枪声：每个人都急于用匆促的射击打下这罕见的猎物。

黑鸟还在飞。它已飞到大车的上空。

胖子也举起了枪。双筒枪在他的双臂上犹如一根拐杖。

他开了枪。

这时大家看到：大黑鸟在空中令人难以置信地收拢了翅膀，飞行猛然中止，像一块木头一样从高空坠到路上。

“嘿，有两下子！”猎人中有人发出了惊叹，“看来他是打枪的好手。”

我们这些猎人都很尴尬，没有吭声：因为大家都开了枪，谁都看见了……

胖子捡起了雄松鸡——森林中长胡子的老公鸡，它的重量超过兔子。他拿着的猎物是我们每个人都乐意用自己今天所有的猎物来换的。

对胖子的嘲笑结束了。大家甚至忘记了他用双腿抓兔子的情景。

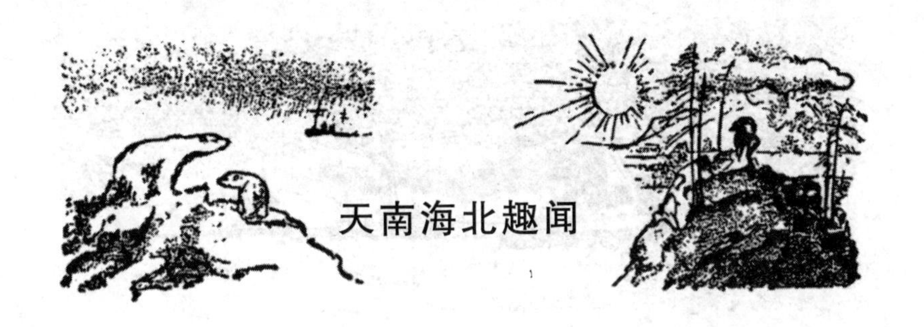

无线电呼叫

请注意！请注意！

列宁格勒广播电台——《森林报》编辑部。

今天是九月二十二日，秋分，我们继续播送来自我国各地的无线电呼叫。

我们向冻土带和原始森林、沙漠和高山、草原和海洋呼叫。

请告诉我们，现在，正当清秋时节，你们那里正在发生什么事？

请收听！请收听！

亚马尔半岛冻土带广播电台

我们这儿所有活动都结束了。山崖上夏季还是熙熙攘攘的鸟类群集地，如今再也听不到大呼小叫和尖声啾唧。那一伙鸣声悠扬的小鸟已经从我们这儿飞走。大雁、野鸭、海鸥和乌鸦也

飞走了。这里是一片寂静。只是偶尔传来可怕的骨头碰撞的声音:这是公鹿在用角打斗。

清晨的严寒还在八月份的时候就已经开始了。现在所有水面都已封冻。捕鱼的帆船和机动船早已驶离。轮船还留在这里——沉重的破冰船在坚硬的冰原上艰难地为它们开辟前进的航道。

白昼越来越短。夜晚显得漫长、黑暗和寒冷。空中飘着雪花。

乌拉尔原始森林广播电台

一批批来客,我们迎来了,送走了,又迎来了,又送走了。我们迎来了会唱歌的鸣禽,迎来了野鸭、大雁,它们从北方,从冻土带飞来我们这里。它们飞经我们这里,逗留的时间不长,今天有一群停下来休息、觅食,明天你一看,它们已经不在了:夜间它们已经不慌不忙地上路,继续前进了。

我们正为在我们这儿度夏的鸟类送行。我们这儿的候鸟大部分都已出发,跟随正在离去的太阳走上遥远的秋季旅程——去往温暖之乡过冬。

风儿从白桦、山杨、花楸树上刮落发黄、发红的树叶。落叶松呈现出一片金黄，它们柔软的针叶失去了绿油油的光泽。每天傍晚原始森林中笨重的有胡子的公松鸡便飞上落叶松的枝头，黑魆魆的一只只停在柔软的金黄色针叶丛里，将采食的针叶填满自己的嗉囊。花尾榛鸡在黑暗的云杉叶丛间婉转啼鸣。出现了许多红肚皮的雄灰雀和灰色的雌灰雀、马林果色的松雀、红脑袋的白腰朱顶雀、角百灵。这些鸟也是从北方飞来的，不过不再继续南飞了：它们在这儿过得挺舒坦的。

田野上变得空空荡荡，在晴朗的日子，在依稀感觉得到的微风的吹拂下，我们的头顶上方飘扬着一根根纤细的蛛丝。到处都还有三色堇在开着花，在卫矛灌木的树丛上，像一盏盏中国灯笼似的挂着美丽殷红的果实。

我们正在结束挖土豆的工作，在菜地里收起最后一茬蔬菜——大白菜。我们把白菜贮进地窖准备过冬。在原始林里我们采集雪松的松子。

小兽们也不甘心落在我们后面。生活在地里的小松鼠——长着一根细尾巴、背部有五道鲜明的黑色斑纹的花鼠往自己安

在树桩下的洞穴里搬进许多雪松松子，从菜园里偷取许多葵花子，把自己的仓库囤得满满当当。红棕色的松鼠把蘑菇放在树枝上晾干，身上换上了浅蓝色毛皮。长尾林鼠、短尾田鼠、水鼮都用形形色色的谷粒囤满自己的地下粮库。身上有花斑的林中星鸦也把坚果拖来藏进树洞里或树根下，好在艰难的日子里糊口。

熊为自己物色了做洞穴的地方，用爪子在云杉树上剥下内皮，作为自己的睡垫。

所有动物都在作越冬准备，大家都在过着日常的劳动生活。

沙漠广播电台

我们这儿和春天一样，还是一派节日景象，生活过得热火朝天。

难熬的酷暑已经消退，下了几场雨，空气清新透明，远方景物清晰可见。草儿重新披上了翠色，为逃避致命的夏季烈日而躲藏起来的动物又现了身影。

甲虫、苍蝇、蜘蛛从土里爬了出来。爪子纤细的黄鼠爬出了深邃的洞穴，跳鼠仿佛小巧的袋鼠，拖着很长很长的尾巴跳跃着前进。从夏眠中苏醒的草原红沙蛇又在捕食跳鼠了。出现了不知从哪儿来的猫头鹰、草原狐——沙狐和沙猫。健步如飞的羚羊也跑来了这里，有体态匀称、黑尾巴的鹅喉羚，鼻梁凸起的高鼻羚。飞来了各种鸟儿。

又像春季一样，沙漠不再是沙漠，上面长满了绿色植物，勃勃生机。

我们仍在继续征服沙漠的斗争。数百数千公顷土地将被防护林带覆盖。森林将保护耕地免遭沙漠热风的侵袭，并将流沙

制服。

世界屋脊广播电台

我们帕米尔的山岭是如此高峻，所以有世界屋脊之称。这里有高达七千米以上的山峰，直耸云霄。

我国常有一下子既是夏季又是冬季的地方。夏季在山下，冬季在山上。

可现在秋季到了。冬季开始从山顶、从云端下移，逼迫自己面前的生灵也自上而下转移。

最先从位于难以攀登的寒冷峭壁上的栖息地向下转移的是野山羊，它们在那里再也啃不到任何食物了，因为所有植物都被埋到了雪下，冻死了。

野绵羊也开始从自己的牧场向山下转移。

肥胖的旱獭也从高山草地上消失了，夏天在这里它们曾是那么多。它们退到了地下：它们储存了越冬的食物，已吃得体壮膘厚，它们钻进了洞穴，用草把洞口堵得严严实实。

鹿、狍子沿山坡下到了更低的地方。野猪在胡桃树、黄连木和野杏树的林子里觅食。

山下的谷地里，幽深的峡谷里，突然间冒出了夏季在这里永远见不到的各种鸟类：角百灵、烟灰色的高山黄鹀、红尾鸲、神秘的蓝色鸟儿——高山鹎鸟。

如今一群群飞鸟从遥远的北国飞来这里，来到温暖之乡，有各种丰富食物的地方。

我们这儿山下现在经常下雨。随着每一场连绵秋雨的降临，可以看出冬季正在越来越往下地向我们走来，山上已经大雪纷飞了。

田间正在采摘棉花，果园里正在采摘各种水果，采摘葡萄，山坡上正在收采胡桃。

一道道山口已盖满了难以通行的深厚积雪。

乌克兰草原广播电台

在匀整、平坦、被太阳晒得干枯的草原上，跳跳蹦蹦地飞速滚动着生气逢勃的一个个圆球。它们这就飞到了你眼前，将你团团围住，砸到了你的双脚，但是一点儿也不痛，因为它们很轻。其实这些根本不是球，而是一种圆球形的草，是由一根根向四面八方伸展的枯茎而组成的球形物。就这样它们蹦跳着飞速地经过所有的土墩和岩石，落到了小山的后面。

这是风儿从根部刮走的一丛丛风滚草的毛毛，推着它们像轮子一样不断地向前滚，驱赶着它们在整个草原游荡，它们也一路撒下自己的种子。

眼看着燥热风在草原上的游荡不久也将停止。苏联人民旨在保护土地而种植的防护林带已经巍然挺立。它们拯救了我们的庄稼免遭旱灾。引自伏尔加—顿河列宁运河[①]的一条条灌溉渠已经修筑竣工。

现在我们这儿正当狩猎的最好季节。在沼泽地和水上生活的形形色色的野禽多得像乌云一样，有土生土长的，也有路经这里的，挤满了草原湖泊的芦苇荡，而在小山沟和未割过的草地里密密麻麻地聚集着一群小小的肥壮母鸡——鹌鹑。草原上还有多少兔子——尽是硕大的棕红色灰兔(我们这儿没有雪兔)，还有多少狐狸和狼！只要你愿意，就端起猎枪打，只要你愿意，就把猎狗放出去！

城里的集市上有堆得像山一样的西瓜、甜瓜、苹果、梨子、李子。

---

① 俄罗斯境内连接伏尔加河(在伏尔加格勒附近)和顿河(在卡拉奇附近)的通航运河，长101公里，水深不少于3.5米，1952年起通航。

请收听！请收听！

大洋广播电台

现在我们正在北冰洋的冰原之间航行，经过亚洲和美洲之间的海峡进入太平洋，或者，最好还是说驶入大洋①。现在在白令海峡，然后是鄂霍茨克海，我们开始经常遇见鲸。

世上竟有如此令人惊讶不置的野兽！你只要想一想：多大的身躯，多大的体重，多大的力量！

我们见到了一头被拖上一艘巨大的捕鲸船甲板的鲸——一头长须鲸。它身长二十一米：得把六头大象彼此首尾相接排成一行才抵得上！它的嘴里容得下连桨手在一起的整条小船。

它的一颗心脏重达一百四十八公斤，重量抵得上任何两个成年大叔。它的总重量是五万五千公斤，也就是五十五吨。

如果把这头野兽放上天平一头的秤盘，那么另一头的秤盘上就只好爬上一千个人——男人、女人和儿童都上去，也许这样还不够。要知道这头鲸还不是最大的：蓝色的鳁鲸一般长达三十三米，重量超过一百吨……

它的力量非常大，曾有一头被鱼镖刺中的鲸拖着扎住它的捕鲸船一连游了几昼夜，更糟糕的是它钻到了水下，捕鲸船也跟着被强行拖走。

这是以前发生过的事了……不过现在是另一码事了。我们难以相信横卧在我们面前的这巨型怪物——拥有如此可怕力

① 俄文中这个词按字面翻译就是“伟大的海洋”或“大洋”，而且大写，属专有名词，译者手头的各种俄文原版工具书对该词的解释均为“见太平洋”，可见该词为“太平洋”在俄文中的另一表达法，应与该洋为世界第一大洋有关。由于本文同一句子中同一事物出现两个名称，只能这样翻译以示区别。

量、小山似的一个有生命的肉体,几乎在瞬间就被我们的捕鲸手杀死了。

在不太久以前捕鲸还是用渔船上抛出的短矛——鱼镖来完成的。它是由站在船头的水手用手抛向野兽的。后来开始从轮船上发射装有鱼镖的大炮来捕鲸。这样的鱼镖击中了这头鲸,不过置它于死地的不是铁器,而是电流:鱼镖上拴着两根联结船上直流发电机的导线。在鱼镖像针一样扎进动物巨大躯体的瞬间,两根导线连通,发生了短路,于是强大的电流击中了鲸鱼。

巨兽一阵颤抖,两分钟之后便一命呜呼了。

我们在白令岛旁边发现了我们的海狗,在梅德内岛附近发现了和自己的孩子戏耍的海獭——大型的海生水獭。这些提供非常珍贵毛皮的野兽几乎被日本和俄罗斯沙皇时代的贪婪之徒捕尽杀绝,而在苏维埃政权下受到了法律极为严格的保护,如今它们在我们这儿数量已迅速增加。

在堪察加半岛的海边我们见到个头与海象相当的巨大北海狮。

但是自从看过鲸以后,所有这些动物在我们眼里就显得微不足道了。

现在已是秋季，鲸正离开我们游向热带温暖的水域。它们将在那里产下自己的幼崽。明年母鲸将带着自己的幼鲸回到我们这里，回到我国太平洋和北冰洋的水域，它们吃奶的幼鲸个头比两头奶牛还大。

我们对它们碰也不会去碰一下。

我们来自全国各地的无线电呼叫到此结束。我们的下一次，也是最后一次呼叫在十二月二十二日。

森 林 报

No.8

仓满粮足月

（秋二月）

十月二十一日至十一月二十日　　太阳进入天蝎星座

第八期目录

一年——分十二个月谱写的太阳诗章

十月——落叶、泥泞、准备越冬的时节。

扫荡残叶的秋风刮尽了林木上最后的枯枝败叶。秋雨绵绵。停栖在围墙上的一只湿漉漉的乌鸦感到寂寞无聊。它也很快要踏上旅途:在我们这儿度过夏天的灰色乌鸦已在不知不觉中成群结队地向南方迁徙,同样在不知不觉中取代它们的是在北方出生的乌鸦。原来乌鸦也是一种候鸟。在遥远的北方,乌鸦是最先飞临的候鸟,犹如我们这儿的白嘴鸦,又是最后飞离的候鸟。

秋季在做完第一件事——给森林脱去衣装以后,就着手做第二件事:将水冷却再冷却。每到早晨,水洼越来越频繁地被脆弱的薄冰覆盖。河水和空气一样,已经没有了生气。夏季在水面上显得鲜艳夺目的那些花朵,早就把自己的种子坠入水底,把自己长长的花柄伸到了水下。鱼儿钻进了河底的深坑里,在水不会结冰的地方过冬。长着柔软尾巴的北螈在水塘里度过了整个夏季,现在爬出水面,爬到旱地里,在树根下随便哪儿的苔藓里过冬。静止的水面已经结冰。

旱地的冷血动物也冷却了。昆虫、老鼠、蜘蛛、多足纲生物都不知在哪儿躲藏了起来。蛇钻进了干燥的坑里,彼此缠在一起，身体开始徐徐冷却。青蛙钻进了淤泥，小蜥蜴躲进了树墩上脱开的树皮里——在那里昏昏睡去……野兽呢，有的换上了暖和的毛皮大衣，有的在洞穴里构筑自己的粮仓，有的为自己营造洞天。都在做准备……

在阴雨连绵的秋季，室外有七种天气现象：细雨纷飘，微风轻拂，风折大树，天昏地暗，北风呼啸，大雨倾盆，雪花卷地。

准备越冬

严寒还没那么凶,可是马虎不得:一旦它降临天下,土地和河水刹那间就会结冰封冻。到那时你上哪儿弄吃的?到哪儿去藏身?

森林里每一种动物都有自己准备越冬的办法。

有的到了一定时候张开翅膀远走高飞,避开了饥饿和寒冷。有的留在原地,抓紧时间充实自己的粮仓,贮备日后的食物。

尤其卖力地搬运食物的是短尾巴的田鼠。许多田鼠直接在禾垛里和粮垛下面挖掘自己越冬的洞穴,每天夜里从那里偷窃谷物。

通向洞穴的通道有五六条,每一条通道有自己的入口。地下有一个卧室,还有几个粮仓。

冬季只有在最寒冷的时候田鼠才开始冬眠。所以它们要储备大量的粮食。有些洞穴里已经贮存了四五公斤的上等谷物。

小的啮齿动物在粮田里大肆偷窃。应当防止它们偷盗快到手的粮食。

越冬的小草

树木和多年生草本植物都做好了越冬准备。一些一年生的草本植物已经撒下了自己的种子。但是并非所有一年生草本植物都是以种子形式越冬的,有些已经发芽。相当多的一年生杂草在重新锄松的菜地里已经发了芽。在光秃的黑土上看得见叶边有缺口的荠菜叶丛,还有样子像荨麻的紫红色野芝麻毛茸茸的小叶子,以及细小而有香味的洋甘菊、三色堇、遏蓝菜,当然还有讨厌的繁缕。

所有这些小植物都做好了越冬的准备,在积雪下面生活到来年秋季之前。

H.帕甫洛娃

植物及时做了什么

一棵枝叶扶疏的椴树像一个浅棕红色的斑点,在雪地里十分显眼。棕红的颜色并非来自它的树叶,而是附着在果实上的翅状叶舌。椴树的所有大小枝头都挂满了这种翅状果实。

不过这样装点起来的并非只是椴树一种植物。就说高大的树木山杨吧。在它上头挂了多少干燥的果实啊！细细长长、密密麻麻的一串串果实挂在枝头，犹如一串串豆荚。

但是最美丽的恐怕要数花楸了：它上面到现在还保留着沉甸甸的一串串鲜艳的浆果。在小檗这种灌木上面依然能看见它的浆果。

灌木卫矛上仍然点缀着迷人的果实。它和有着黄色花蕊的玫瑰色花朵看起来一模一样。

现在还有多少种树木还没来得及在冬季之前安排好自己的后代啊。

就连白桦树的枝头也还看得见它那干燥的葇荑花序，其中隐藏着翅状果实。

赤杨的黑色球果尚未落尽。但是白桦和赤杨却及时为春季的来临做好了准备——挂上了葇荑花序。等春天来临，那些花序就伸展起来，推开鳞状小片，绽放出花朵。

榛树也有葇荑花序，粗粗的，灰褐色，每一根枝条上有两对。榛树上早就找不到榛子了。它什么都及时做好了：不仅和自己的子女告了别，还为迎接春天做好了准备。

H.帕甫洛娃

贮存蔬菜

短耳朵的水鼩夏天在郊外避暑，住在河边。那里有它筑在地下的一间卧室。从卧室向下斜伸出一条通道，直达水边。

现在水鼩已经筑就了一个舒适温暖的越冬居室，它远离水边，在有许多草丘的草地上。地下有多条通道通往它的居室，长度有一百步或更长。

它的卧室里铺上了柔软温暖的干草，就在一个大草丘的

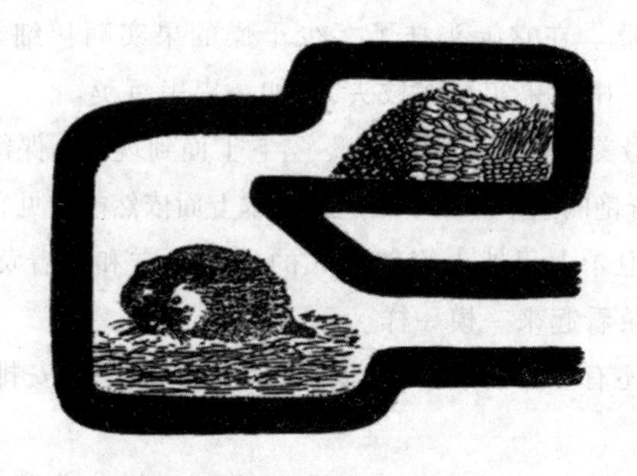

下面。

仓库与卧室有特殊通道相连。

仓库里按严格的次序——按品种——堆放着水鼾从田间地头偷来和搬来的谷粒、豌豆、葱头、豆子和土豆。

松鼠的干燥场

松鼠从自己筑在树上的多个圆形窝里拨出一个用作仓库。它在那里存放林子里的坚果和球果。

此外松鼠还采蘑菇——牛肝菌和鳞皮牛肝菌。它把它们插

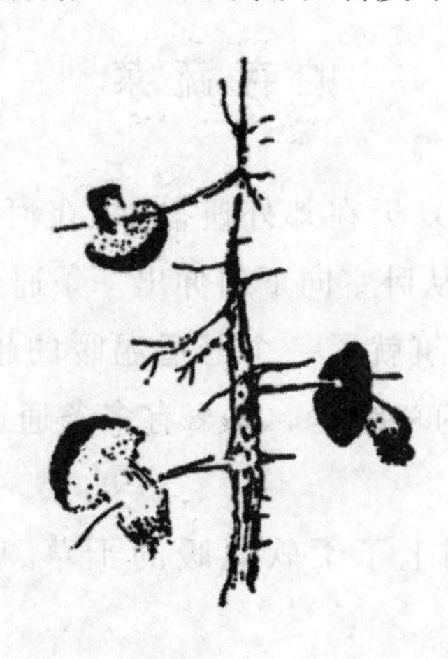

在松树细细的断枝上晾干备用。冬季它就在树枝上游荡,用干燥的蘑菇充饥。

活粮仓

姬蜂为自己的幼虫找到了极好的仓库。它有飞得很快的翅膀、长在向上翘的胡须下面的一双锐利眼睛。很细的腰部分隔了它的胸脯和腹部,在腹部末端有一根长长、直直、细细,像针一样的刺。

夏季姬蜂找到一条大而粗的蝴蝶幼虫,就向它发起攻击,停到它身上,把自己锐利的刺扎进它皮里。它用刺在幼虫身上开了一个小孔,并在这个小孔里产下自己的卵。

姬蜂飞走了,蝴蝶的幼虫不久也从惊吓中恢复了元气。它又开始吃树叶,到秋季来临,它就做个茧子把自己包起来,化作了蛹。

就在这时,在蛹的体内蜂卵孵化成了幼虫。身居坚韧的茧内,幼虫感到温暖、安定,食物够它吃一年。

当夏季再度来临,蝶蛹的茧子打开了,但是从中飞出的不是蝴蝶,而是干瘦强健、身躯坚硬、身披黑黄红三色的姬蜂。这可是我们的朋友。因为它消灭害虫。

本身就是一座粮仓

许多野兽并不为自己修筑任何专门的粮仓。它们本身就是一座粮仓。

在秋季里它们不停地大嚼饱餐,吃得身胖体粗,肥得不能再肥,于是一切营养都在这里了。

脂肪就是储存的食物。它形成厚厚的一层沉积于皮下,当动物没有食物时就渗透到血液里,犹如食物被肠壁吸收一样。血液则把营养带到全身。这么做的有熊、獾、蝙蝠和其他在整个冬季沉沉酣睡的所有大小兽类。它们把肚子塞得满满的,就去睡觉了。

而且它们的脂肪还能保暖,不让寒气透过来。

林间纪事

小偷偷小偷贮存的食物

论狡猾和偷盗，森林里的长耳猫头鹰算得上是把好手，但是又出了个小偷，而且还牵着它的鼻子跑。

长耳猫头鹰的样子像雕鸮，但是个头要小。它的嘴是钩形的，头上的羽毛向上竖着，眼球突出。无论夜间有多黑，这双眼睛什么都看得见，耳朵什么都听得见。

老鼠在干燥的叶丛里窸窣一响，猫头鹰就出现在旁边了。嚓！——于是老鼠升到了空中。一只兔子一闪间穿过了林间空地，黑夜里的盗匪已经来到它头顶。嚓！——于是兔子就在利爪中挣扎了。

猫头鹰把猎获的一只只老鼠搬回自己的树洞里。它自己既不吃,也不让给别的猫头鹰吃:它要珍藏起来应付艰难的时日。

白天它待在树洞里守着贮备的食物,夜间就飞出去捕猎。它自己偶尔也回来一趟,看看东西是不是都在。

忽然猫头鹰开始觉察:似乎它的贮备变少了。洞主眼睛很尖,它没学过数数,而凭眼睛留心着。

黑夜降临了,猫头鹰感到饥肠辘辘,便飞出去捕猎。

等它回来——一只老鼠也没有了!它发现树洞底部有一只身长和家鼠相仿的灰色小动物在蠕动。

它想用爪子抓它,可那家伙嗖的一下从小孔里钻了下去,已经在地上飞也似的跑着了。在它的牙齿间叼着一只小老鼠。

猫头鹰跟着追过去,眼看要追上了,而且已经看清楚谁是小偷,但是它害怕了,便没有去要回来。小偷原来是一只凶猛的小兽——伶鼬。

伶鼬以劫掠为生,尽管是只个头很小的小兽,却极其勇猛灵巧,甚至敢和猫头鹰叫板。它用牙齿咬住对方胸脯,无论如何也不松口。

夏季又来临了吗?

有时寒气逼人,冷风刺骨,有时突然云开日见,白天变得和煦宜人,一片安宁。这时似乎会令人觉得突然间夏季又回来了。

鲜花从草丛下面露出了头,有黄色的蒲公英、报春花。蝴蝶在空中飞舞,一群群蚊子飞舞着打转,像一个个轻飘飘的小柱子。不知从什么地方跳出一只小小的鸟儿,它小巧活泼,在树根附近,尾巴一翘就唱了起来,歌声是那么热烈响亮!

一只姗姗来迟的棕柳莺从高高的云杉上传出哀怨而委婉的歌声,轻轻地、忧伤地,仿佛落入水中的一滴滴水滴:"滴——滴——答!滴——滴——答!"

这时你会忘记:冬季已经为期不远了。

受了惊扰

池塘和住在里面的全部生灵都被冰封住了。突然又都解冻了。集体农庄庄员们决定对塘底稍稍清理一下。他们从塘里扒出一堆堆淤泥,就走了。

可太阳却一个劲儿地照着,烤着。从一堆堆淤泥里冒出了蒸汽。忽然淤泥动了起来:这时有一团淤泥跳离了泥堆,在那里滚动起来。这是怎么回事?

一个小泥团伸出了尾巴,在地上一颤一颤地抽搐着,然后就扑通一声跳回池塘,到了水里!它后面又有第二个,第三个。

另一些泥团伸出了小小的腿,开始跳离池塘。真是怪事!

其实这不是泥团,而是浑身粘满淤泥的鲫鱼和青蛙。

它们钻到池塘底部去过冬。农庄庄员们把它们和淤泥一起扔到了池塘外面。太阳烤暖了土堆——鲫鱼和青蛙就苏醒了。苏醒以后它们就跳跃起来:鲫鱼跳回了池塘,青蛙则要为自己寻找一个更为安宁的地方,别让人再把它们从睡梦中抛出去。

于是几十只青蛙仿佛约定了似的,都跳向了同一方向:它们所去的方向在打谷场和路的那一边,那里有另一个更大更深的池塘。它们已经来到路边。

不过秋日和煦的阳光是靠不住的。

阴沉沉的乌云把它遮住了。乌云下面刮起了凛冽的寒风。身上毫无遮蔽的小小旅行者冻得受不了了。青蛙勉强地跳动着,最后直挺挺地躺下了。腿脚无法动弹了。血液凝固了。青蛙一下子冻死了。

青蛙再也不会跳跃。

不管它们有多少只,通通冻死了。

无论它们有多少只,大家都脑袋向同一方向躺着:都向着大路那一边,那里有一个大池塘,里面充满了温暖、救命的淤泥。

胸脯红色的小鸟*

夏天,有一次我在林子里走,听到稠密的草丛里有东西在跑。起先我打了个哆嗦,接着开始仔细地四下里张望。我发现一只小鸟困进了草丛里。它个头不大,本身是灰色的,胸脯是红色的。我捧起这只小鸟,就把它往家里带。我得到这只鸟太高兴了,简直忘乎所以。

在家里我给它喂了点儿东西,它吃了点儿,显得高兴起来。我给它做了个笼子,捉来小虫子喂它。整个秋季它都住在我家。

有一次我出去玩儿,没关好笼子,我的猫就把我的小鸟儿吃了。

我非常喜欢这只小鸟。我为此还哭了鼻子,但是没有办法。

驻林地记者:格·奥斯塔宁

我抓了只松鼠*

松鼠操心的是这样一件事:夏天把食物储藏起来,冬天就可借此果腹。我就亲自观察了一只松鼠如何从云杉树上摘取球果,拖进树洞。我发现了这棵树,后来当我们砍下它并从里面拖出松鼠时,发现树洞里有许多球果。我们把松鼠带回家,关进了笼子。一个小男孩把手指伸进笼子,松鼠马上把手指咬破了——它就是这个德行!我们带给它许多云杉球果,它爱吃极了。不过它最爱吃的是坚果。

驻林地记者:H.斯米尔诺夫

我的小鸭*

我妈妈把三个鸭蛋放到了母火鸡的肚子底下。

三个星期后孵出了一群小火鸡和三只小鸭。在它们都还没有长结实的时候,我们把它们放在暖和的地方。但是有一天我们把母火鸡和幼崽第一次放到了户外。

我们家房子旁边有一条水渠。小鸭马上一拐一拐地跳进水渠游了起来。母火鸡跑了起来,慌里慌张地乱作一团,大声叫着:"噢!噢!"它看到小鸭安安稳稳泅着水,对它睬也不睬,于是放了心,便和自己的小鸡走了。

小鸭游了一会儿,不久就冻得受不了了,便从水里爬了出来,一面叽叽叫着,一面瑟瑟抖着,可是没有取暖的地方。

我把它们捧在手里,盖上头巾,带回了房间。它们立马放心了,就这样在我身边住了下来。

一天清早我们把它们放到了户外,它们立刻下了水。等感到冷了,就跑回家来。它们还不会飞上门口的台阶,因为翅膀还没有长出来,所以就叽叽叫着。有人把它们放上了台阶,于是三只一起直接向我的床边奔来,排成一行站着,伸长了脖子叫了起来。而我正睡着呢。妈妈举起它们,它们就钻进我被子下面,也睡着了。

快到秋天的时候它们长大了些,可我却被送进了城——上学去了。我的小鸭久久地思念着我,叫个不停。得知这个情况,我掉了不少眼泪。

驻林地记者:维拉·米谢耶娃

星鸦之谜

我们这儿有一种乌鸦，体形比一般灰色的乌鸦小，全身都有花点。我们这儿把它们称为星鸦，在西伯利亚则称为松鸦。

它采集过冬吃的坚果，藏在树洞里和树根下。

冬季里星鸦宿无定所，从一处转到另一处，从一片森林转到另一片森林。迁移过程中它们就使用这些贮备的食物。

它们使用的是自己的贮备吗？事情是这样的，每一只星鸦所享用的都不是自己储藏的食物，而是自己的同族储藏的。它来到自己平生从未到过的一片树林，就立刻开始寻找另外的星鸦贮备的食物。它向每一个树洞里窥探，在里面找寻坚果。

它到树洞里找食物还好理解。可是星鸦在冬天怎么找寻别的星鸦藏在树木和灌木丛根下的坚果呢？要知道整个大地已经被白雪覆盖了！但是星鸦飞到一丛灌木前，扒开下面的积雪，总是能准确无误地找到其他星鸦的贮备。它怎么知道生长在周围的成千上万棵灌木丛和大树中恰恰这丛灌木下藏有坚果呢？

这一点我们还不得而知。

要弄清星鸦在一模一样的覆盖物下面寻找并非自己储藏的食物时，究竟依靠的什么，得琢磨琢磨它的奥妙经验。

害怕……

树木落尽了叶子，森林显得疏朗起来。

林中的一只小雪兔趴在一丛灌木下，身子紧贴着地面，只有一双眼睛在扫视着四面八方。它心里害怕得很。周围传来窸窸窣窣、噼里啪啦的声音。可别是鹞鹰的翅膀在树枝间扇动？莫不是狐狸的爪子在落叶上簌簌走动？它这只兔子正在变白，全身开始长出一个个白色斑点。再等等，等到下雪就好了！周围是那么亮，林子里变得色彩丰富，满地都是黄色、红色、褐色的落叶。

要是突然出现猎人怎么办？

跳起来？逃跑？怎么逃？！脚下的干叶像铁一样发出很响的声音。自己的脚步声就会吓得你丧魂落魄！

于是兔子在树丛下缩紧了身子，贴住地面的苔藓趴着，它紧挨着一个桦树墩，趴着，躲着，一动也不动，只有一双眼睛扫视着四方。

它心里害怕极了……

巫婆的扫帚

现在，当树木落尽了叶子，你可以看见上面有夏季看不清楚的东西。从远处看去，满眼都是白桦，上面似乎筑满了白嘴鸦的窝。可如果你走近一看——这根本不是鸟巢，而是由伸向不同方向的细细的树条构成的黑团，也就是“巫婆的扫帚”。

你回想一下任何一个有关老妖婆或巫婆的故事。老妖婆乘着自己的木臼在空中飞行，用掸子把自己留下的痕迹拭去。巫婆从烟囱里骑着一把扫帚往外飞。无论妖婆还是巫婆，没有扫帚都不行。于是她们就把这种疾病降到各种树上，使它的枝头长出类似扫帚那样难看的一团团树枝。一些快乐的故事讲述者就是这么说的。

可按科学的说法是怎么回事呢？

按科学的说法，真的是这么回事吗？其实枝头的这些团状树条是由病枝构成的，而病枝的产生是由于蜱螨和真菌。颗粒状的蜱螨非常小也非常轻，以至风儿可以带着它们满林子跑。蜱螨一落到哪一根树枝上，就爬上幼芽，在那里安营扎寨。正在发育的幼芽是即将形成的嫩枝和长着叶芽的新茎。蜱螨不会去动它们，只吸食幼芽的汁水。由于蜱螨的叮咬和分泌物，幼芽开始得病。等年轻的幼芽萌发的时候，它开始以神奇的速度生长，相当于正常速度的六倍。

病态的幼芽长成短短的新枝，后者又立刻长出旁枝。蜱螨的子孙又爬上了嫩枝，又使新枝分叉。分叉现象就这样不断地继续下去。于是在原先的幼芽上长成了蓬蓬松松、形象丑陋的“巫婆扫帚”。

如果在幼芽上飘落了孢子——寄生类真菌的胚芽，并开始在上面生长，也会发生相同的情况。

“巫婆扫帚”通常出现在白桦、赤杨、山毛榉、鹅耳枥、松树、云杉、冷杉及其他乔木和灌木上。

活纪念碑

植树造林活动正搞得热火朝天。

在这个愉快而有益的活动中，孩子们的表现丝毫不比成年人逊色。他们小心翼翼地挖着，以免伤着了树根，将休眠的小树移栽到新的地方。到春季小树苏醒了便开始生长，那会给人们带来前所未有的欢乐和益处。每一个栽种和培育了哪怕只是一棵小树的孩子，都在自己的一生中为自己树立了一座极为美妙的绿色纪念碑——一座永远活着的纪念碑。

孩子们出了个极好的主意——在花园和学校的园地四周也栽上活的篱笆。栽得密密层层的灌木丛和小树不仅可以抵御沙尘和风雪，而且会引来许多小鸟：它们在这儿找到了可靠的藏身之所。夏天金翅雀、赤胸朱顶雀、莺和我们其他会唱歌的真诚朋友在这些篱笆内编织自己的小窝，孵育小鸟，勤勉地保护花园和菜园免遭有害的毛毛虫和其他昆虫的侵害。它们还会使我们的耳朵享受它们欢乐的歌声。

有几位少年自然界研究小组的成员夏天去了克里米亚，从那里带回一种名叫“列瓦”的有趣灌木的种子。到春季这些种子长成了出色的活篱笆。它们上面必须挂上告示牌：请勿触碰！这些高度戒备的灌木不允许任何人穿越自己严密的队列：列瓦像刺猬一样会扎人，像猫一样会用爪子抓人，又像荨麻一样灼人。让我们看看，哪些鸟儿选择这位严厉的守卫作为自己的保护者。

鸟类飞往越冬地

（续　完）

并非如此简单！

看起来这似乎是再简单不过的事：既然长着翅膀，想什么时候飞，飞往什么地方，那就飞呗。这儿已经又冷又饿，于是振翅上天，稍稍往比较温暖的南边挪动一下。如果那里又变冷了——再飞远点儿。就在首先飞到的地方越冬吧，只要那里的气候适合你，还有充足的食物。

可事实并非如此：不知为什么我们的朱雀一直要飞到印度，而西伯利亚的燕隼却要飞越印度和几十个适宜越冬的炎热国家，直至澳大利亚。

这就表明驱使我们的候鸟飞越崇山峻岭，飞越浩渺海洋而去往遥远国度的，并非单纯是饥饿和寒冷，而是鸟类身上不知来自何处的某种不容违拗、无法抑制的感情。不过……

众所周知，我国大部分地区在远古时代不止一次遭遇过冰川的侵袭。死亡的冰海以汹涌澎湃之势徐徐地淹没了我国所有广袤的平原，经历数百年的徐徐退缩后又卷土重来，将所有生命都埋葬在自己身下。

鸟类因翅膀而获救。首先飞离的那些鸟类占据了冰川最边缘的海岸,随后起身的飞往较远的地方,再往更远的地方,仿佛在做着跳背游戏似的。当冰川之海开始退缩时,被它逼离自己生息之地的鸟类便急忙返程,飞回故乡。最先飞回的是当初飞往不远处的那些鸟类,然后是随之而行的那些,最后是飞得最远的那些:跳背游戏按相反的顺序进行。这个游戏进程极其缓慢,要经历数千年的时间!在如此漫长的时间间隔之中,完全可以形成鸟类的一种习性:秋季,当寒流降临之时,飞离自己生息栖止之地,待到来年春回之时与阳光一起重返故地。这样的习性一旦形成,便如常言所谓,沁入了“身体和血液”,长留不离了。所以候鸟每年要自北而南迁徙。这种观点被这样的事实所证明:在地球上未曾发生过冰川的地方,几乎没有鸟类大规模迁徙的现象。

其他原因

然而鸟类在秋季并非只飞往南方的温暖之乡,而是飞往其他各个方向,甚至飞往最寒冷的北方。

有些鸟类飞离我们的地方仅仅是因为当大地被深厚的积雪覆盖,水面被坚冰封冻的时候,它们失去聊以果腹的食物。一旦积雪消融,大地初露,我们的白嘴鸦、椋鸟、云雀便应时而至了!一旦江河湖泊初现融冰的水面,鸥鸟、野鸭也应时而至了。

绒鸭无论如何不会留在坎达拉克沙自然保护区,因为白海在冬季被厚厚的冰覆盖了。它们常常被迫往北方迁移,因为那里有墨西哥湾暖流经过,整个冬季海水不冻。

假如你在仲冬时节乘车从莫斯科向南旅行,那你很快——那已经是在乌克兰境内了——会见到白嘴鸦、云雀和椋鸟。与被认为是在我们这儿定居的那些鸟儿——山雀、红腹灰雀、黄雀相比，所有这些鸟儿只不过稍稍往远处挪了挪地方。因为许多定居的鸟类也不老是待在一个地方，而是迁移的。除非是城里的麻雀、寒鸦和鸽子，或森林和田野里的野鸡，长年在一个地方居住，其余的鸟类都是有的往近处移栖，有的往稍远的地方移栖。那么现在如何确定哪一种鸟是真正的候鸟，哪一种只不过是移栖鸟呢？

就说朱雀，这种红色的金丝雀吧，你可别说它是移栖鸟。还有黄莺也一样：朱雀飞往印度，黄莺则飞往非洲过冬。似乎它们并非如大多数鸟类那样由于冰川的推进和退缩而成为候鸟的。这里似乎另有原因。

请你看看朱雀，看看它的公鸟，似乎就是一只麻雀，但是脑袋和胸脯是那么红艳，简直叫你惊叹！还有更令人惊诧的，那是黄莺：除了黑翅膀，全身金红色。你不由得会想："这些小鸟儿怎么打扮得这么鲜艳靓丽！……在我们北方它们该不会是来自异国他乡的鸟儿吧，不会是远自炎热国度而来的异域来客吧？"

可能，非常可能就是这么回事！黄莺是典型的非洲鸟类，朱雀则是印度鸟类。也许情况是这样：这些种类的鸟曾有过迁徙的经历，它们的年轻一代被迫为自己寻找能生活和生儿育女的新地方。于是它们开始向北方迁移，那里的鸟类住得不那么拥挤。夏季那里不冷。即使新生赤裸的小鸟也不会挨冻。而等到开始天气寒冷、无以果腹的时候可以往回迁移到故乡：那里在这个时候也已孵出了小鸟，鸟儿们成群结队和睦融洽地一起生活——不会驱逐自己的同族！到了春天，它们又往北方飞迁。就这样来来往往，往往来来，经历了千秋万代！……

就这样迁徙的路线成形了：黄莺向北，越过地中海飞向欧洲;朱雀自印度向北,越过阿尔泰山和西伯利亚,然后向西,越过乌拉尔山继续西飞。

关于某些鸟类在逐步获得新栖息地的过程中形成迁徙习性的观点,可从下面的事实得到证明:比如朱雀可以说是在最近几十年内,直接在我们眼皮底下越来越远地向西迁徙的,直至波罗的海沿岸。却依然飞回自己的故乡印度越冬。

有关候鸟迁徙成因的这些假设向我们作出了某种解说。然而有关候鸟迁徙的问题依旧充满了未解之谜。

一只小杜鹃的简史

这只小杜鹃诞生在我们这儿,列宁格勒近郊,泽列诺戈尔斯克市[1]的一座花园,一只红胸鸲的窝里。

请且别问它是如何孤身来到紧靠一棵老云杉树根边这个舒适小窝的。也别问红胸鸲妈妈和红胸鸲爸爸——小杜鹃的后妈和后爸在喂养这个个头比它们大三倍的饕餮之徒,有几多辛劳、关爱和激动。有一次,当花园的主人走到它们窝边,从中掏出已经羽毛丰满的小杜鹃,仔细端详一会儿后放回去的时候,它们俩几乎吓得半死。在小杜鹃的左翅上明显地露出一小块白色羽毛的斑记。

最终,红胸鸲把自己收养的孩子养大了。但是即使飞出了窝,在见到养父母时小杜鹃仍然会张开红中带黄的小嘴,嘶哑地叽叽讨食。

十月初花园里的大部分树木只剩下一副副骨架,唯有一棵橡树和两棵老枫树尚未脱去鲜艳的树叶,这时小杜鹃消失了,就

① 位于今圣彼得堡西北50公里处,临芬兰湾,为海滨气候疗养地。

如大约一个月前所有成年杜鹃从我们的森林里消失一样。

和我们这儿所有的杜鹃一样，这一年的冬季小杜鹃是在南部非洲度过的。夏季飞来我们这儿的杜鹃是那里出生的。

而在今年夏季——这完全是不久以前的事——花园的主人发现老云杉树上有一只雌杜鹃。他担心它会拆毁红胸鸲的窝，就用气枪打死了它。

在杜鹃左翅上明显地露有一块白色斑痕。

我们正在揭开谜底，但秘密依旧

我们关于鸟类迁徙成因的推测也许是对的，但如何解释下列问题呢：

1.鸟类如何辨认自己数千俄里的迁徙之路？

以往我们曾认为，每一群秋季飞离的候鸟会由老鸟，即使只有一只，带领所有年轻的鸟儿沿着它清楚记得的路线从栖息地飞往越冬地。现在却得到准确的证明，在今年夏季才在我们这儿孵出的年轻鸟群中，可以说是一只老鸟也没有。有些种类的鸟，年轻的鸟比老鸟先飞走，另一些鸟老的比年轻的先飞走。然而无论如何年轻的鸟儿总是准确无误如期到达越冬地。

令人诧异的是，在即使一只老鸟的小小脑子里，也能装下数百上千俄里的路程，而仅仅在两三个月前才降生于世，这条路途上的任何事物都未曾见过的小鸟，已经能独自认出这条道路，这简直不是智力所能企及的。

就以泽列诺戈尔斯克的那只小杜鹃为例吧。它是怎么找到杜鹃在南部非洲的越冬地的？所有老杜鹃比它早一个月就从我们这儿飞走了，没有谁给它指路。杜鹃是孤身独处的鸟类，从来都不成群，即使在迁徙途中也是如此。养育小杜鹃的是红胸鸲，一种飞往高加索过冬的鸟类。我们的小杜鹃怎么会出现在南部非洲的，而且正好是地球上我们北方的杜鹃世世代代越冬的地方，然后又回到它被孵化出壳并被红胸鸲喂大的窝里？

2.年轻的鸟儿何从得知它们究竟应当飞往何处越冬的？

对于鸟类的这个奥秘，你们，《森林报》的读者实在应当思索一番——但愿你们的孩子不用再来考虑这个问题。

为了解决这些问题，首先得排除“本能”之类费解的词汇，应当想出数以千计充满睿智的试验，从而清晰地探明鸟类大脑与人类大脑的区别。

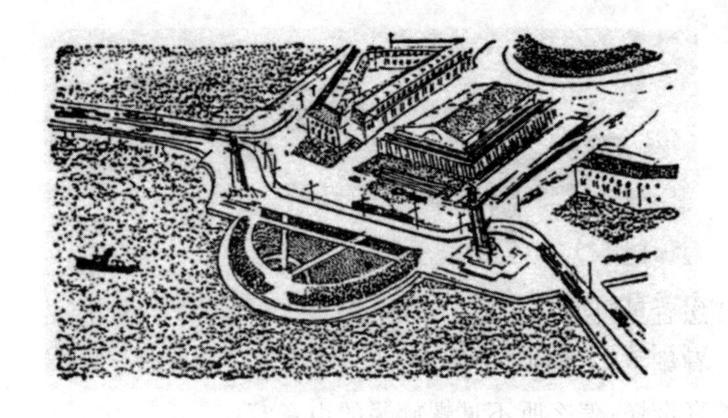

都市新闻

动物园里的消息

兽类和禽类从夏季的露天场所迁到了越冬用的住所。它们的笼子被暖气烘得暖暖的。所以任何一头野兽都没有打算进入长久的冬眠状态。

园子里的鸟没有离开鸟笼飞往任何地方，而是在一天之内从寒冷的国度进入了炎热的国度。

没有螺旋桨的飞行物

这些天城市上空飞翔着一些奇怪的小飞机。

行人在街道中央停住了脚步，惊疑地仰首注视着空中一圈圈的小小的飞行队伍。他们彼此询问说：

“您看见吗？……”

“看见了，看见了。”

“真奇怪：怎么听不见螺旋桨的声音？”

“也许是因为太高？您看它们是那么小。”

“就是往下降了也还是听不见。”

“为什么？”

“因为没有螺旋桨。”

“怎么会没有呢？这算什么呢——新型设计吗？”

“是鹰！”

“您开玩笑！列宁格勒哪来的什么鹰！”

“那就是金雕。它们现在是飞经这里，正向南方去呢。”

“原来是这样！现在我自己也看见了——一些鸟儿在打转。要不是您说，我真的以为是飞机呢。太像了！它们哪怕把翅膀扇那么一下也……”

赶紧去见识见识

涅瓦河上的施密特中尉桥边，彼得保罗要塞附近，还有别的一些地方，最令人惊奇的各种形状和颜色的野鸭已经待了几个星期了。

这里有像乌鸦一样黑的黑海番鸭，鼻梁凸起、翅膀上有白花纹的海番鸭，色彩斑斓、尾巴像伞骨一样撑开的长尾鸭，还有黑

白相间的鹊鸭。

它们对城市的喧嚣无所畏惧。

即使载货的黑色拖船用铁质船头破浪而进,向着它们笔直冲来的时候,它们也无所畏惧。它们一个猛子扎进水里,又重新出现在离刚才的地方几十米远的水上。

这些潜水鸭都是迢迢海途上的过客。它们一年两度做客列宁格勒——春季和秋季。

当来自拉多加湖的冰开始向涅瓦河走来时,它们消失了。

鳗鱼踏上最后的旅程

大地已是一片秋色。秋色也来到了水下。

水正在一点点变冷。

老鳗鱼离开这里,踏上最后的旅程。

它们从涅瓦河经过芬兰湾,经过波罗的海和德国海,进入深深的大西洋。

它们没有一条再回到度过了一生的河里。它们都将在几千米的大洋深处找到自己的坟墓。

然而在死去之前它们把卵产下了。在大洋深处并不像想象的那么寒冷:那里的温度是零上七度。每一颗卵都在那里孵化成了细小、像玻璃一样透明的小鳗鱼——鳗苗。亿万群鳗苗走上了遥远的征途。三年以后它们进入了涅瓦河口。

它们在这里成长,变成了鳗鱼。

狩猎纪事

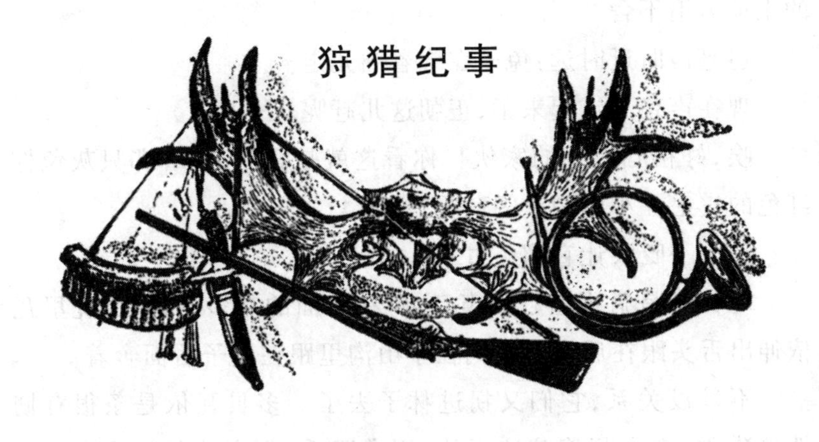

带猎狗走在黑色的土路上

一个清新的秋季早晨,一个猎人肩上扛着枪走在田野上。他用一根短短的皮带牵着彼此靠得很紧的两条追逐犬,这是两条胸脯宽阔、有棕红色斑点的健壮黑色公狗。

他走到了一座林子边上。他从系着的皮带上放出猎狗,把它们“抛”向了那座孤林。两条猎狗沿着一丛丛灌木冲了出去。

猎人在林边静悄悄地走着,选择着自己在兽径上站立的位置。

他在对着一丛灌木的一个树桩后面站住了,那里一条无形的小道从林子里延伸出来,朝下通向一条小山沟。

他还没来得及站定,两条狗已经遇到了野兽的踪迹。

那条老公狗多贝瓦依先叫了起来:它的吠叫一声紧接着一声,并不响亮。

年轻的扎里瓦依跟着它一阵狂吠,也叫了起来。

根据声音猎人听出:它们惊醒并赶起了兔子。它们现在正低头嗅着足迹,沿着黑色土路——沿着因雨水而变得泥泞、发黑的土地穷追不舍。

追赶声时近时远:兔子在绕着圈儿走。

现在声音又近起来了,正朝这儿赶呢。

唉,好粗心大意的家伙!你看这就是它呀,你看那只灰兔棕红色的皮毛在小山沟里闪动呢!

猎人一眨眼让它溜了过去!……

现在又是猎狗追赶的声音:跑在前面的是多贝瓦依,扎里瓦依伸出舌头跟在后面。它们在小山沟里跟在兔子后面奔着。

不过没关系,它们又拐进林子去了。多贝瓦依是条很有韧性的猎狗,它会盯着踪迹不放,不会跟丢,不会让猎物逃走——是条善于追踪的好狗。

现在又走了,又走了一圈,又进了林子。

"反正兔子要栽在这条它经常出没的路上,"猎人想道,"这回我不会放过它了!"

一阵静默……然后……怎么回事?

为什么声音分散了?

现在领头的狗完全不叫了。

只有扎里瓦依在叫。

一阵静默……

又传来了领头的多贝瓦依的叫声,但已经是另一种叫法,更加激烈,声音嘶哑。扎里瓦依跟着叫起来,气喘吁吁,重复地发出尖厉的声音。

它们碰到另一种足迹了!

是什么足迹呢?反正不是兔子的。

不错,是红……

猎人迅速更换了弹药:装进了最大号的霰弹。

兔子蹦跳着在小道上迅跑,跑到了田野上。

猎人看见了,却没有举枪。

而狗的追捕声则更近了——叫声嘶哑,发出了凶狠、懊丧的尖叫……突然在兽径上,在灌木丛间刚才兔子跑过的地方——火红的背脊和白色的胸脯……直冲着猎人滚来。

猎人端起了枪。

野兽发现了,毛茸茸的尾巴一闪拐向了一边,接着又拐向了另一边。

晚了!

砰!——只见火红的颜色在空中一闪,中弹而亡的狐狸在地上张开了四肢。

猎狗从林子里跑了出来,向着狐狸奔去。它们用牙齿咬住了红色的皮毛,抖动着它,眼看着要将它撕碎了!

"放下!"猎人威严地向它们吆喝着跑过去,赶紧从狗嘴里夺下珍贵的猎物。

地下格斗

(本报特派记者)

离我们农庄不远的森林里有一个有名的獾洞,这是一个百年老洞。所谓"獾洞"不过是口头叫叫而已,其实它甚至不能称为洞,而是被许多代獾纵横交错地挖空的整座小丘。这是獾的整个地下交通网。

塞索伊·塞索伊奇指给我看了这个"洞"。我仔细查看了这座小丘,数出它有六十三个进出口。而且在灌木丛里,小丘下还有一些看不见的出口。

一看便知,在这个广袤的地下藏身之所居住的并非仅仅是獾,因为在有些入口旁边密密麻麻地爬满了葬甲虫、粪金龟子、食尸虫。它们在堆积于此的母鸡、黑琴鸡、花尾榛鸡的骨头上和长长的兔子脊梁骨上操劳忙碌。獾不做这样的事,也不捕食母鸡和兔子。它有洁癖:自己吃剩的残渣或别的脏东西从来不丢弃在洞里或洞边。

兔子、野禽和母鸡的骨头泄露了狐狸家族在这里地下和獾比邻而居的秘密。

有些洞被挖开了,成为名副其实的壕堑。

"都是我们的猎人做的好事,"塞索伊·塞索伊奇解说道,"不过他们是枉费心机：狐狸和獾的幼崽已经在地下溜走。在这里是无论如何也挖不到它们的。”

他沉默了一会儿后又补充说：

“现在让我们试试用烟把洞里的主儿从这儿熏出来！”

第二天早上我们三个人来到小丘边：塞索伊·塞索伊奇，我，还有一个小伙儿，塞索伊·塞索伊奇一路上和他开玩笑，一会儿叫他“烧炉工”，一会儿又叫他“司炉”。

我们三个人忙活了好久，除了小丘下面的一个和上面的两个，所有通地下的口子都堵住了。我们拖来许多枯枝、苔藓和云杉枝条，堆到下面的一个洞口。

我和塞索伊·塞索伊奇各自在小丘上面的一个出口边，灌木丛的后面站定。“烧炉工”在入口边烧起一个火堆。待火烧旺，他就往上面加云杉枝条。呛人的浓烟升了起来。不久烟就引向了洞里，就像进入了烟囱似的。

当烟从上面的出口冒出来时，我们两个射手守在自己埋伏的地方感到焦躁不安。说不定机灵的狐狸先跳出来，或者肥胖而笨拙的獾先冒出来？说不定它们在地下已经被烟熏得眼睛痛了？

但是躲在洞穴里的野兽是很有耐心的。

我眼看着树丛后面，塞索伊·塞索伊奇身边升起了一小股烟。我身边也开始冒烟。

现在已经不必等多久了：马上会有一头野兽打着喷嚏和响鼻蹿出来；更确切地说是蹿出几头野兽，一头接着一头。猎枪已经抵在肩头：千万别漏过了机灵的狐狸。

烟越来越浓，已经一团团地滚滚涌出，在树丛间扩散。我也被熏得眼睛生痛，泪水直淌——如果野兽被你漏过，那么正好是在你眨眼睛抹眼泪的时候。

但是仍然不见野兽出现。

举枪抵住肩头的双手已经疲乏。我放下了枪。

等啊等,小伙儿还在一个劲儿地往火堆里扔枯枝和云杉树条。但是最终仍然不见有一头野兽蹿出来。

"你以为它们都闷死啦?"回来的路上塞索伊·塞索伊奇说,"不——是,老弟,它们才不会闷死呢!烟在洞里可是往上升的,它们却钻到了更深的地方。谁知道它们在那里挖得有多深。"

这次失手使小个儿的大胡子情绪十分低落。为了安慰他我便说起了达克斯狗和硬毛的狐狗,那是两种很凶的狗,会钻洞去抓獾和狐狸。塞索伊·塞索伊奇突然兴奋起来:你去弄一条这样的狗来,不管你打算怎么弄,得去弄来。

我只好答应去弄弄看。

这以后不久我去了列宁格勒,在那里我突然走了运:一位我熟悉的猎人把自己心爱的一条达克斯狗借给我用一段时间。

当我回到乡下,把狗带给塞索伊·塞索伊奇看时,他甚至大为恼火:

"你怎么,想拿我开涮?这么一只老鼠样的东西不要说公狐狸,就是狐狸崽子也会把它咬死再吐掉。"

塞索伊·塞索伊奇本人个子非常矮小,为此常觉得委屈,所以对别的小个子,即便是狗,都看不起。

达克斯狗的样子确实可笑:小个儿,矮矮长长的身子,四条腿弯曲得像脱了臼。但是这条其貌不扬的小狗露出坚固的犬牙,冲着无意间向它伸出手去的塞索伊·塞索伊奇凶狠地吠叫起来,意外地用力向他扑去的时候,塞索伊·塞索伊奇急忙跳开,只说了一句话:"瞧你!好凶的家伙!"说完就不吭声了。

我们刚走近小丘,小狗儿就怒不可遏地向洞口冲去,险些把我的手拉脱了臼。我刚把它从皮带上放下,它已经钻进黑乎乎的洞穴不见了。

人类按自己的要求培育出了十分奇特的狗的品种，而达克斯狗这种小巧的地下猎犬也许是最奇特的品种之一。它的整个身躯狭窄得像貂一样，没有比它更适合在洞穴中爬行了。弯曲的爪子能很好地抓挖泥土，牢牢地稳住身体；狭而长的三角形脑袋便于抓住猎物，咬一口能致命。站在洞口等待受过良好训练的家犬和林中野兽在黑暗的地下血腥厮打的结果，我仍然觉得有点心里发毛。要是小狗儿进了洞回不来，那怎么办？到时我有何脸面去见失去爱犬的主人？

追捕行动正在地下进行。尽管厚厚的土层会使声音变轻，响亮的狗吠声依然传到了我们耳边。听起来追捕的叫声来自远处，不在我们脚下。

然而听得到狗叫声变近了，听起来更清楚了。那声音因狂怒而显得嘶哑。声音更近了……突然又变远了。

我和塞索伊·塞索伊奇站在小丘上面，双手紧握起不了作用的猎枪，握得手指都痛了。狗吠声有时从一个洞里传来，有时从另一个洞里传来，有时从第三个洞里传来。

突然间声音中断了。

我知道这意味着什么：小小的猎犬在黑暗通道内的某个地方追着了野兽，和它厮打在一起了。

这时我才突然想起在放狗进洞前我该考虑到的一件事：猎人如果用这种方式打猎，通常在出发时要带上铲子，只要敌对双方在地下一开打，就得赶快在它们上方挖土，以便在达克斯狗处境不好时能助它一臂之力。当战斗在靠近地表的地下某一个地方进行时，这个方法就可以用上了。不过在这个连烟也不可能把野兽熏出来的深洞里，就甭想对猎犬有所帮助了。

我干了什么好事呀！达克斯狗肯定会在深洞那里送命。也许它在那里不得不进行的厮打中,要对付的甚至不是一头野兽。

忽然又传来了低沉的狗吠声。

但是我还来不及得意,它又不叫了——这回可彻底完了。

我和塞索伊·塞索伊奇久久伫立在英勇猎犬无声的坟丘上。

我不敢离开。塞索伊·塞索伊奇首先开了腔:

“老弟,我和你干了件蠢事。看来猎狗遇上了一头老的公狐狸或者老的雅兹符克。”

我们那儿管獾叫“雅兹符克”。

塞索伊·塞索伊奇迟疑了一下又说道:

“怎么样,走?或者再等上一会儿?”

地下传来了全然出乎意料的沙沙声。

于是洞口露出了尖尖的黑尾巴,接着是弯曲的后腿和达克斯狗艰难地移动着的整个细长的身躯,身上满是泥污和血迹!我高兴得向它猛扑过去,抓住它的身体,开始把它往外拉。

随着狗从黑洞里露出的是一头肥胖的老獾。它毫不动弹。达克斯狗死命地咬住它的后颈,凶狠地摇撼着。它还久久不愿放开自己的死敌,似乎在担心它死而复生。

森 林 报

No.9

冬季客至月

（秋三月）

十一月二十一日至十二月二十日　　太阳进入人马星座

第九期目录

一年——分十二个月谱写的太阳诗章

十一月——通往冬季的半途。十一月是九月的孙子,十月的儿子,十二月的亲兄弟:十一月是带着钉子来的,十二月是带着桥梁来的。你骑着花斑马出门,有时遇到雪花纷飞,有时遇到雨水泥泞,有时又是雨水泥泞,有时又是雪花纷飞。十一月的铁匠铺虽然不大,但里面却在锻造封闭全俄罗斯的枷锁:水塘和湖泊表面已经结冰。

现在秋季正在完成它的第三件伟业:先脱去森林的衣装,给水面套上枷锁,再给大地罩上白雪的盖布。森林里不再舒适:挺立的林木遭受秋雨无情的鞭打以后,被脱光了衣衫,浑身发黑。河面的封冰寒光闪闪,但是假如你探步走到上面,脚下会发出清脆的碎响,你便坠入冰冷的水中。撒满积雪的大地上一切秋播作物都停止了生长。

然而这并非冬季已经降临:这只是冬季的前兆。偶尔还会出现阳光灿烂的日子。嘿,你看,万物见到阳光是多么兴高采烈!你看,那里从树根下爬出了黑魆魆的小蚊子和小苍蝇,飞到了空中。这时脚边会开放出金色的蒲公英花和金色的款冬花——那可是春天的花朵啊!积雪化了……然而树林却已深沉地入睡,凝滞不动,直至春天,什么感觉也没有。

现在,采伐木材的时节开始了。

林间纪事

费解的现象

今天我挖开积雪，查看我的一年生植物。这是一些只能度过一春、一夏和一秋的草本植物。

但是现在是秋季，我发现它们并未全部死亡。就说现在，到十二月了，许多还绿油油的呢。萹蓄显得生机勃勃。这就是长在农舍边的那种乡间野草。它长着彼此纠缠的蔓生小茎(人的脚在它上面无情地摩擦)，长长的叶子和勉强看得出的粉红色小花。

生机盎然的还有低矮的扎人的荨麻。夏天你可受不了它：你在除草时会因它而弄得双手都是疙瘩。可如今在十二月里看着都觉舒心。

蓝堇也保持着旺盛的生命力。你们记得蓝堇吗？这是一种美丽的小草，有着一道道细细碎痕的叶子和长长的粉红色小花，花蒂颜色深沉。你们在菜地里常会遇见它。

所有这些一年生的小草都还很有活力。不过我知道到春季它们就不复存在了。这雪下的生命究竟包含着何种意义呢？这又可作何种解释呢？我不得而知。这还需要了解。

H.帕甫洛娃

不会让森林变得死气沉沉

凛冽的寒风在森林里作威作福。叶子被吹光的白桦、山杨、赤杨在风中摇曳，吱吱作响。最后的一批候鸟正在匆匆地飞离故土。

夏季在我们这儿生息繁衍的鸟类还没有全部飞尽，冬季的来客却已光临我们的大地。

每一种鸟类都有自己的口味、自己的习惯：有的飞往他乡越冬——到高加索、外高加索、意大利、埃及、印度；有的宁愿在我们列宁格勒州过冬。在我们这儿它们觉得冬季挺暖和的，也有充足的食物。

会飞的花朵

赤杨黑魆魆的枝条显得多么孤苦无靠！上面没有一片树叶，地下也没有绿油油的野草。疲惫不堪的太阳无力地透过灰色的云层露出来。

蓦然间，在黑魆魆的枝头迎着阳光欢乐地绽放出了鲜艳的花朵。这些花朵大得异乎寻常，有白的、红的、绿的、金的。它们撒满了赤杨树黑色的枝头，如鲜艳夺目的斑点缀满了白桦树白色的树皮，纷坠到地面，宛如明亮的翅膀在空中飘摇。

犹如木笛的乐音在交相呼应。从地面传递到枝叶丛间，从树木传递到树木，从一座林子传递到另一座林子。是谁的歌喉？它们又来自何方？

北方来客

这是我们冬季的来客——来自遥远北方的小小鸣禽。这里有小小的红胸红头的白腰朱顶雀；有烟蓝色的凤头太平鸟，它的翅膀上长着五根像手指一样的红色羽毛；有深红色的蜂虎鸟；有交嘴雀——母鸟是绿的，公鸟是红的；这里还有金绿色的黄雀；黄羽毛的红额金翅雀；身体肥胖、胸脯鲜红丰满的红腹灰雀。我们这儿的黄雀、红额金翅雀和红腹灰雀已经飞往较为温暖的南方。而这些鸟却是在北方筑巢安家的，现在那里是如此寒冷的冰雪世界，以至于它们看来我们这里已是温暖之乡了。

黄雀和白腰朱顶雀以赤杨和白桦的种子为食。凤头太平

鸟、红腹灰雀则以花楸和其他树木的浆果为食。红喙的交嘴雀啄食松树和云杉的球果。所以大家都吃得饱饱的。

东方来客

低低的柳丛上，突然开满了茂盛的白色玫瑰花。白色玫瑰花在树丛间飞来飞去，在枝头转来转去，用有抓力的黑色的细长脚爪爬遍了各处。像花瓣似的白色羽翼在熠熠闪动，轻盈悦耳的歌喉在空中啼啭。

这是云雀和白色的青山雀。

它们并不来自北方，它们经过乌拉尔山区，从东方，从暴风雪肆虐、严寒彻骨的西伯利亚辗转来到我们这里。那里早已是寒冬腊月，厚厚的积雪盖满了低矮的杞柳。

该睡觉了

布满天空的灰色云层遮住了太阳。天空中飞飞扬扬落下灰蒙蒙的湿雪。

肥胖的獾气呼呼地打着响鼻,摇摇摆摆地走向自己的洞穴。它满肚子不高兴:林子里又湿又泥泞。该下到地下更深处,到干燥、清洁、铺着沙子的洞穴里。该躺下睡觉了。

森林中羽毛蓬松的乌鸦——北噪鸦在密林里厮打,闪动着颜色像咖啡渣的湿漉漉的羽毛,发出尖厉的哇哇叫声。

一只老乌鸦从高处低沉地叫了一声,因为它看见了远处的动物死尸。它那蓝黑色的翅膀一闪,飞走了。

森林里静悄悄的。灰蒙蒙的雪花沉甸甸地落到发黑的树上,落到褐色的地面上。落叶正在地面上腐烂。

雪下得越来越密。下起了鹅毛大雪,撒落到发黑的树枝上,盖满了大地……

在严寒的笼罩下,我们州的河流一条接一条地结了冰:沃尔霍夫河、斯维里河、涅瓦河,最后连芬兰湾也结了冰。

摘自一位少年自然界研究者的日记

最后一次飞行

在十一月的最后几天,当皑皑白雪完全覆盖大地的时候,突然刮起了一股暖风。但是积雪倒没有开始消融。

清早我出去散步,一路上看见灌木丛里、树木之间、雪地上到处飞舞着黑色的小蚊子。它们疲惫无力、无可奈何地飞舞着,不知来自下面什么地方,结成一个圆弧的队形飞过,仿佛被风吹送着似的,尽管当时根本没有风,然后好像歪歪斜斜地降落到雪地上。

中午以后雪开始融化,从树上落下来。如果你抬头仰望,水珠就会落进眼里或者像冷冰冰湿漉漉的尘粒溅到脸上。这时,不知从哪儿冒出许许多多小小的苍蝇——也是黑色的。夏季的时候我没有见过这样的蚊子和苍蝇。小苍蝇完全是乐不可支地在飞舞，只是飞得很低，就在雪地上方。

傍晚时又变得冷起来，苍蝇和蚊子都不知躲到了哪里。

驻林地记者：维里卡

追逐松鼠的貂

许多松鼠游荡到了我们的森林里。

在它们曾经生活过的北方，松果不够它们吃，因为那里歉收。

它们散居在松树上，用后爪抱住树枝，前爪捧着松果啃食。

有一只松鼠前爪捧着的松果跌落了，掉到地上，陷进了雪中。松鼠开始惋惜失去的松果。它气急败坏地吱吱叫了起来，便从一根树枝到另一根树枝，一截截往下跳。

它在地上一蹦一跳，一蹦一跳，后腿一蹬，前腿支住，就这样蹦跳着前进。

它一看，在一堆枯枝上有着一个毛茸茸的深色身躯，还有一双锐利的眼睛。松鼠把松果忘到了九霄云外。嗖的一下跳上了最先碰见的一棵树。这时一只黑貂从枯枝堆里蹿了出来，而且紧随着松鼠追去。它迅速爬上了树干。松鼠已经到了树枝的尽头。

貂沿树枝爬去，松鼠纵身一跳！它已跳上了另一棵树。

貂把自己整个细长的身子缩成一团，背部弯成了弓形，也纵身一跳。

松鼠沿着树干迅跑。貂沿着树干在后面穷追不舍。松鼠很灵巧，貂更灵巧。

松鼠跑到了树顶，没有再高的地方可跑了，而且旁边没有别的树。

貂正在步步进逼……

松鼠从一根树枝向另一根树枝往下跳。貂在它后面紧紧追。

松鼠在树枝的最末端蹦跳,貂在较粗的树干上跑。跳呀,跳呀,跳呀,跳!——已经跳到了最后一根树枝上。

向下是地面,向上是黑貂。

它无可选择:只能跳到地上,再跳上别的树。

但是在地上松鼠可不是貂的对手。貂只跳了三下就将它追上,叫它乱了方寸——于是松鼠一命呜呼了……

兔子的花招

夜里一只灰兔闯进了果园。凌晨时它已啃坏了两棵年轻的苹果树,因为年轻的苹果树的树皮是很甜的。雪花落到它的头上,它却毫不在乎,依然不停地一面啃一面嚼。

村里的公鸡已经叫了一遍,两遍,三遍。响起了一声狗吠。

这时兔子忽然想到:趁人们还没有起床,得跑回森林去。四周是白茫茫的一片,它那棕红色皮毛从远处看去一目了然。它该羡慕雪兔了:现在那家伙浑身一片白。

夜间新降的雪既温暖又易留下脚印。兔子一面跑一面在雪地里留下脚印。长长的后腿留下的脚印是拉长的,一头大一头小;短短的前腿留下的是一个个圆点。所以在温暖的积雪上每一个爪印,每一处抓痕都清晰可见。

灰兔经过田野,跑过森林,身后留下了长长的一串脚印。现在灰兔真想跑到灌木丛边,在饱餐之后睡上一两个小时。可糟糕的是它留下了足迹。

灰兔要起了花招:它开始搅乱自己的足迹。

村里人已经醒来。主人走进果园——我的天哪!两棵最好的苹果树被啃坏了。他往雪地里一瞧,什么都明白了:树下留有兔子的脚印。他伸出拳头威胁说:你等着!你损坏的东西要用自己的皮毛来还。

主人回到农舍,给猎枪装上弹药,就带着它在雪地里走了。

就在这儿兔子跳过了篱笆,这儿就是它在田野上跑的足迹。在森林里脚印开始沿着一丛丛灌木绕圈儿。这也救不了你:我们会把圈套解开。

这儿是第一个圈套:兔子绕着灌木丛转了一圈,把自己的足迹切断了。

这儿是第二个圈套。

主人顺着后脚的脚印追踪着它。两个圈套都被他解开了。手中的猎枪随时可发。

慢着,这是怎么回事?足迹到此中断了,四周地面上干干净净,了无痕迹。如果兔子跳了过去,应该看得出来。

主人向脚印俯下身去。嘿嘿!又来了新的花招:兔子向后转了个身,踩着自己的脚印往回走了。爪子踩在原来的脚印里,你一下子识别不出脚印被踩了两遍,这是双重足迹。

主人就循迹往回走。走着走着他又到了田野里。那就是说刚才看走了眼,也就是说那里它还耍了什么花招。

他回去又顺着双重足迹走。啊哈,原来是这样:双重足迹不久就到了头,接下去又是单程的脚印。这就意味着你得在这儿寻找它跳往旁边的痕迹。

好了,这不就是嘛:兔子纵身一跃越过了灌木丛,于是就跳到了一旁。又是一串均衡的脚印。又中断了。又是越过灌木丛的新的双重足迹,接着就是一跳跳地向前跑。

现在得分外留神……还有一处向旁边的跳跃。兔子就躺在某一丛灌木下。你耍花招吧,骗不了我!

兔子确实就躺在附近。只是并未躺在猎人认为的灌木丛下面,而是在一大堆枯枝下面。

它在睡梦中听到了沙沙的脚步声。走近了,更近了……

兔子抬起了头——有人在枯枝堆上行走。黑色的枪管垂向地面。

兔子悄悄地爬出了洞穴,猛的一下蹿到了枯枝堆的外面。白色的短尾巴在灌木丛间一闪而过——能看见的就这一下子。

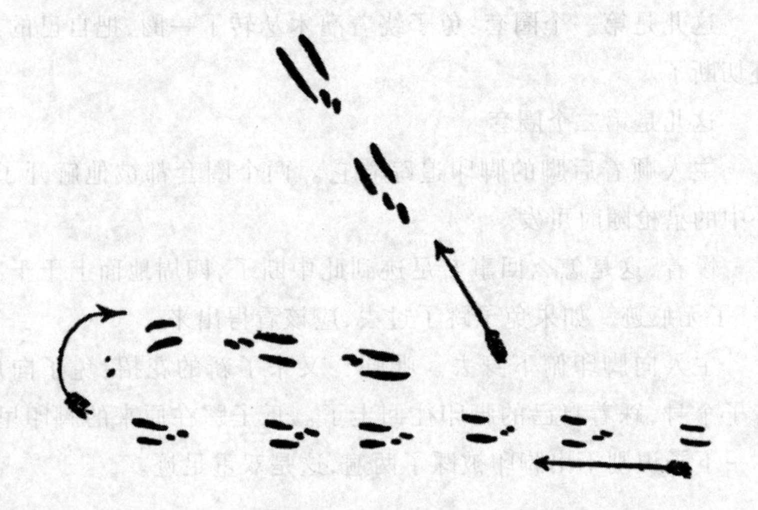

主人一无所获地回到了家里。

隐身的不速之客

又一个夜间盗贼来到我们森林里。要见它一面极其困难：夜里黑得伸手不见五指，而白天又无法把它和白雪分辨清楚。它是极地的居民，披在身上的颜色近似北极永久的积雪。这里说的是一种北极的白色猫头鹰。

它的个头几乎与雕鸮相当，力量则略逊一筹。它捕食大小鸟类、老鼠、松鼠、兔子。

它故乡的冻土带是如此寒冷，所以几乎所有的兽类都躲进了洞穴，鸟类则已远飞他乡。

饥饿迫使白色猫头鹰踏上旅途，来到我们这儿安家落户。在春季到来之前它并不打算还乡返程。

啄木鸟的打铁场*

我们家的菜园外面有许多老的赤杨树、白桦树，还有一棵很老很老的云杉树。在云杉树上挂着几个球果。于是就有一只色彩斑斓的啄木鸟为了这些球果飞来这里了。啄木鸟停到树枝上，用长长的嘴摘下一颗球果，又沿着树干向上跳去。它把球果塞进一个缝隙里，开始用长喙啄打它。从里面获取种子后就把球果往下一推，又去摘第二颗了。在同一个缝隙里它又塞进第二颗球果，接着又塞进第三颗，就这样一直操劳到天黑。

驻林地记者：Л.库博列尔

问熊去吧

为了躲避凛冽的寒风，熊喜欢地势低的地方，甚至在沼泽地，在茂密的云杉林里，为自己安顿一个冬季的隐身场所——熊洞。但有一件事就奇怪得很：如果冬季不会太冷，会出现解冻天气，那么所有的熊必定睡到地势高的地方，在小山岗上，在开阔的高地。这一点经受了许多代猎人的检验。

这好理解，因为熊害怕解冻天气。确实是这样，如果在冬天它肚子下面潺潺流淌着融化的雪水，后来又严寒骤降，结了冰的雪就会把米什卡蓬松的皮毛变成铁一般的板条，那可怎么办？这时就顾不上雪了，得一跃而起，满林子东游西荡去，无论如何得让身子暖和一下！

可如果不睡觉，东游西荡，就要消耗自己储存的体力，这就意味着得吃东西，进点儿食物来补充体力。但是冬天森林里熊没有可吃的东西。所以它眼看着会有暖冬出现，就选择高处筑洞，那里在解冻天气它身下也不会浸湿。这一点我们可以理解。

然而究竟它如何得知，根据什么征兆判断会出现不太冷还是寒气逼人的冬天？为什么还在秋天的时候，它就能正确无误地为自己选择筑洞的地点，或在沼泽，或在山岗？这一点我们不得而知。

爬到熊洞里，这件事问熊去吧。

只按严格的计划行事

“森林里边，地狱阴间”，在俄罗斯古代的人们这样传说，“谁在森林干活糊口，死神立马临头。”

早先伐木和砍柴的生活是充满了凶险的。只有一把斧头当武器的人们像对待凶恶的敌人一样对付绿色的朋友。要知道锯子来到我们身边完全是不久前的事：仅仅在十八世纪。

为了整天挥舞斧头，人需要有勇士的力量。还需要钢铁般的体质，才能在天寒地冻的气候下，冒着狂风暴雪，只穿一件单衣在白天劳动，而夜晚则在无烟囱的过冬小屋或就在小窝棚里，盖着毯子，傍着直烟道炉灶睡觉。

人们在春天林子里受的苦还要厉害。

一个冬天砍伐的木材需要拖出，运到河边，等到河水开冻，再把沉重的原木滚进水里，于是——母亲河，你把它们运走吧！河流知道往哪儿运。

木材运到哪里，感谢之声也跟到哪里……于是沿河建起了一座座城市。

那么在我们的时代怎么样呢？

在我们的时代“伐木”“砍柴”这两个字眼早就过时了，完全改变了原来的意思。我们已经不需要用斧头来砍伐巨大的树木，砍削它们的枝丫。这一切都由机器替我们来做。连通往森林里面的道路也由机器来开辟、平整，再沿这些路把原条——木材拖出林子。

你看这就是林间履带拖拉机——推土机巨人般的力量。这头沉重的钢铁怪物乖乖地服从创造它的人的意志，向着无路通行的密林推进，如压草一般推倒面前数百年的大树。它轻松地把大树连根掘起，堆到两边，耙开枯枝，压平地面，于是路筑成了。

路上载着流动电站的汽车飞奔而来。工人们手持电锯走向棵棵大树，电锯后面蜿蜒曲折地拖着橡皮包着的电线。电锯尖利的钢齿如刀切油脂般切进坚固的木材。半米直径的巨大树干半分钟——三十秒内就锯断了。而如此巨大的一棵树要一百年才能长成。

当周围百米之内的树木都倒下以后，汽车就载着电站继续前进，强大的集材拖拉机就开到了它的位置。它一下子抓住几十根原条——没有削净枝丫的树木，拖向运材道。

巨大的木材牵引车沿途把木材运往窄轨铁路。那里已经有一个人——司机——在驾驶长长的一列平板车，上面装着数千立方米的木材，驶向铁路边或河边的木材仓库。在这儿木材被加工成原木[①]、板材、造纸木材。

就这样在我们的时代借助机器采伐的木材就出现在最僻远的草原村落、城市、工厂——一切需要它的地方。

任何人都心里明白，借助如此强大的技术可以采伐林木，但是要严格按国家统一计划行事，否则我们这个森林资源最为丰富的国家就可能突然变得无林可伐。在现代技术条件下要消灭一座森林是再简单不过的事，可是它成长起来却是那么缓慢：几

① 原木是指按国家标准的一定长度由原条锯成的圆木段。

十年的时间。

在采尽木材的地方，我们马上用各种品种的树木种植新的森林。

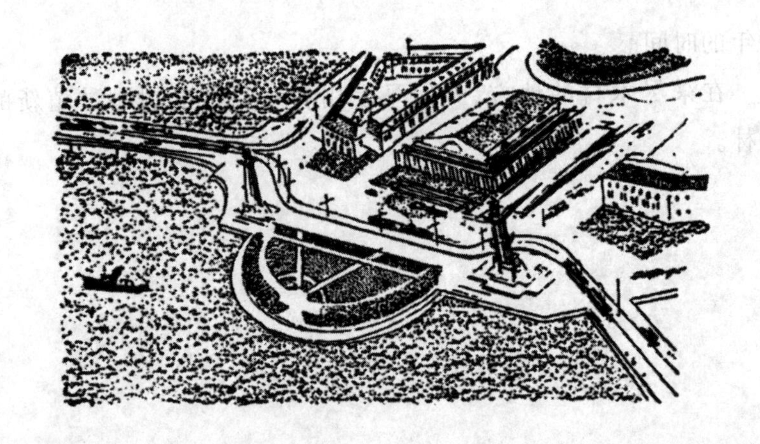

都市新闻

瓦西里岛的乌鸦和寒鸦的全体大会

涅瓦河结冰了。现在每天下午四点，都有瓦西里岛的乌鸦和寒鸦飞来，降落到施密特中尉桥（八号大街对面）下游的冰上。

经过一番吵吵闹闹的争执后，这些鸟儿分成了几群，然后飞往瓦西里岛上各家花园里过夜。每一群都在自己最中意的花园里宿夜。

侦察员

城市花园和公墓的灌木与乔木需要保护。它们遇到了人类难以对付的敌害。这些敌害是那么狡猾、微小和不易察觉，连园林工人都发现不了。这时就需要专门的侦察员了。

这些侦察员可以在我们的公墓和大花园里，它们工作的时候见到。

它们的首领是穿着花衣服、帽子上有红帽圈的啄木鸟。它的喙就像长矛一样。它用喙啄穿树皮。它断断续续地大声发号施令：基克！基克！

接着各种各样的山雀就闻声飞来：有戴着尖顶帽的凤头山雀；有褐头山雀，它的样子像一枚帽头很粗的钉子；有黑不溜秋的煤山雀。这支队伍里还有穿棕色外套的旋木雀，它的嘴像把小锥子；以及穿蓝色制服的䴓，它的胸脯是白色的，嘴尖尖的，像把小匕首。

啄木鸟发出了命令：基克！䴓重复它的命令：特甫奇！山雀们作出了回应：采克，采克，采克！于是整支队伍开始行动。

侦察员们迅速占领各棵树的树干和树枝。啄木鸟啄穿树皮，用针一般尖锐而坚固的舌头从中捉出小蠹虫。䴓则头朝下围着树干打转，把它细细的小匕首伸进树皮上的每一个小孔，它会在那里发现某一个昆虫或它的幼虫。旋木雀自下而上沿树干奔跑，用自己的歪锥子挑出这些虫子。一大群开开心心的山雀在枝头辗转飞翔。它们查看每一个小孔、每一条小缝，于是任何一条小小的害虫都逃不过它们敏锐的眼睛和灵巧的嘴巴。

既是食槽又是陷阱的小屋

饥寒交迫的时节到了。请为我们了不起的小朋友——鸣禽想想。

如果您居住的房子有附属的花园或者即使是用篱笆围住的屋前小花园，您很容易把鸟儿吸引到自己身边，在没有食物的季节喂养它们，在严寒和风暴天气给它们庇护，事先放置居住的小

平台给它们当窝,假如您想从这些出色的歌手中引诱这只或那只到自己的房间里,您立马可以将它逮住。一间小屋可以为您效力,它的样子画在本文的开头。

小屋走廊上您的免费食堂里,放上大麻子、大麦、黍子、面包屑和肉末、没腌过的肥肉、凝乳、葵花子,款待来客。假如您在大城市居住,最有趣的小居民也会聚拢来享用您款待的美食,还会住到您的家里。

您可以在小走廊上的活动小门到您的气窗之间拉一根铁丝或绳子,到您需要的时候把小门关上。

或者——这样更有趣!——给捕鸟器来个电气化。

不过您别想在夏天捕捉自己的小房客:那样您会让小鸟儿送命。

狩猎纪事

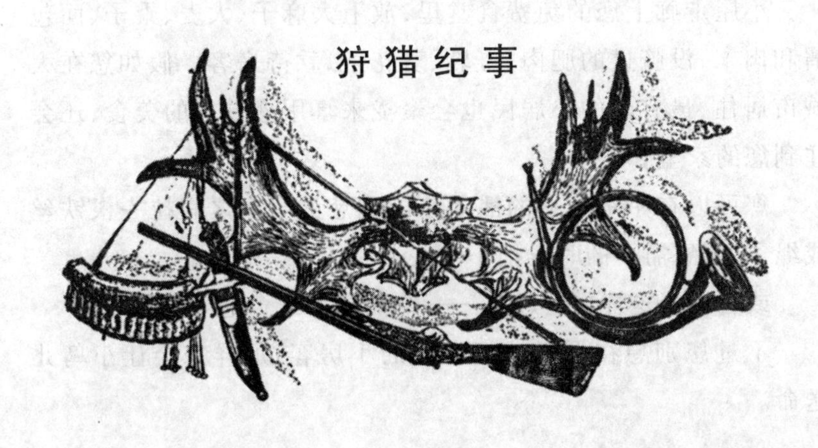

秋季开始捕猎皮毛有实用价值的小兽。快到十一月的时候它们的皮毛已清理干净,换上新毛:夏季轻薄的皮毛换成了暖和稠密的冬装。

捕猎松鼠

小小的野兽松鼠有什么了不起?

在我们苏联的狩猎业里它比其余所有野兽都重要。只装松鼠尾巴的大货包在全国每年的销售量达数千包。人们用蓬松的松鼠尾巴制作帽子、衣领、护耳和其他保暖用品。

松鼠毛皮和尾巴是分开销售的。松鼠毛皮用来做大衣、毛皮短披肩。人们制作漂亮的浅灰色女式大衣,重量很轻又很暖和。

一旦降下第一场雪,猎人们就出发去捕猎松鼠。在松鼠多又易捕获的地方,连老人甚至十二至十四岁的男孩也加入了捕猎松鼠的行列。

猎人们结成不大的合作猎队,或单独行动,在森林里一住就是几个星期。从早到晚乘着短而宽的滑雪板在雪地里徜徉,用猎枪射击松鼠,放置捕兽器,静候观察。

他们在土窑或很低的小窝棚里过夜,在那些窝棚里连身体都无法站直,这就是他们被白雪覆盖的越冬住所。他们做饭的地方是样子像壁炉的直烟道炉灶。

猎人捕猎松鼠的首选伙伴是莱卡狗。没有它,猎人就像失去了眼睛。

莱卡狗完全是一种特殊的犬种,属于我们的北地犬,在冬季原始森林里的狩猎活动中,世界上没有任何其他一种猎犬可以和它匹敌。

莱卡狗为您寻找白鼬、黄鼬、水獭、水貂的洞穴,替您把这些小兽咬死。夏天莱卡狗帮您从芦苇荡里赶出野鸭,从密林里赶出公黑琴鸡。它不怕水,即使是冰冷的水,当河面结起薄冰时它还下水去叼回打死的野鸭。秋季和冬季莱卡狗帮主人捕猎松鸡、黑琴鸡,这两种鸟在这个时节面对伺伏的猎狗沉不住气:莱卡狗坐在树下,不时发出汪汪的叫声,以此吸引它们的注意。

带上莱卡狗,您在黑土路和积雪的土路上能找到驼鹿和熊。

如果您遭遇可怕野兽的攻击,忠实的朋友莱卡狗不会出卖您,它会从后面咬住野兽,让主人赢得重新装弹的时间,把野兽打死,或者它自己牺牲。但是最叫人惊讶的莫过于莱卡狗会帮猎人找到松鼠、貂、黑貂、猞猁,这些都是在树上生活的野兽。任何一条别的狗都找不到树上的松鼠。

在冬季或晚秋时节,您在云杉林、松林、混合林里行走。这里静悄悄的。任何地方任何东西都没有动静,没有闪动和轻微的叫声。似乎周围是空无一物的荒漠，连一只小兽也没有。一片死寂。

然而您带上莱卡狗走进这座林子。您就不会寂寞无聊。莱卡狗会在树根下找出白鼬，把雪兔从睡梦中惊起，顺便吃上一只林中的老鼠，不露痕迹的松鼠在稠密的针叶丛里躲藏得不管有多深，它都能发现。

事实上，如果空中的小兽不偶然下到地面，莱卡狗怎么能找到松鼠呢？要知道狗既不会飞，也不会上树呀！

无论猎人用于追踪野禽的猎禽犬，还是寻找兽迹的追逐犬，都需要有灵敏的嗅觉。鼻子是猎禽犬和追逐犬主要和基本的工作器官。这些品种的狗可以视力很差，耳朵完全失聪，却仍然能出色地工作。

而莱卡狗却一下子具备了三个工作器官：细腻的嗅觉、敏锐的视力和灵敏的听力。莱卡狗能一下子把这三个器官都调动起

来。与其说这三者是器官,不如说是莱卡狗的三个仆从。

只要松鼠的爪子在树枝上抓一下,莱卡狗竖起的那双时刻警戒的耳朵就已经对主人悄悄说:“野兽在这儿。”松鼠的爪子在针叶丛中稍稍一晃,眼睛就告诉莱卡狗:“松鼠在这儿。”风儿把松鼠身上的一股气息吹送到了下面,鼻子就向莱卡狗报告:“松鼠在那边。”

借助自己的这三个仆从发现树上的小兽以后,莱卡狗就忠诚地让自己第四个仆从——嗓子为打猎的主人效劳。

一条优秀的莱卡狗不会向发现野兽或野禽藏身的树上扑过去,也不会用爪子去抓树干,因为这样会惊动藏身的小兽。一条优秀的莱卡狗会坐在树下,眼睛死死盯住松鼠躲藏的地方,不时发出阵阵吠叫,保持高度警戒。只要主人还没有到来或呼唤它回去,它不会从树下离开。

捕猎松鼠的过程本身十分简单:小兽已被莱卡狗发现,它的注意力也被猎狗牢牢吸引,猎人只剩下无声无息地靠近,不做出剧烈的动作,再就是好好瞄准。

用霰弹枪击中松鼠是不成问题的。但职业猎手却用单颗枪弹射击这种小兽,而且一定要击中头部,以免损伤皮毛。冬季松鼠抵御枪伤的能力很强,所以射击要十分准确。否则它就躲进稠密的针叶丛里,会一直留在那里。

捕猎松鼠还可以用捕兽器或别的捕兽工具。

捕兽器是这样放置的:取两块短的厚木板,在树干之间将它们固定。用一根细木棍支撑上面的木板,使它不落到下面的板上,木棍上绑上有气味的诱饵:烤熟的菌菇或晒干的鱼。松鼠稍稍拖一下诱饵,上面的板就落了下来,啪的一声压住了小兽。

只要雪不很深,整个冬季猎人都在捕猎松鼠。春季松鼠正在换毛,所以直到深秋,在它重新穿上茂密的浅灰色冬装前,人们都不会碰它。

带把斧头打猎

在捕猎毛皮有经济价值的凶猛小兽时，猎人与其说是用猎枪，不如说是用斧头。

莱卡狗凭感觉找到了藏在洞里的黄鼬、白鼬、银鼠、水貂或水獭。把小兽赶出洞穴便是猎人的事了。可这件事做起来并不容易。

凶猛的小兽在土里、石头堆里、树根下面安置自己的洞穴。感觉到危险以后，它们绝对不会离开自己的藏身之所。只能用探棒或小铁棍长久地在洞穴里搅，或者干脆用双手扒开石块，用斧头砍掉粗树根，刨开冻结的泥土，再就是用烟把小兽从洞里熏出来。

不过只要它一跳出来，就再也逃不走了：莱卡狗不会放过它，会把它咬死。

或者猎人瞄准了开枪。

猎　貂

（本报特派记者来稿）

捕猎林中的貂难度更大。发现它觅食小兽或鸟类的地方是不成问题的。这里雪被践踏过了，还留有血迹。可是寻找它饱餐以后的藏身之所，就需要一双十分敏锐的眼睛。

貂在空中逃遁：从这一枝条跳上那一枝条，从这棵树跳向那棵树，就如松鼠一样。不过它依然在下面留下了跟随它的痕迹：

折断的树枝、兽毛、球果、针叶、被爪子抓落的小块树皮，都会从树上掉落到雪地里。有经验的猎人根据这些痕迹就能判断貂在空中的行走路线。这条路往往很长——有几公里。应当十分留神，一次也不能偏离了踪迹，按坠落物寻找貂的行踪。

塞索伊·塞索伊奇第一次找到貂的踪迹时，他没有带狗。他自己跟随踪迹去找寻貂的去向。

他乘着滑雪板走了很久。有时胸有成竹地快速走过一二十米——那是在野兽下到雪地里，在雪上留下脚印的地方，有时慢慢腾腾地向前移动，警觉地查看空中旅行者留在路上依稀可见的标记。在那一天他不止一次叹息没有把自己忠诚的朋友莱卡狗带上。

塞索伊·塞索伊奇在森林里遇到了黑夜。

小个儿的大胡子烧起了一堆篝火，从怀里掏出一大片面包，放在嘴里嚼着，然后好歹睡过了一个长长的冬夜。

早晨，貂的痕迹把猎人引向一棵粗壮干枯的云杉。这可是

成功的机会：在云杉树干上塞索伊·塞索伊奇发现了一个树洞，野兽应当在此过夜，而且肯定还没有出来。

猎人扳动了扳机，用右手拿住枪，左手举起一根树枝，用它在云杉树的干儿上敲了一下。他敲了一下就把树枝扔了，用双手端起了猎枪，以便貂一跳出来就能立马开枪。

貂没有跳出来。

塞索伊·塞索伊奇又捡起树枝。他更使劲地敲了一下树干，然后还要使劲地再敲一下。

貂没有出现。

"唉，还在睡大觉呢！"猎人沮丧地自忖道，"醒醒吧，瞌睡虫！"

但是不管他怎么敲，只有敲打声在林子里回响。

原来貂不在树洞里。

这时塞索伊·塞索伊奇才想到要围着云杉看个究竟。

这棵树里面都空了，树干的另一面还有一个从树洞出来的口子，在一根枯枝的下方。枯枝上的积雪已经掉落，说明貂从云杉树干的这一面出了树洞，溜到了邻近的树上，凭借粗大的树干挡住了猎人的视线。

已经没有办法，塞索伊·塞索伊奇只好继续去追赶这头野兽。

猎人又整整一天搅在依稀可见的踪迹布下的迷局里。

天已经暗下来，这时塞索伊·塞索伊奇碰到的一个痕迹明确地表明，野兽并不比自己的追捕者高明多少。猎人找到了一个松鼠窝，貂从这里把松鼠赶了出来。很容易探究清楚：凶猛的小兽曾长久追赶自己的牺牲品，最终在地面上追上了它，筋疲力尽的松鼠已不再打算跳跃，就从树枝上脱落下去，这时貂便跳了几大步赶上了它。貂就在这儿的雪地里用了午餐。

确实，塞索伊·塞索伊奇跟踪的痕迹是正确的。但是他已无力继续追踪野兽了，从昨天以来他什么也没有吃过，他连一丁点儿面包也没有了，而现在逼人的寒气又降临了。再在林子里过一夜就意味着冻死。

塞索伊·塞索伊奇极其懊丧地骂了一句，就开始沿自己的足迹往回走。

"要是追上这鬼东西，"他暗自想道，"要做的就一件事——把一次装的弹药都打出去。"

塞索伊·塞索伊奇窝着一肚子火，从肩膀上卸下猎枪，再次经过松鼠窝时，瞄也不瞄，对着它开了一枪。他这样做只是为了排遣心头的烦恼。

树枝和苔藓从树上纷纷落下来，在此之前，一只毛皮丰厚、精致的林貂在临死前的战栗中扭动着身子，落到了惊讶万分的塞索伊·塞索伊奇的脚边。

后来塞索伊·塞索伊奇得知，这样的情况并不少见：貂捉住了松鼠，把它吃了，然后钻进被它吃掉的洞主的温暖小窝里，蜷缩起身子，安安宁宁地睡个好觉。

黑夜和白昼

快到十二月中旬时，松软的积雪已经齐膝深了。

在日落的时候，一群黑琴鸡停在落尽树叶的白桦树顶上，绯红的天幕映衬出它们黑色的身影。接着它们一只接一只地飞到下面，钻进雪地里，不见了踪影。

夜幕降临了，没有月光，要多黑有多黑。

在黑琴鸡消失的林间空地上，出现了塞索伊·塞索伊奇。他手里有一张网和一个火把。浸了松脂的麻絮烧得旺旺的，于是黑暗就如幕布一样向两旁退去了。

塞索伊·塞索伊奇警觉地向前移步。

突然在他前面两步远的地方从雪地里蹿出一只黑琴鸡。明亮的火光使黑琴鸡看不见东西,它像一只巨大的甲虫那样在原地无奈地打转。猎人利索地用网扣住了它。

塞索伊·塞索伊奇就这样在黑夜里活捉黑琴鸡。

但是在白昼他却在大路上乘着雪橇向它们开枪。

这就叫人纳闷了:停在树梢上的鸟群无论如何也不会让徒步的人走近去开枪射击,可是这个猎人如果坐在雪橇上,即使带着整个农庄的车队驶过,同样的黑琴鸡却不会想到从他身边逃命。

森林报

小道初白月

No.10

（冬一月）

十二月二十一日至一月二十日　　太阳进入摩羯星座

第十期目录

一年——分十二个月谱写的太阳诗章

十二月——天寒地冻的时节。十二月为严冬铺路，十二月把严冬牢牢钉住，十二月把严冬别在身上。十二月是一年的终结，是严冬的起始。

河水停止了流淌：即使汹涌的河水也被坚冰封冻了。大地和森林都已银装素裹。太阳躲到了乌云背后。白昼越来越短，黑夜正在慢慢增长。

皑皑白雪之下埋葬着多少死去的躯体！一年生的植物如期地成长，开花，结果，然后它们化为粉末，复归自己出生的土地。一年生的动物——许多小小的无脊椎动物也如期化作了粉末。

然而植物留下了籽，动物产下了卵。太阳仿佛有关死公主童话中的漂亮王子①，如期用自己的亲吻唤醒它们恢复生命，重新从土壤里创造出鲜活的躯体。而多年生的动植物则善于在北国整个漫长的冬季维护自己的生命，直至新春伊始。要知道严冬还未及开足马力，太阳的生日——十二月二十三日已为期

① 这里指的普希金的童话《死公主和七勇士的故事》，美丽的公主遭后娘新皇后的妒忌，误食巫婆的毒苹果而亡，被七勇士葬在山洞的水晶棺里，她的未婚夫王子叶里赛历尽千辛万苦找到她，把她救活。

不远！

太阳又返回人间。生命也跟随着太阳重生。

然而仍然得熬过漫漫严冬。

冬季是一本书

[illegible]

[illegible]

是谁在这里出没，做了什么？

[illegible]

它们是怎么回事？

[illegible]

[illegible]

冬季是一本书

平平坦坦的一层皑皑白雪覆盖了整个大地。田野和林间空地现在就如一册巨大书本的平整洁净的纸页。无论谁在上面经过,都会写上:“某人到过此地。”

白天雪花纷纷扬扬。雪下完以后,留下了洁白的书页。

清晨你走来一看:洁白的书页上盖满了许多神秘的符号、线条、句号、逗号。这表明夜里有许多林中的居民到过此地,走过、跳过,还做过什么。

是谁来过这里?做了什么?

应当赶快弄清费解的符号,阅读神秘的文字。又是大雪纷飞,此时仿佛又有人将书翻过了一页,眼前又复出现了洁净、平整的白色纸页。

它们怎么读?

在冬季这本书里,每一位林中居民都用自己的笔迹、自己的符号书写了内容。人们正在学习用眼睛辨认这些符号。如果不用眼睛读,还能怎么读呢?

但是动物却想到了用鼻子阅读。比如狗就常用嗅觉来读冬天这本书里的符号:“狼来过这里”,或者“兔子刚刚从这儿跑过”。

动物身上这样的鼻子学问大得很,怎么也不会出错。

它们各用什么书写?

野兽最多的是用爪子写。有的用整个脚掌写,有的用四个脚趾写,有的用蹄子写。也有用尾巴写的,用喙写的,用肚子写的。

鸟类也用爪子和尾巴写,但还有用翅膀写的。

简单的书写和书写时耍的花招

我们的记者学会了在冬季这本书里读出林中发生的各种故事。他们获取这方面的学问可不是一件轻而易举的事:原来并非每一位林中的居民留下的都是简单的笔迹,有的在书写时是耍了花招的。

辨认和记住松鼠的笔迹既容易又简单。它在雪地上跳跃的动作就如我们做跳背游戏。用短短的前趾作支撑,长长的后腿远远地向前跨越,分得很开。两个前趾留下的脚印小小的,印下两个圆点,彼此并排。后趾留下的脚印长长的,拉直了的,仿佛一只小手连同细细的手指一起打下的印痕。

老鼠的笔迹虽然很小,但也很简单,清晰易辨。老鼠从雪地里爬出来时经常制造一个小圈套,然后才笔直跑向要去的地方或回到自己的洞穴。雪地里留下了长长的两行冒号,两个冒号之间的距离相等。

鸟类的笔迹——就说喜鹊吧,也容易辨认。前面三个脚趾打在雪上的是十字形,后面第四个脚趾打下的是破折号(笔直的一条短线)。十字形的两边是翅膀的羽毛打下的印记,像手指一样。而且一定有它长长的梯级形尾巴擦过的痕迹。

所有这些痕迹都没有耍过花招。一看便知:松鼠就在这儿下了树,在雪地里跳了一段路,又跳回树上了。老鼠从雪地里跳了出来,跑了一阵,转了几个圈儿,又钻进雪地里了。喜鹊停在雪地里,笃、笃、笃,啄着雪面上硬硬的冰壳,用尾巴在雪上拖着,用翅膀打着雪地,然后——再见吧。

但是辨认狐狸和狼的笔迹就不一样了。由于不常见,你一下子就蒙住了。

小狗和狐狸,大狗和狼

狐狸的脚印和小狗的脚印相似。区别在于狐狸把爪子握成一团:脚趾握得紧紧的。

狗的脚趾是张开的,所以它的脚印比较松散和柔软。

狼的脚印像大狗的脚印。区别也相同:狼的脚趾从两边向里握紧。狼留下的脚印比狗的脚印长,也更匀称。脚爪和掌心的肉垫打的印痕更深。同一脚掌的印痕上前后爪之间的距离比狗的大。狼脚掌的前爪留下的印痕常合并成一个。狗

脚爪的肉垫留下的印痕是相连的,而狼不是。(比较狗、狼和狐狸的脚印。)

这是基础知识。

阅读狼的脚印写成的字行特别费神,因为狼喜欢布弄迷阵,使自己的脚印混乱。狐狸也一样。

狼的花招

狼在行走或小步快跑时右后脚齐齐整整踏在左前脚的脚印里,而左后脚则踏在右前脚的脚印里。因此它的脚印像沿着一根绳子一样,笔直延伸,排成一列。

你望着这样的一行脚印,就解读为:"有一头身高体大的狼从这儿过去了。"

你恰恰弄错了!正确的解读应当是:"这里走过了五头狼。"前面走的是头聪明的母狼,它后面跟着一匹老狼,老狼后面是三头年轻的小狼。

它们是踩着脚印走,而且走得那么齐整,简直想不到这会是五头野兽的足迹。要成为一名出色的白色小道(猎人如此称呼雪地上的足迹)的跟踪捕猎者,得练就非常好的眼力。

冬季的森林

严寒会冻死树木吗?当然会。

假如整棵树直至中心部位都结冰了,它会死亡。在特别严酷少雪的寒冬我们这儿不少树木会冻死,大部分是那些树龄较小的树。要是每一棵树都不留一手,为自己保存热量,使严寒不能深深地透入体内,那么所有的树都完了。

吸收养料，生长，繁育后代，这一切都要大量地支付力量、能量，也就是支付自己的热量。所以树木在夏季就积蓄力量，快到冬季时就不再接受营养，停止吸收养料，停上生长，不再消耗力量去繁殖后代。它们变得没有生命活动，进入了深沉的睡眠状态。

叶子会呼出许多热量——那么到冬天就把叶子打倒！树木从自己身上甩掉叶子，和它们断绝关系，以便在体内保存维持生命所必需的热量。而且，从枝头坠落、在地上腐烂的树叶本身就提供了热量，预先保护了柔弱的树根免遭冰冻。

不仅如此！每一棵树都有抵御严寒的铠甲保护植物有生命的躯体。在整个夏季，树木每年都在树干和树枝的皮下储备多孔的韧皮组织——没有生命的填充层。韧皮层不透水也不透气。空气滞留在它的细孔内，不让树木有生命的躯体散出热量。树龄越老，它皮下的韧皮层就越厚，这就是老而粗的树比年轻、枝干较细的树更耐寒的原因。

光有韧皮层这副铠甲还不够。如果严酷的寒冷连这也能透过，那么它还会遭遇植物体内化学物质的可靠防护。在冬季到来之前树的液汁里积蓄了各种盐分和转化为糖的淀粉。而盐和糖的溶液是十分耐寒的。

不过最好的御寒物是蓬松的白雪罩子。众所周知，体贴的园丁有意将怕冷的年轻小果树压向地面，并给它撒上雪，因为这样它们会暖和些。在多雪的冬季，白雪犹如给森林盖上了一条羽绒被，这时任何严寒都不会使森林感到可怕了。

不，不管严寒如何凶狂肆虐，它都冻不死我们北方的森林！

我们的鲍瓦王子[①]在任何风暴和暴风雪面前都岿然不动。

---

① 俄罗斯古代神奇故事和18世纪以来通俗故事的主人公。

在白雪覆盖的草地上

周围白茫茫的一片，积雪很深。想到现在大地上除了皑皑白雪已经一无所有，所有的鲜花早已凋零，所有的草也已枯萎，心中不免伤感。

一般都是这么想。而且还要自我安慰："有什么办法呢，大自然就是这么定的嘛！"

我们对大自然的了解是多么不足！

今天是一个晴朗和煦的日子。我就享用了这样的好天气。我乘上滑雪板前往我的小块草地，去清除试验地上的积雪。

我把雪清除干净了。太阳照到了草地一月份的植物上。它照到了紧贴着结冰地面的莲形叶丛、钻出干燥草皮的尖尖的鲜嫩叶芽、被雪压得倒伏在地的各种绿色草茎。

我从中找到了我的锐尖毛茛。它一直开花到冬季刚来临。在雪下它还保存着为春天而开放的所有花朵和花蕾。连花瓣都没有散落！

你们知道我的试验地上有多少种不同的植物吗？六十二种。其中三十六种至今依然碧绿，五种还在开花。

现在你再说在一月份我们的草地上既没有草也没有花吧！

H.帕甫洛娃

林间纪事

下面是本报驻林地记者在白色小道上读到的几则故事。

缺少知识的小狐狸

小狐狸在林间空地看见了老鼠留下的一行行小小字迹。

"啊哈,"它想道,"现在我们有吃的了!"

它认为得用鼻子好好阅读一番,看是谁来过这儿。它只看了一眼就知道了:看,足迹原来通到了那里——一丛灌木边。

它悄悄地向灌木逼近。

它看见雪里面有一个皮毛灰色、拖着小尾巴的小东西在动。嚓,一口把它咬住!马上在牙齿间发出了咯吱声。

呸!——这么难闻的讨厌东西!它把小兽一口吐掉,跑到一边赶紧吞上几口雪。但愿雪能把嘴巴洗干净。有那么难闻的气味!

就这样它仍然没能吃上早餐。只是白白地把一只小兽糟蹋了。

那只小兽不是老鼠,也不是田鼠,而是鼩鼱。

它只在远看时像老鼠。近看马上能分清楚:鼩鼱的脸部鼻子前伸，驼背。它属于食昆虫的动物，和鼹鼠、刺猬是近亲。任何一种有知识的野兽都不碰它，因为它发出可怕的气味：麝香的气味。

可怕的爪印

本报驻林地记者在树下发现了一个个很长的爪印，这简直把他们吓了一大跳。爪印本身倒并不大，和狐狸的脚印差不多，但爪痕又长又直，像钉子一样。如果肚子上被这样的爪子抓一下，保管肠子被抓到外面。

他们小心翼翼地顺着这行爪印走去，来到一个大洞边，这里的雪面上散落着兽毛。他们仔细查看了毛毛——直直的，相当硬，但不脆，白色，末端是黑的。画笔就是用这样的毛毛制作的。

这时马上就清楚了：洞里住的是獾，是头心情忧郁的野兽，但不怎么可怕。看来，在解冻天气它出洞散步了。

白雪覆盖的鸟群

一只兔子在沼泽地上跳跳蹦蹦地走路。它从一个个草墩上跳过去，于是嘭的一声——从草墩上滑落，跌进了齐耳深的雪地里。

这时兔子感觉到雪下面有活物在微微运动。就在同一瞬间,它周围随着翅膀振动的声音从雪下面飞出一群柳雷鸟。兔子吓得要命,马上跑回了林子。

原来是整整一群柳雷鸟生活在沼泽地的雪地里。白天它们飞到外面,在雪地里走动,用喙挖掘觅食。吃饱以后又钻进了雪地里。

它们在那里既暖和又安全。谁会发现它们藏在雪下面呢?

雪地里的爆炸和获救的狍子

本报记者好久都没有猜透雪地里由足迹书写的一件事。

起先是一行小小窄窄的蹄印安安稳稳地向前延伸着。要解读它并不难:一只狍子在林子里走动,并未感到灾难的临近。

突然一旁出现了硕大的爪印,而狍子的蹄印是跳跃式前进的。

这也很明白:狍子发现了从密林里出来的一头狼,正挡住了它的去路朝它奔来。

接着狼的脚印越来越近——狼开始追赶狍子了。

在一棵倒下的大树边两种脚印完全搅在了一起。显然狍子勉勉强强越过了粗大的树干,这时狼也嗖的一下跟着跃了过去。

树干的那一边有一个深坑:所有的雪被翻转,向四周抛了出去,仿佛这里有一个巨大的炸弹在雪下炸开了。

在这以后狍子的足迹走向了一边,狼的足迹走向了另一边,而中间不知从哪里冒出了一种巨大的脚印,很像是人的脚印(当他赤脚走路时),但是带有歪斜的可怕爪痕。

雪里面埋的是什么样的炸弹?这新出现的脚印是什么动物的?为什么狼蹿到了一边,而狍子蹿到了另一边?这里发生了什么事？

我们的记者绞尽脑汁，久久地思索着这些问题。

最后他们弄清楚了这些巨大的脚印是什么动物的，至此所有问题都迎刃而解了。

狍子凭借自己腾空的四蹄轻松地越过了倒地的树干，又继续向前奔逃而去。狼跟着它也跳越过去，但是没能越过，因为身体太重。它从树干上滑落，嘭的一下跌进了雪里，而且四条腿一起跌进了一个熊洞。这个洞正好在树干下面。

米什卡从睡梦中惊醒过来，就跳了出去，于是四周的雪呀、冰呀、树枝呀什么的被搅得一塌糊涂，仿佛炸弹炸过似的，然后就奔跑着逃进了森林(它以为猎人向它袭击来了)。

狼一个跟头翻进雪窝里，一看到这么大的一个身躯，早忘了狍子，只顾拔腿就跑。

而狍子早就不见了踪影。

在雪海的底部

对于生活在田野和森林的动物来说,没有比初冬时节的少雪天气更坏的事了。光秃秃的大地上冰冻层越来越厚。洞穴里变得很冷。鼹鼠就吃尽了它的苦头,艰难地用自己铲状的爪子挖掘冻得坚似岩石的泥土。那么老鼠、田鼠、伶鼬、白鼬感觉如何呢?

不过终于下雪了。雪下了又下,已不再融化。干燥的雪海覆盖了整个大地。人踩到这个海洋里会没到膝部,而花尾榛鸡、黑琴鸡,甚至松鸡则连头钻了进去。老鼠、田鼠、鼩鼱——所有不冬眠的穴居小兽都走出地下的居所,在雪海的底部四处奔跑。凶猛的伶鼬犹如一头细小的海豹不知疲倦地在雪海中潜进潜出。它蹿到外面待上一会儿,四下里观望着——有没有花尾榛鸡在哪儿的雪地里露头?——然后又潜入了底部。不露身影的小兽就这样悄悄地在雪下逼近鸟类。

在雪海的底部要比表面温暖得多。冬季致命的呼吸——凛冽的寒风吹不到那里。严寒无法透过由雪变成的厚厚的覆盖层到达地面。许多穴居的鼠类直接在雪下的地面上营造自己的冬巢,犹如离家住进了过冬的别墅。

就有这样一件事!一对短尾巴的田鼠用草和毛毛筑的小窝就在地上——在撒满白雪的一丛灌木的枝杈上。从窝里冉冉升起一缕轻盈的热气。

在厚厚积雪下这个温暖小窝的里面,赤裸、尚未睁眼的小田鼠刚刚降生!而当地的温度却是零下二十度!

冬季的中午

在一月份一个阳光明媚的中午，白雪覆盖的森林里悄然无声。在隐秘的洞穴中沉睡的正是洞主自己——熊。它的上方，在挂着沉甸甸积雪的灌木丛和乔木的枝叶丛间，仿佛有一个个童话故事中富丽堂皇的屋宇：拱顶、空中走廊、台阶、窗户、有着尖尖屋顶的奇异阁楼。这一切都是无数松疏的雪花骤然间闪烁和变幻出来的。

犹如从地底下钻出来似的，一只小鸟跳了出来，小嘴巴尖尖的像把锥子，小尾巴翘着。它轻轻一飞，上了一棵云杉的树顶，而且发出了悠扬婉转的啼鸣，响彻了整座林子！

这时从白雪构成的屋宇下方，地下居室的小窗里，突然露出了一只目光呆滞的绿眼睛……莫非春天提前降临啦？

是洞主的眼睛：熊总是在自己进洞睡觉的一面留取一个小窗——森林发生的事儿可不少啊！没什么情况，宝石般晶莹的住宅里安安静静的……于是那只眼睛消失了。

小鸟在结冰的枝头上东啄西啄了一会儿，便钻进了一个树墩上像帽子般的积雪里：那里有用软和的苔藓和绒毛铺垫的温暖的冬窝。

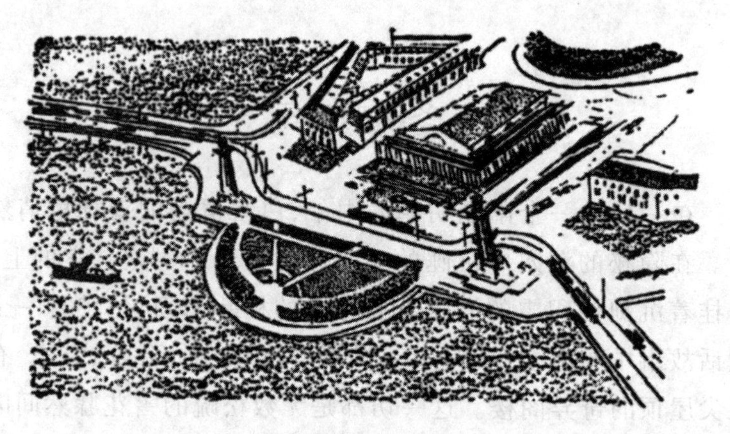

都市新闻

赤脚在雪地行走

在晴朗的日子里，当温度计的水银柱升到接近零度时，在花园里、林荫道上和公园里，从雪下爬出了没有翅膀的苍蝇。

它们成天在雪上游荡，傍晚时又躲进了冰雪的缝隙里。

那里它们生活在树叶下和苔藓中僻静的温暖场所。

雪地里没有留下它们游荡的足迹。这些游荡者身体很轻很小，只有在高倍放大镜下才能看清它们突出的长长嘴脸，从额头直接长出的奇怪的触角和纤细赤裸的腿脚。

国外来讯

有关我们的候鸟生活详情的讯息从国外发回了《森林报》编辑部。

我们的著名歌手夜莺在中部非洲过冬，黄莺住在埃及，椋鸟分成几群，在法国南部、意大利和英国旅行。

它们在那里没有唱歌，只关心怎么吃饱肚子，也不筑巢和养育小鸟。它们等待着春季，等待着可以返回故乡的时节，因为“他乡做客好，怎比家中强”。

埃及的熙攘

埃及是鸟类冬季的天堂。浩浩荡荡的尼罗河连同它无数的支流、迤逦曲折的河岸，肥沃的河湾草地和田野，咸水和淡水的湖泊与沼泽，温暖的地中海沿岸星罗棋布的海湾——所有这些地方都是数以几十万几百万计的鸟类现成的丰盛餐桌。夏天这里鸟类无数，而到了冬天我们的候鸟也来光顾了。

那拥挤的程度是无法想象的。似乎全世界所有的鸟类都聚集到了这里。在湖泊和尼罗河的各条支流上栖息的鸟类，稠密到从远处看不见水的程度。笨重的鹈鹕在喙下面挂着一只大袋子，和我们的灰鸭及小野鸭一起捉鱼吃。我们的鹬在红羽毛的美男子火烈鸟高高的双腿间穿梭往回，当鲜艳的非洲乌雕或我们的白尾雕出现时，就躲向四面八方。

假如对着湖面开一枪，那么密密麻麻的各种水禽成群起飞的轰鸣声，只有敲响数千只鼓的声音可以与之相比。湖面顿时笼罩在浓密的阴影里，因为升空的鸟类组成的乌云遮住了太阳。

我们的候鸟就这样生活在它们冬季的居所。

在我国连科兰近郊

在幅员辽阔的我国，也有属于鸟类自己的埃及，并不比非洲的逊色。我们许多生活在水中和沼泽地的鸟类在那里过冬。跟在埃及一样，在那里冬季你也能看见一群群鹈鹕和火烈鸟与野鸭、大雁、鹬、海鸥以及猛禽杂居在一起。

我们说的是在冬季。可是那里恰恰没有像我们这儿的冬季——白雪盖地，寒气逼人，暴风雪肆虐。在温暖的海边、水藻丛生的浅水里、芦苇荡里和沿岸的灌木丛里，在宁静的草原湖泊里，整年都充满了各种鸟类的食物。

这些地方被划为自然资源保护区，禁止猎人在此捕猎鸟类和经过夏季的操劳来此休息的候鸟。

这是我们的塔雷什国家自然资源保护区，位于阿塞拜疆苏维埃社会主义共和国连科兰市近郊，里海东南岸。

发生在南部非洲的慌乱

在南部非洲发生过一件事，引起了很大的慌乱。人们在一群鹳里发现一只鹳脚上戴着一个白色金属环。这群鹳是从天上飞下来的。

他们捉到了这只鹳，阅读了打在环上的文字。脚环上的文字是这样的："莫斯科，鸟类学委员会，A型195号"。

这件事许多报刊都刊登了，所以我们知道被我们的记者捕获过的这只鹳冬季在何处出现。（参阅《森林报》第七期，发自林区的第二份电报。）

科学家用这个方法——套脚环——得知鸟类生活中许多惊人的秘密：它们的越冬地，迁徙路线，等等。

为此每个国家的鸟类学委员会都用铝制作不同型号的脚环，在上面打上发放脚环的机构名称，表示型号（根据脚环尺寸大小）的字母和编号。如果有人捕获或打死套上脚环的鸟类，应当将有关情况告知将名称打在脚环上的科研机构，或在报上刊登有关自己发现的消息。

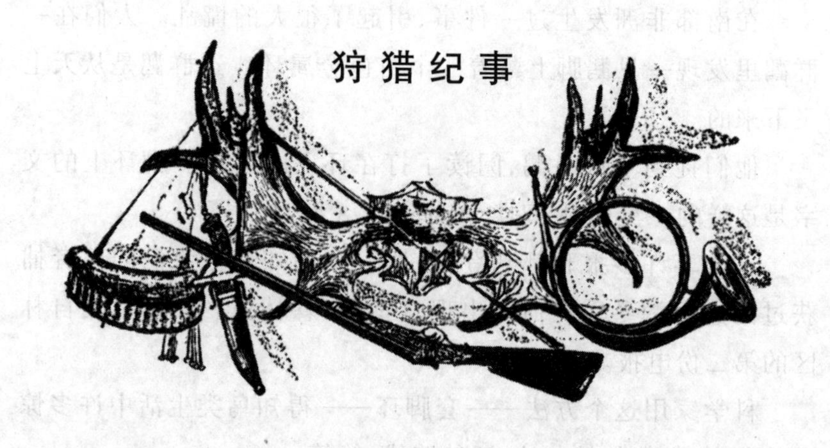

狩猎纪事

带着小旗猎狼

有几头狼在村庄附近出没。有时叼走一只绵羊,有时叼走一只山羊。村里没有自己的猎人。于是派人去城里请:

"帮我们排忧解难吧,同志们!"

当晚从城里来了一组士兵组成的猎人。他们各自乘着雪橇,随身带着两个很大的线轴。线轴上鼓鼓地绕着一圈圈绳子。绳子上系着一面面红布小旗,每两面旗子之间相距半米。

在白色小道上解读

他们向农民打听了狼的来向,就出发去解读足迹了。线轴放在后面的雪橇上随行。

狼迹沿着一条线路从村庄向森林延伸,经过田野。看起来似乎只有一头狼，而有经验的足迹辨认者却看出这里走过的是整整一窝狼。

在森林里一条足迹分成了五条。猎人们看了一会儿，说道：走在前头的是母狼。足迹窄窄的，步子短短的，成对角线方向有雪爪①：凭这一点认出来的。

他们分成了两组，分坐到雪橇上，绕森林转了一圈。

足迹没有离开森林到任何地方。那就表明整窝狼就住在这儿的林子里。应当用围猎的办法解决它。

围　猎

每一组猎人都带一个线轴。他们悄悄地前进，线轴在转动，把绳子一点点捯出来。身后的小旗子在灌木丛、树上和树墩上挂住。这样就使长长的小旗子离地有半俄丈高，在空中晃荡。

在村边两组人会合了：已经把林子从四面包围了。

他们吩咐农庄庄员天刚亮就起床，自己则去睡觉了。

① 野兽在踩下的雪窝里拔出爪子时会从雪窝里带出一部分雪，于是脚爪在雪上留下了痕迹。这样的痕迹称为“雪爪”。（原注）

在黑夜里

夜降临了,非常寒冷,明月高照。

母狼从睡觉的地方起身了。公狼也起身了。几头今年新生的小狼也起身了。

四周是密密丛林。在枝叶扶疏的云杉树梢上方的天空,浮动着一轮圆月,宛如一个死亡的太阳。

狼的肚子里正饿得咕咕叫。

狼的心里闷得慌!

母狼抬起头,对着月亮嗥叫起来,公狼跟着它用低沉的声音也叫了起来。跟着它们叫的是一岁的小狼,声音细细的。

村子里的牲口听到了狼嗥,于是奶牛哞哞叫起来,山羊也开始咩咩叫。

母狼出发了。后面跟着公狼,再后面是一岁的小狼。

它们小心翼翼认准脚印踩着走,沿着森林向村庄进发。

突然母狼站住不走了。公狼也停住了。小狼也站住了。

母狼凶狠的双眼里闪出了一丝惶惑不安。它灵敏的鼻子嗅到了红布刺鼻的气息。它发现前面的林间空地上有深色的布片挂在灌木上。

母狼已经上了年纪,见过的世面也多。可这种情况却从未遇到过。不过它知道哪儿有布片,哪儿就有人。谁知他们会怎么样呢:说不定正躲在田野里守着呢?

得往回走。

它转过身,跳跃着向密林跑去。公狼跟着它。它们后面是小狼。

狼群大步跳跃着跑过整座森林,到林间空地边又停住了。

还是布片儿!像伸出的舌头似的挂着。

这几头狼不知所措了。林子里纵横交错,各处都是布片儿,没有出路。

母狼感到了不祥的预兆。它蹿回密林里,卧了下来。公狼也卧倒了。小狼也跟着卧倒。

它们无法走出包围圈。最好还是忍饥挨饿。谁知道他们人究竟想干什么?

肚子饿得咕咕直叫。冷得厉害。

次日清晨

天刚蒙蒙亮,两支队伍就从村里出发了。

一支人数较少的队伍绕着森林走,他们都穿着灰色长袍,悄悄地在这里解下小旗,成链状散开,躲到了灌木丛后面。这些是带枪的猎人。他们穿灰色衣服是因为在冬季的森林里所有别的颜色都很显眼。

人数多的那支队伍——手持木橛子的农庄庄员待在田野里。接着按领队的命令闹闹嚷嚷地进了森林里。他们在森林里一面走,一面大声吆喝,用棍棒敲打树干。

驱　赶

狼在密林里打盹儿。突然从村庄的方向传来了嘈杂声。

母狼冲向了另一方向。它后面跟着公狼,公狼后面跟着小狼。

它们竖起了领毛,夹紧了尾巴,耳朵转向身后,双目炯炯发光。

到了森林边缘。有布片儿。

回头!

嘈杂声越来越近。听得出有许多人走来,木棒敲得嘭嘭响。

直接避开他们。

又到了森林边缘。红布片没有了。

向前逃！

整窝狼直接落进了射击手的包围圈。

灌木丛里射出了一条条火光，响起了震耳的枪声。公狼高高地蹿了起来，又嘭的一声坠到了地上。小狼们尖叫着打起了转。

只有老母狼不知消失到了何方，整窝狼里没有一只逃脱士兵们精准的射击。老母狼是怎么逃走的，没有任何人看见。

村子里再也没有牲口丢失的事发生。

猎　狐

（本报特派记者）

经验丰富的猎人，一看足迹就知道狐狸的动向，没有什么能逃过他明察秋毫的眼睛！

塞索伊·塞索伊奇早上出门，踏上新下过雪的地面，老远就发现了一行清晰、规整的狐狸足迹。

小个儿猎人不慌不忙地走到足迹前,沉思地望着它。他脱下一块滑雪板,一条腿单跪在上面。他弯起一根手指伸进脚印里,先竖着,再横着,量了量。又思量了一会儿。他站起来,带上滑雪板,顺着足迹平行前进,眼睛盯着足迹片刻不离。他隐没在了灌木丛里,接着又走了出来,走到一座不大的林子前面,仍然那样从容不迫地围着林子走了起来。

然而当他从这座小林的另一边出来时,突然回头快速向村子跑去。他不用撑杆的推助,急速地踩着滑雪板在雪上滑行。

短暂冬日的两个小时花在了对足迹的观察上。可是塞索伊·塞索伊奇却已暗自下定决心,一定要在今天逮住狐狸。

他跑到了我们另一位猎人谢尔盖家的农舍前。谢尔盖的母亲从窗口看见了他,就走到门口台阶上,和他打招呼:

"儿子不在家。也没说去哪儿。"

对于老太太耍的滑头塞索伊·塞索伊奇只是莞尔一笑。

"我知道,我知道,他在安德烈家。"

塞索伊·塞索伊奇果然在安德烈家找到了两个年轻猎人。

他走进屋子时那两个人有点尴尬,这瞒不过他的眼睛,他们都不吭声了,谢尔盖甚至从长凳上站了起来,想遮住身后的那一大捆缠着小红旗的线轴。

"别藏藏掖掖了,小伙子,"塞索伊·塞索伊奇务实地说,"我

都知道。今儿夜里狐狸在'星火'农庄叼走了一只鹅。现在它在哪儿落脚,我知道。"

两个年轻的猎人张大了嘴巴。还在半小时前,谢尔盖遇见了邻近的"星火"农庄的一个熟人,得知今天凌晨狐狸趁夜从那里的禽舍里叼走了一只鹅。谢尔盖跑回来把这件事告诉了自己的朋友安德烈。他们刚刚才商定,要赶在塞索伊·塞索伊奇得知这件事之前就找到狐狸,把它逮到手。可他却说到就到,而且都知道了。

安德烈先开口:

"是老婆子给你卜的卦吧?"

塞索伊·塞索伊奇冷冷一笑:

"那些老婆子恐怕一辈子也不会知道这号事。我看了足迹了。我要告诉你们的是:这是雄狐狸走过的脚印,而且是只老狐狸,个子大大的。脚印是圆的,很干净。它走过,并不像雌狐那样把雪上的足迹抹掉。很大的脚印是从'星火'农庄过来的,叼着一只鹅。它在灌木丛里把鹅吃了:我已找到了那个地方。是只十分狡猾的雄狐,吃得饱饱的,它身上的皮毛很稠密,能卖上难得的好价钱。"

谢尔盖和安德烈彼此交换了一个眼神。

"怎么,这难道又是足迹上写着的?"

"怎么不是呢。如果是一只瘦狐,过着半饥半饱的日子,那么皮毛就稀,没有光泽。而在又狡猾吃得又饱的老狐身上,皮毛就很密,颜色深沉,有光泽。这是一副贵重的皮毛。吃得饱饱的狐狸足迹也不一样:吃饱了走路轻松,脚步跟猫一样,一个脚印接一个脚印——是齐齐整整的一行,一个爪子踩进另一个爪子的印痕里——印对着印。我对你们说,这样的皮子在林普什宁抢手得很,给大价钱呢。"

塞索伊·塞索伊奇不说话了。谢尔盖和安德烈又交换了一个眼神，走到一角，窃窃私语了一会儿。

接着安德烈说：

"怎么样，塞索伊·塞索伊奇，有话直说吧，你是来叫我们合伙的？我们不反对。你看到，我们自己也听说了。小旗子也备了。原本想赶在你前头，没有得逞。那就一言为定，到了那里，谁运气好，它就撞到谁手里。"

"第一轮围猎由你们干，"小个儿猎人大度地决定，"要是野兽逃走了，肯定没有第二轮。这只公狐不同于我们这儿那些普通狐狸。我们当地的那些我认得出，这么大个儿的可没有。它在开第一枪之后就溜之大吉了，你就是两天也追不上它。那些小旗子，还是留在家里吧：老狐狸狡猾得很，也许被围猎已经不是一次了，会钻地逃跑。"

这时两个年轻猎人坚持要带小旗子，认为这样牢靠些。

"好吧，"塞索伊·塞索伊奇同意了，"你们想带，就照你们的，带上吧。走！"

在谢尔盖和安德烈准备行装，将两个绕着小旗的线轴搬到外面，绑上雪橇时，塞索伊·塞索伊奇赶紧回了趟家，换了身衣服，叫上了五个年轻农庄庄员帮助围猎。

三个猎人都在自己的短大衣外面罩了件灰色长袍。

"这回是去对付狐狸，不是兔子，"在路上塞索伊·塞索伊奇指导说，"兔子不怎么会辨别。狐狸可要敏感得多，眼睛看异样的东西尖着呢。一见着点儿什么，它就失踪了。"

他们很快就到了狐狸落脚的那座林子。在这里他们分了工：围猎的农民留在原地，谢尔盖和安德烈带上一个线轴，从左边去围着林子布旗子，塞索伊·塞索伊奇从右边布。

"留神看着，"临行前塞索伊·塞索伊奇提醒说，"看哪儿有没有它出逃的脚印。还有,别弄出声响。狐狸很机灵,只要一听见一丁点儿声音,就不会等着你去逮它。”

不久三个猎人在林子那一边会合了。

“搞定了吗?”塞索伊·塞索伊奇悄声问。

“完全搞定了,”谢尔盖和安德烈回答,“我们仔细看过:没有逃出去的足迹。”

“我那边也一样。”

离旗子一百五十步左右的地方,他们留了条通道。塞索伊·塞索伊奇向两位年轻猎人建议他们最好站立在什么位置,说完自己就悄无声息地乘滑雪板滑向围猎的五个人那儿。

半小时以后围猎就开始了。六个人形成一个包围圈,像一张网一样在森林中行进,悄声呼应着,用木棍敲打树干。塞索伊·塞索伊奇走在呐喊者的中间,使包围圈队形保持整齐。

森林里一片寂静。被人触碰的树枝上落下一团团松软的积雪。

塞索伊·塞索伊奇紧张地等待着枪响:尽管开枪的是自己的小伙子,心还是提到了嗓子眼。这只狐狸是难得遇到的,对此经验丰富的猎人毫不怀疑。要是他们看走了眼,就再也看不到了。已经到了林子中央,可是枪依然没有响。

“怎么搞的?”塞索伊·塞索伊奇在树干之间滑行时忐忑地想,“狐狸早该从它藏身的地方跳出来了。”

路走完了。又到了森林边缘。安德烈和谢尔盖从守候的云杉后面走出来。

“没有?”塞索伊·塞索伊奇已经放开了嗓子问。

“没看见。”

小个儿猎人没多说一句废话,就往回跑,去检查打围的地方。

“喂,过来!”几分钟后传来了他气呼呼的声音。

大伙都向他走去。

“还说会看足迹呢!”小个儿猎人冲着两个年轻猎人愤恨地嘟囔着说,“你们说过没有出逃的痕迹。这是什么?”

“兔迹,”谢尔盖和安德烈两个人异口同声地说,“兔子的脚印。怎么——难道我们不知道?还在刚才围拢来的时候我们就发现了。”

“可是在兔迹里,在兔迹里的究竟是什么?我对你们这两个大傻瓜说过:公狐是非常狡猾的!”

年轻猎人的眼睛一下子没有在兔子后腿长长的脚印里看出另一头野兽留下的明显痕迹——更圆、更短的脚印。

“你们没有想到,狐狸为了掩藏自己的脚印,会踩着兔子脚印走,是吗?”塞索伊·塞索伊奇和他们急了,“脚印对着脚印,窝儿合着窝儿。两个笨蛋!多少时间白搭了。”

塞索伊·塞索伊奇首先顺着足迹跑了起来,命令把旗子留在原地。其余人默默地紧紧跟在他后面。

在灌木丛里狐狸的足迹出离了兔迹,独自前进了。他们沿着齐齐整整的一行脚印走了好久,走出了狐狸设下的圈套。

阳光不强的冬日随着雪青色云层的出现已接近尾声。人人都是一副垂头丧气的样子,因为整整一天的辛劳都付诸东流了。脚下的滑雪板也变得沉重起来。

突然塞索伊·塞索伊奇停了下来。他指着前方的小林子轻声说：

“狐狸在那里。接下去五公里的范围，地面就像一张桌子的面儿，既没有一丛灌木，也没有沟沟壑壑。野兽不会指望在开阔地上逃跑。我用脑袋担保，它就在这儿。”

两个年轻猎人的疲劳感顿时消失了。他们从肩头拿下了猎枪。

塞索伊·塞索伊奇吩咐三个围猎的农民和安德烈从右边，另两个和谢尔盖从左边，向小林子包抄。大家立马向林子里走去。

他们走后，塞索伊·塞索伊奇自己无声无息地滑行到林子中央。他知道那里有块不大的林间空地。雄狐无论如何不会出来走到开阔地上。但是不管它沿什么方向穿过林子，都不可避免地要沿着林间空地边缘的某个地方溜过去。

在林间空地中央矗立着一棵高大的老云杉。在它茂盛而强壮的枝杈上，支撑着倒到它身上的一棵姐妹树干枯的树干。

塞索伊·塞索伊奇脑海里闪过一个念头，想沿着倒下的云杉爬上大树，因为从高处看得见狐狸在哪儿走出来。林间空地的周围只长着一些低矮的云杉，矗立着一些光秃的山杨和白桦。

但是经验丰富的猎人马上放弃了这个想法，因为在你爬树的时候狐狸已经逃脱十次了。再说从树上开枪也不方便。

塞索伊·塞索伊奇站在云杉旁边，两棵小云杉之间的一个树桩上，扳动双筒枪的扳机，开始仔细地四下观察。

几乎是一下子从四面八方响起了围猎者轻轻的说话声。

塞索伊·塞索伊奇自己的整个身心都准确无误地知道无价的狐狸已经来到这里，就在他的身旁，它随时都会出现，但是当棕红色的皮毛在树干之间一闪而过时，他还是哆嗦了一下。而当野兽出乎意料地跳出来，直接奔向开阔的林间空地时，塞索伊·塞索伊奇差点儿就开枪了。

不能开枪,因为这不是狐狸,是兔子。

兔子坐在雪地上,开始惊惶地抖动耳朵。

人声从四面八方一点点逼近。

兔子纵身一跳,逃进森林不见了。

塞索伊·塞索伊奇仍然全身高度紧张地在等待。

忽然响起了枪声。枪声来自右方。

"他们把它打死了?打伤了?"

从左方传来第二声枪响。

塞索伊·塞索伊奇放下了猎枪:不是谢尔盖就是安德烈,总有一人开的枪而且得到了狐狸。

几分钟后围猎者走了出来,到了林间空地。和他们一起的还有一副窘态的谢尔盖。

"落空了?"塞索伊·塞索伊奇阴沉着脸问。

"要是它在灌木丛后面……"

"唉!……"

"看,是它!"旁边响起了安德烈得意的声音,"说不定还没有走。"

于是年轻猎人一面走上前来,一面向塞索伊·塞索伊奇脚边扔过来……一只死兔。

塞索伊·塞索伊奇张开了嘴巴,又重新闭上了,什么话也没有说。围猎者莫名其妙地看着这三个猎人。

"怎么说呢,祝你满载而归!"塞索伊·塞索伊奇最后平静地说,"现在各自回家吧。"

"那狐狸怎么办?"谢尔盖问。

"你看见它啦?"塞索伊·塞索伊奇问。

"没有,没看见。我也是对兔子开的枪,而且你是知道的,它在灌木丛后面，所以……”

塞索伊·塞索伊奇只挥了挥手。

“我看见山雀在空中把狐狸叼走了。”

当大家走出林子时，小个儿猎人落在了同伴们的后面。还有足够的光线可以发现雪地里的足迹。

塞索伊·塞索伊奇慢慢地，时而停顿一下，绕小林子走了一圈。

雪地里明显地看得出狐狸和兔子出逃的痕迹。塞索伊·塞索伊奇细心查看了狐狸的足迹。

不对，雄狐没有沿着自己的足迹走回头路——脚印对着脚印，窝窝合着窝儿。而且这也不符合狐狸的习性。

从小林子出逃的足迹并不存在——无论是兔子的，还是狐狸的。

塞索伊·塞索伊奇坐到树桩上，双手捧着低下的脑袋，思量起来。最后他脑子里钻进一个简单的想法：雄狐可能在林子里钻了洞——它躲进了猎人连猜想也不曾猜想过的洞穴。

但是当塞索伊·塞索伊奇想到这一点并且抬起头时，天已经黑了。再也没有希望发现狡猾的野兽了。

于是塞索伊·塞索伊奇就跑回家去。

野兽会给人出最难猜的谜，这样的谜有些人就是解不开，但塞索伊·塞索伊奇可不是这样的人，即使出题的是在所有时代、所有民族心目中都以自己的狡猾著称的狐大婶①。

第二天早晨小个儿猎人又到了傍晚找不到足迹的那座小林子。现在确实留下了狐狸从林子出逃的足迹。

塞索伊·塞索伊奇开始顺着它走，以便找到他至今不明的那

① “狐大婶”是俄文“丽萨·帕特里凯耶夫娜”的意译（“丽萨”本身就是“狐狸”的意思），系俄罗斯民间故事中一只狐狸的名字。

个洞穴。但是狐狸的足迹直接把他带到了位于林子中央的空地。

齐整清晰的一行印窝儿通向倒下的干枯云杉,沿着它向上攀升,在那棵高大茂盛的云杉稠密的枝叶间失去了踪影。那里,在离地八米的高处,一根宽大的树枝上全然没有积雪:被卧伏在上面的野兽打落了。

老雄狐昨天就趴在守候它的塞索伊·塞索伊奇头顶上方。如果狐狸都会笑的话,它一定对那个小个儿猎人笑得前仰后合。

不过打这件事以后塞索伊·塞索伊奇就坚信不疑,既然狐狸会爬树,那么它们要笑当然就笑得应该了。

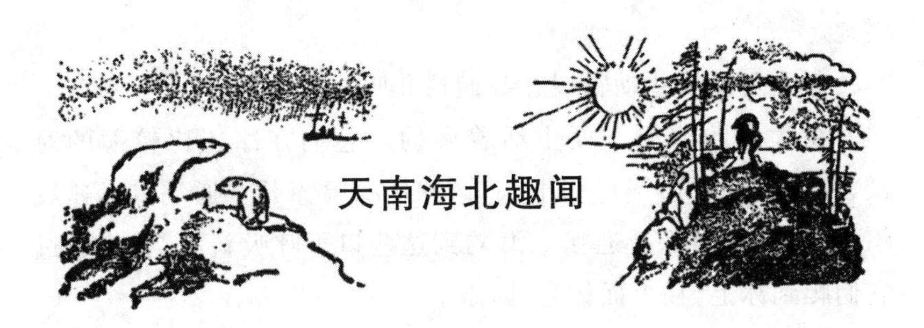

天南海北趣闻

无线电呼叫

请注意！请注意！

列宁格勒广播电台——《森林报》编辑部。

今天，十二月二十二日，冬至，我们播送今年最后一次广播——来自苏联各地的无线电呼叫。

我们呼叫冻土带和草原、原始森林和沙漠、高山和海洋。

请告诉我们，在这隆冬季节，一年中白昼最短、黑夜最长的日子，你们那里发生了什么？

请收听！请收听！

北冰洋远方岛屿广播电台

我们这儿正值最漫长的黑夜。太阳已离开我们落到了大洋后面，直至开春前再也不会露脸。

大洋被冰层所覆盖。在我们大小岛屿的冻土上到处是冰天雪地。

冬季还有哪些动物留在我们这儿呢?

在大洋的冰层下面生活着海豹。它们在冰还比较薄的时候,在上面设置通气口和出入口,并用嘴脸撞开将通气口迅速收缩的冰块,努力保持通畅。海豹到这些口子呼吸新鲜空气,通过它们爬到冰上,在上面休息、睡眠。

这时一头公白熊正偷偷地向它们逼近。它不冬眠,不像母白熊那样整个冬季躲进冰窟窿。

冻土带的雪下面生活着短尾巴的兔尾鼠,它们为自己筑了许多通道,啃食埋藏的野草。雪白的北极狐在这里用鼻子寻找它们,把它们挖出来。

还有一种北极狐捕食的野味:冻土带的山鹑。当它们钻进雪里睡觉时,嗅觉灵敏的狐狸就毫不费力地偷偷逼近,将它们捕获。

冬季我们这儿没有别的野兽和鸟类。驯鹿在冬季来临之前就千方百计从岛上离开,沿冰原去往原始森林。

如果所有时间都是黑夜,不见太阳,我们怎么看得见呢?

其实即使没有太阳,我们这儿还经常是光明的。首先月亮在应该升起的时候会照耀大地;其次会非常频繁地出现北极光。

变幻着五光十色的神奇极光有时像一条有生命的宽阔带子展现在北极一边的天空,有时像瀑布一样飞流直泻,有时像一根根柱子或一把把利剑直冲霄汉。而它的下面是光彩熠熠、闪烁着点点星火的最为纯洁的白雪。于是变得和白昼一样光明。

寒冷吗?当然,冷得彻骨。还有风。还有暴风雪——那暴风雪真叫厉害,我们已经一个星期连鼻子都没有伸到盖满白雪的屋子外面去过。不过我们苏联人什么都吓不倒。我们一年年地向北冰洋进军,越走越远。勇敢的苏联北极人早就连北极都在研究了。

顿河草原广播电台

我们这儿也将开始下雪。可我们无所谓!我们这儿冬季不长,也不那么来势汹汹,甚至连河流也不全封冻。野鸭从湖泊迁徙到这里,不想再往南赶了。从北方飞来我们这里的白嘴鸦逗留在小镇上,城市里。它们在这里有足够的食物。它们将住到三月中旬,到那时再飞回家,回到故乡。

在我们这儿越冬的还有远方冻土带的来客:雪鹀、角百灵、巨大的北极雪鸮。北极雪鸮在白昼捕猎,否则它夏季在冻土带怎么生活呢?那时可整天都是白昼啊。

冬季,在白雪覆盖的空旷草原上人们无事可做。不过在地下即使现在也干得热火朝天:在深深的矿井里我们用机器铲煤,用电力把煤炭送上地面,再用蒸汽——在无穷无尽的列车上——把它运送到全国各地:送往各种工厂。

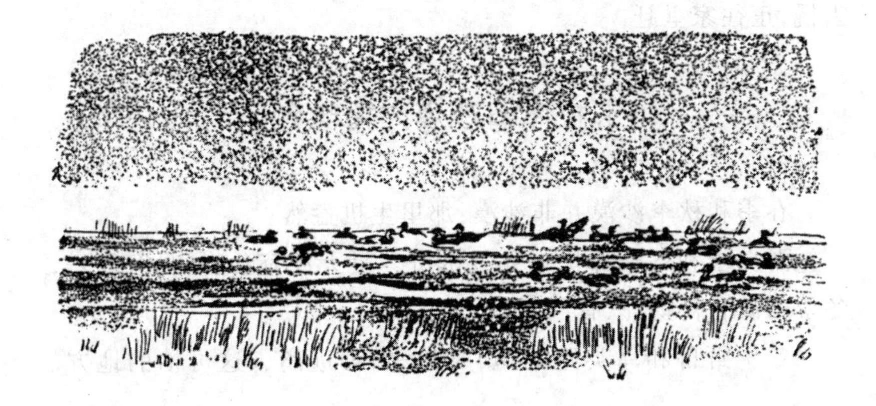

新西伯利亚原始森林广播电台

原始森林的积雪越来越深。猎人们踩着滑雪板,结成合作小队前往原始森林,身后拖着装有储备品的轻便窄长雪橇。奔在前头的是猎狗,竖着尖尖的耳朵,长着面包圈一样的毛茸茸的尾巴——这是莱卡狗。

原始森林里有许多浅灰色的松鼠、珍贵的黑貂、皮毛丰厚的猞猁、雪兔和硕大的驼鹿、棕红色的鼬——黄鼠狼,用它的毛可以做画笔,还有白鼬,旧时用它的毛皮缝制沙皇的皇袍,如今则制作给孩子戴的帽子。有许多棕色的火狐和黑褐色狐,还有许多可口的花尾榛鸡和松鸡。

熊早已在自己隐秘的洞穴里呼呼大睡。

猎人们好几个月不走出原始森林,在那里的过冬用的小小窝棚里过夜:整个短暂的白昼都用来捕捉各种野兽和野禽了,他们的莱卡狗这段时间在林子里东奔西跑地找寻,用鼻子、眼睛、耳朵找出松鸡和松鼠、黄鼠狼和驼鹿或者就是那位瞌睡虫——狗熊。

猎人们的合作小队身后用皮带拖着装满沉甸甸猎物的轻便雪橇,正往家里赶。

卡拉库姆沙漠广播电台

春季和秋季沙漠并非沙漠:那里生机盎然。

而夏季和冬季那里却死气沉沉。夏天没有食物,只有酷暑,冬季也没有食物,只有严寒。

冬季野兽和鸟类跑的跑,飞的飞,都逃离了这可怕的地方。

南方灿烂的太阳徒然升起在这无边无际、白雪覆盖的瀚海上空。那里什么动物也没有,也没有动物为朗朗晴日而欢欣鼓舞。纵然太阳会晒热积雪,反正下面是毫无生命的黄沙。乌龟、蜥蜴、蛇、昆虫,甚至热血动物——老鼠、黄鼠、跳鼠都深深地钻进了沙里,不会动弹,冻僵了。

狂风在原野上肆意横行,无可阻挡:冬季里它是沙漠的主宰。

但是不会永远这样下去。人类正在战胜沙漠:开河筑渠,植树造林。现在无论夏季还是冬季,沙漠也充满了生机。

请收听！请收听！

高加索山区广播电台

我们这儿夏季既有冬天也有夏天,而冬季也同样既有冬天也有夏天。

即使在夏季,在像我们的卡兹别克山和厄尔布鲁士山这样傲然耸入云端的高山上,炎热的阳光也照不暖永久的冰雪。同时即使冬季的严寒,也征服不了层峦叠嶂保护下的鲜花盛开的谷地和海滨。

冬季将岩羚羊、野山羊和野绵羊逐下了山巅,却无法再将它们往下驱赶了。冬季开始把白雪撒上山岭,而在下面的谷地里,它却降下了温暖的雨水。

我们刚刚在果园里采摘了橘子、橙子、柠檬,而且交给了国家。我们果园里玫瑰还在开花,蜜蜂还在嗡嗡飞舞,而在向阳的山坡上正盛开着首批春季的鲜花——有着绿色花蕊的白色雪莲花和黄色的蒲公英。我们这儿鲜花终年盛开,母鸡终年下蛋。

在冬季的寒冷和饥饿降临时，我们的野兽和鸟类不必从它们夏季生活的地方远远地奔逃或飞离：它们只要下到半山腰或山脚下、谷地里，那里它们能给自己找到食物和温暖。

我们的高加索庇护了多少飞行的来客——为躲避暴戾的北方冬季而流浪的避难者！使它们获得了多少美食和温暖！

其中有苍头燕雀、椋鸟、云雀、野鸭、长嘴的林鹬——丘鹬。

但愿今天是冬季的转折点，但愿今天的白昼是最短的白昼，今天的黑夜是全年最长的黑夜，而明天就是阳光明媚、繁星满天的新年元旦。在我国的一端——在北冰洋上——我们的伙伴无法走出家门，因为那里有如此大的暴风雪，如此的严寒。而在我国的另一端，我们出门不用穿大衣，只穿单衣薄裳，仍然觉得很暖和。我们欣赏高耸云天的山峰，明净天空中俯瞰群山的纤细月牙。我们的脚边宁静的大海荡漾着微波。

黑海广播电台

黑海今天轻轻地拍打着海岸。岸滩上，在海浪轻柔的冲击下，卵石懒洋洋地发出阵阵轰鸣。深暗的水面反映出一弯细细的新月。

我们上空的暴风雨早已消停。那时我们的大海惴惴不安。它掀起峰巅泛白的波涛，狂暴地砸向山崖，带着嗞嗞的絮语和隆隆的巨响从远处向着岸边飞驰。那是秋季的情景。而在冬季我们难得受到狂风的侵扰。

黑海不知道有真正的冬季。除了北部沿岸的海面会结一点冰，不过是海水降一点温而已。我们的大海全年荡漾着波浪，欢乐的海豚在那里戏水，鸬鹚在水中出没，海鸥在空中飞翔。海面上巨大漂亮的内燃机轮船和蒸汽机轮船来来往往，摩托快艇破浪前进，轻盈的帆船飞速行驶。

来这儿过冬的有潜鸟，各种潜鸭和下巴拖着一只装鱼的大袋子的粉红色胖鹈鹕。

列宁格勒广播电台——《森林报》编辑部

你们看到在苏联有许多各不相同的冬季、秋季、夏季和春季。而这一切都属于我们，这一切就构成了我们伟大的祖国。

挑选一下你心中喜欢的地方吧。无论你到什么地方，无论你在哪里落户定居，到处都有美景在向你招手，有事情等待你去完成：研究、发现新的美丽和我们大地的财富，在上面建设更美好的新生活。

我们一年中第四次，也是最后一次广播——来自全国各地的无线电呼叫就到此结束了。

再见！再见！

明年见！

森 林 报

嗥饥号寒月

No.11 （冬二月）

一月二十一日至二月二十日　　太阳进入宝瓶星座

第十一期目录

一年——分十二个月谱写的太阳诗章

“一月，”民间这样说，“是向新春的转折，是一年的开端，冬季的中途：太阳向夏季转向，冬季向严寒行进。日子以兔子跳跃式的速度迈向新年。”

大地、水面和森林都盖上了皑皑白雪，周遭万物似乎沉入了永不苏醒的酣睡。

在艰难的时日生灵善于披上死亡的伪装。野草、灌木和乔木都沉寂不动了。沉寂了，但没有死亡。

在寂静无声的白雪覆盖下，它们蕴藏着勃勃生机，蕴藏着生长、开花的强大力量。松树和云杉完好无损地保存着自己的种子，将它们紧紧地包裹在自己拳头状的球果里。

冷血动物在隐藏起来的同时都僵滞不动了。但是它们同样没有死亡，就连螟蛾这样柔弱的小生命也躲进了各自的藏身之所。

鸟类尤其具有热血，它们从来不冬眠。许多动物，甚至小小的老鼠，整个冬季都在奔走忙碌。还有一件事真令人惊奇，在深厚积雪下的洞穴中冬眠的母熊，在一月份的严寒里，居然还产下未睁开眼的小熊崽儿，而且用自己的乳汁喂养它们到春季，尽管自己整个冬季什么也不吃！

林间纪事

森林里冷啊,真冷!

凛冽的寒风在毫无遮蔽的田野上踟蹰徘徊,在光秃秃的白桦和山杨之间急速地扫过森林。它钻进紧紧收拢的羽毛,透进稠密的皮毛,使血液变得冰凉。

无论在地上还是树枝上,到处都坐不住:一切都盖上了白雪,爪子已经冻僵。应当跑呀,跳呀,飞呀,但求能让身子暖和起来。

要是谁有温暖、舒适的大小洞穴或窝儿栖身,又有充足的食物储备,那它一定十分惬意。把肚子吃得饱饱的,把身子蜷缩成一团,就呼呼大睡吧。

吃饱了就不怕冷

兽类和鸟类所有的操劳就为了吃饱肚子。饱餐一顿可以使体内发热,血液变得温暖,沿各条血管把热量送到全身。皮下有脂肪,那是温暖的绒毛或羽毛外套下面极好的衬里。寒气可以

透过绒毛,可以钻进羽毛,可是任何严寒都穿不透皮下的脂肪。

如果有充足的食物,冬天就不可怕。可是在冬季里到哪儿去弄食物呢?

狼在森林里徘徊,狐狸在森林里游荡,可是森林空空荡荡,所有的兽类和鸟类躲藏的躲藏,飞走的飞走。渡鸦在白昼飞来飞去,雕鸮在黑夜里飞来飞去,都在寻觅猎物,可猎物却没有。

森林里饿啊,真饿!

跟在后面吃剩下的

渡鸦首先发现一具动物尸体。

"咯!咯!"整整一群渡鸦鸣叫着飞集到上面,正要开始它们的晚餐。

天色已经向晚,正在黑下来,月亮出现在天空。

林中传出呜呜的叫声:

"呜——呜呜!……"

渡鸦飞走了。雕鸮从林子里飞出来,落到了尸体上。

它刚开始吃饭,用钩嘴撕扯着一块肉,转动着耳朵,眨巴着白色的眼皮,突然雪地上传来了瑟瑟的脚步声。

雕鸮飞到了树上。狐狸扑到了尸体上。

咔嚓，咔嚓，牙齿正在撕咬。它来不及吃个痛快——狼来了。

狐狸钻进了灌木丛，狼扑上了尸体。它的毛都竖了起来，牙齿像刀一样锋利，撕咬着尸肉，嘴里得意地呜呜叫个不停，周围什么声音它都没有听见。它不时抬起头，把牙齿咬得咯咯响——谁也别靠近！——于是又继续自己的好事。

突然它的头顶一个浑厚的声音发出了咆哮。狼吓得蹲到了一边，夹紧了尾巴——随即溜之大吉。

森林之主熊大人大驾亲临了。

这时谁也别想靠近。

到黑夜将尽，熊用完正餐，睡觉去了。狼却跟在后面候着。

熊走了，狼就吃上了。

狼吃饱了，狐狸来了。

狐狸吃饱了，雕鸮飞来了。

雕鸮吃饱了，这时渡鸦才飞拢来。

已是黎明时分，它们在免费的餐厅里吃了个精光，留下的只是残渣一堆。

冬芽在哪儿过冬?

现在所有植物都处在休眠状态。但是它们正在准备迎接春天的来临，而且开始长出自己的冬芽。

那么这些冬芽在哪儿过冬呢?

对树木而言，冬芽在离地面很高的地方。而对草来说，情况就各不相同了。

就说林中的繁缕吧，冬芽被无精打采的茎上的叶子包着。它的冬芽是活的，而且碧绿，可叶子却从秋天起就已发黄干枯，整个植株看起来仿佛已经死亡。

触须菊、卷耳、阔叶林中的草及其他许多低矮的小草,在雪下不仅保护自己的冬芽,也保护自己不受伤害,以便以绿色的姿态迎接春天。

这表明这些小草的冬芽都在地面以上的地方过冬,即使离地不很高。

另外有些植物冬芽过冬的地方不一样。

去年的艾蒿、旋花、草藤、金莲花和驴蹄草,现在在地面上除了半腐烂的叶和茎,什么都没有留下了。

如果要找它们的冬芽,你可以在紧靠地面的地方找到。

草莓、蒲公英、三叶草、酸模、千叶蓍的冬芽也在地面上,但它们被绿色的莲座叶丛所包围。这些植物也是从雪下长出来时就已经是绿油油的了。还有其他许多草类冬季里把自己的冬芽保存在地下。在地下过冬的有银莲花、铃兰、舞鹤草、柳穿鱼、柳兰和款冬等长在根状茎上的冬芽,野蒜和顶冰花长在鳞茎上的冬芽,紫堇长在块茎上的冬芽。

这就是陆地植物的冬芽越冬的所在。至于水生植物的冬芽,则在池塘和湖泊的底部,埋在淤泥里过冬。

H.帕甫洛娃

小屋里的山雀

在啼饥号寒月每一头林中野兽,每一只鸟儿都向人的住处贴近。这里比较容易找到食物,从废弃物里弄到吃的。

饥饿能压倒恐惧。谨小慎微的林中居民不再惧怕人类。

黑琴鸡和山鹑钻到了打谷场、谷仓;兔子来到了菜园;白鼬

和伶鼬在地窖里捉老鼠和家鼠；雪兔常到紧靠村边的草垛上啃食干草。在我们记者设于林中的小屋里，一只山雀勇敢地从敞开的门户飞了进来，这只黄色的鸟儿两颊是白色的，胸脯上有一条黑纹。它对人毫不理会，开始啄食餐桌上的面包屑。

主人关上了门，于是山雀成了俘虏。

它在小屋里住了整整一星期。我们倒没有碰它，但也没有喂它。不过它一天天地明显胖了起来。它成天在整个屋子里捕猎。寻找蛐蛐、沉睡的苍蝇，捡拾食物碎屑，到夜里就钻进俄式炉子后面的缝隙里睡觉。

几天以后它捉光了所有的苍蝇和蟑螂，就开始啄食面包，用喙啄坏书本、纸盒、塞子——凡是它眼睛看得见的都要啄。

这时主人就开了门，把这小小的不速之客逐出了小屋。

我们如何打了一回猎*

一天早晨我和爸爸去打猎。这是一个很冷的早晨。雪地里有许多脚印。就在这时爸爸说："这是新鲜脚印。这儿不远有一只兔子。"

爸爸派我沿着足迹去跟踪，自己却留下来等候。当你把兔子从卧伏的地方赶起以后，它总是走一个圈儿，再沿自己的足迹往回跑。

我沿着它的足迹走。脚印很多，但我坚持继续前进。不久我把它赶了起来。它趴在一丛柳树下。受惊的兔子走了一个圈儿，就踩着自己留下的脚印走了。我焦急地等待着枪声。过了一分钟，又一分钟。突然在寂静中响起了枪声。我朝枪声方向跑去。不久我看见了爸爸。离他大约十米的地方一只兔子倒在地上。我捡起兔子，我们就带着猎物回家了。

驻林地记者：维克多·达尼连科夫

老鼠从森林出走

森林里的许多老鼠储备的食物已经不足了。躲避着白鼬、伶鼬、黄鼬和其他食肉动物的捕食，许多老鼠逃出了自己的洞穴。

可是大地和森林都被积雪覆盖着。没东西可以吃。整支忍饥挨饿的老鼠大军开出了森林。粮食仓库面临严重威胁。应当有所警惕。

跟随着鼠迹而来的是伶鼬。但要将所有老鼠捉尽和彻底消

灭,它们的数量还太少。

请保护粮食免遭啮齿动物的损害!

法则对谁不起作用

现在林中的居民都在因严酷的冬季而啼饥号寒。森林法则吩咐说:在冬季要竭尽所能拯救自己摆脱寒冷和饥饿。但是别想要小鸟。哺育小鸟要在夏季,那时气候温暖,食物充足。

说得不错,可是如果有谁觉得冬季森林中充满食物,那这条法则对它就不起作用。

我报记者在一棵高高的云杉上发现了一只小鸟的窝。鸟窝所在的树杈上面盖满了白雪,而窝里却放着鸟蛋。

第二天我们的记者来到了这里,正好碰上冻得咯吱响的大冷天,大家的鼻子都冻得通红,一看,窝里已孵出了小鸟。它们赤裸地趴在雪中央,还没有开眼。

真是天下的奇事!

其实什么奇事也没有。是一对红交嘴雀筑的巢,孵出的小鸟。

交嘴雀是这样一种鸟,它在冬天一不怕冷,二不怕饿。可以长年在森林里见到一群群这样的小鸟。它们快乐地此呼彼应,从一棵树飞向另一棵树,从一座林子飞向另一座林子。它们终年过着居无定所的生活:今天在这里,明天在那里。

春季里所有的鸣禽都成双结对,为自己挑选地方,在那里生活,直到孵出小鸟。

而交嘴雀这时却成群结队地在所有林子里飞来飞去,在哪儿也不久留。

在它们热热闹闹的飞行队伍里,通年可以见到老鸟和年轻的鸟在一起。仿佛它们的小鸟就是这样在空中和飞行中出生的。

在我们列宁格勒还把交嘴雀称为“鹦鹉”。给它们冠以这样的称号是因为它们鲜艳靓丽的羽毛像鹦鹉,还因为它们也像鹦鹉一样爬上小横杆转来转去。

雄交嘴雀长着不同色调的橙黄色羽毛,雌鸟和小鸟则是绿的和黄的。

交嘴雀的爪子有抓力,喙抓东西很灵巧。交嘴雀喜欢头朝下把身子挂着,爪子抓住上面的树枝,嘴咬住下面的树枝。

有件事让人感觉完全是个奇迹,那就是交嘴雀死后尸体很久不腐烂。一只老交嘴雀的尸体可以放上大约二十年,一根羽毛也不会脱落,而且没有气味,像木乃伊一样。

但是交嘴雀最有趣的是它的喙。这样的喙别的鸟儿是没有的。

交嘴雀的喙是十字形交叉的:上半片喙向下弯,下半片向上弯。

交嘴雀的喙是一切奇迹产生的关键和谜底。

它生下来的时候喙是直的,跟所有鸟类一样。但是等它一长大,它就开始用喙从云杉和松树的球果里啄取种子。这时它那还软的喙就开始弯成十字形,而且终生保持这个样子。这对交嘴雀是有好处的:十字形的喙从球果里剥出种子要方便得多。

现在一切都明白了。

为什么交嘴雀一生都在所有森林里游荡?

那是因为它们一直在寻找球果收成好的地方。今年我们列宁格勒州球果收成好。它们就待在我们这儿。明年北方什么地方球果收成好,它们就去往那里。

为什么交嘴雀到冬天还放声高歌,并且在雪中孵小鸟?

既然四周食物应有尽有,它们干吗不唱歌,不孵小鸟?窝里暖和着哩——里面既有羽绒又有羽毛,还有软绵绵的毛毛,雌鸟自生下第一个蛋,就不出窝了。雄鸟会给它衔来吃的。

雌鸟趴在窝里,孵着卵,一旦小鸟出壳,它就喂它们在自己嗉囊里软化了的云杉和松树的种子。要知道全年树上都有球果。

有一对鸟儿结婚了,想住自己的屋子,生下自己的孩子了,它们就飞离了鸟群,反正无论冬季、春季还是秋季对它们都一样(每一个月交嘴雀都能找到窝儿)。窝安顿好了,住下了,等小鸟长大,一家子又汇入鸟群中间。

为什么交嘴雀死后变成木乃伊?

原因是它们吃球果种子。在云杉和松树的种子里有许多松脂。一只老交嘴雀在漫长的一生中吸收这种松脂就如靴子上涂松焦油一样。松脂使它的身体死后不腐烂。

埃及人不也是在自己已故的亲人身上抹松脂吗,这样就做成了木乃伊。

应变有术

深秋时节一头熊给自己在一个长满小云杉树的小山坡上选中了一块地方做洞穴。它用爪子扒下一条条窄小的云杉树皮,带进山坡上的土坑里,上面铺上柔软的苔藓。它把土坑周围的云杉从下部咬断,使它们倒下来在坑上方形成一个小窝棚,于是爬到下面安然入睡了。

然而不到一个月,一条猎狗发现了它的洞穴,它及时逃离了猎人的射杀。它只好在雪地里冬眠——在听得见的地方睡觉。但是即使在这里猎人还是找到了它,它仍然得以勉强脱逃。

于是它第三次躲藏起来,而且找了个谁也想不到的地方。

直到春天才发现,它高明地睡在了高高的树上。

这棵树曾被风暴折断过,它上部的枝杈就一直向天空方向生长,长成了一个坑形。夏天老鹰找来枯枝架到这儿,再铺上柔软的铺垫物,在这儿哺育了小鹰后就飞走了。到冬天在自己的洞穴里受到惊吓的熊就想到了爬进这个空中的“坑”里藏身。

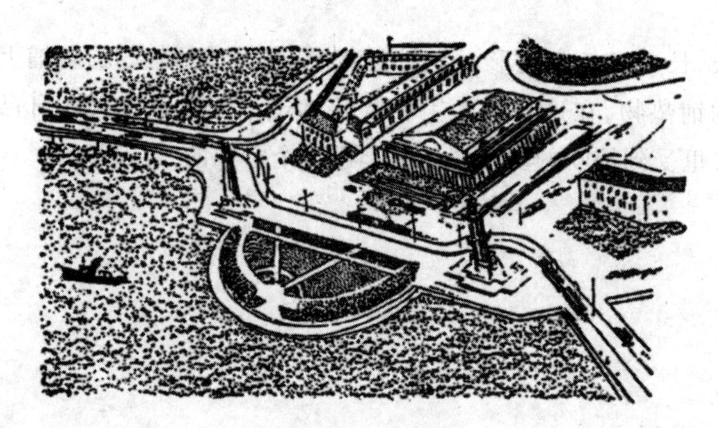

都市新闻

免费食堂

那些唱歌的鸟儿正因饥饿和寒冷受苦受难。

心疼的城市居民在花园里或直接在窗台上为它们设置了小小的免费食堂。一些人把面包片和油脂用线串起来，挂到窗外。另一些人在花园里放一篮谷物和面包。

山雀、褐头山雀、蓝雀，有时还有黄雀、朱顶雀和我们其他的冬季来客成群结队地光顾这些免费食堂。

学校里的森林角

无论你走到哪一所学校，每一所学校里都有一个反映活生生大自然的角落。这里的箱子里、罐子里、笼子里生活着各式各样的小动物。这些小东西是孩子们在夏天远足的时候捉的。现在他们有太多的事要操心：要给所有住在这里的小东西喂食、饮水，要按每一只小东西的习性设立住处，还得小心看住它们，别让它们逃走。这里既有鸟类，也有兽类，还有蛇、青蛙和昆虫。

在一所学校里他们交给我们一本孩子们在夏天写的日记。看得出来，他们收集这些东西是经过考虑的，不是无缘无故的。

六月七日这天写着："挂出了通告牌，要求收集到的所有东西都交给值日生。"

六月十日，值日生的记录：

"图拉斯带回一只天牛。米罗诺夫带回一个甲虫。加甫里洛夫带回一条蚯蚓。雅科夫列夫带回荨麻上的瓢虫和木蠹。鲍尔晓夫带回一只在围墙上的小鸟。"等等。而且几乎每天都有这样的记载。

"六月二十五日我们远足到了一个池塘边。我们捉了许多蜻蜓的幼虫和别的幼虫。我们还捉到一只北螈，我们很需要它。"

有些孩子甚至描述了他们捕捉到的动物。

"我们收集了水蝎子和水蚤，还有青蛙。青蛙有四条腿，每条腿有四个脚趾。青蛙的眼睛是黑色的，鼻子有两个小孔。青蛙有一双大大的耳朵，青蛙给人带来巨大的益处。"

冬天孩子们凑钱在商店里买了我们州没有的动物：乌龟、毛色鲜艳的鸟类、金鱼、豚鼠。你走进屋去，那里有毛茸茸的，赤身裸体的，也有披着羽毛的住户，有叽叽叫的，有唱着悦耳动听歌儿的，有哼哼唧唧叫的，像个名副其实的动物园。

孩子们还想到彼此交换自己饲养的动物。夏天一所学校抓了许多鲫鱼，而另一所学校养了许多兔子，已经安置不下了。孩子就开始交换：四条鲫鱼换一只兔子。

这都是低年级的孩子做的事。

年龄大一些的孩子就有了自己的组织。几乎每一所学校里都有少年自然界研究小组。

列宁格勒少年宫有一个小组，学校每年派自己最优秀的少年自然界研究者到那里参加活动。那里年轻的动物学家和植物学家学习观察和捕捉各种动物，捉到后照料它们，制作成套动物标本。收集植物，把它弄干燥，将它们制成标本。

整个学年小组成员都经常到城外和其他各处去参观游览。夏天他们整队远离列宁格勒，外出考察。他们在那里住了整整一个月，每个人做自己的事：植物学家收集植物；兽类学家捕捉老鼠、刺猬、鼩鼱、兔崽子和别的小兽；鸟类学家寻找鸟巢，观察鸟类；爬虫学家捕捉青蛙、蛇、蜥蜴、北螈；水文学家捕捉鱼和各种水生动物；昆虫学家收集蝴蝶、甲虫，研究蜜蜂、黄蜂、蚂蚁的生活。

少年米丘林工作者在学校附属的园地开辟了果树和林木的苗圃。他们在自己不大的菜园获得了很高的产量。

所有人都为自己的观察和工作写了详细日记。

下雨和刮风，露水和炎热，田间、草地、河流、湖泊和森林中的生灵，集体农庄庄员的农活，没有一样逃脱少年自然界研究者的注意。他们研究的是我们祖国巨大而丰富多样的财富。

在我国前所未有的新一代未来的科学家、研究人员、猎人、动物足迹研究者、大自然的改造者正在成长。

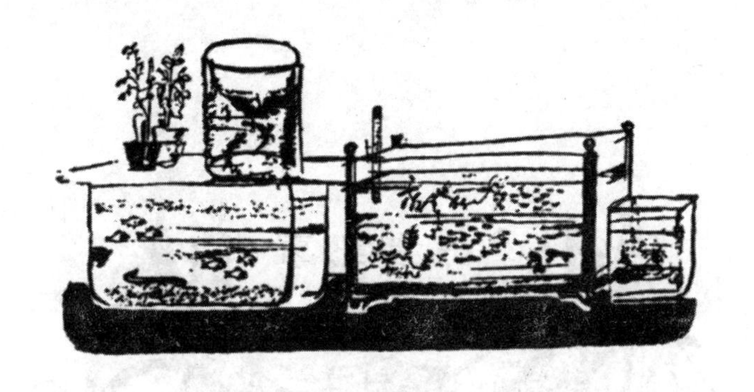

树木的同龄人

我十二岁,正好和长在我们城里街道两旁的那些枫树同岁:它们是在我生日那天少年自然界研究小组的成员种下的。

请看:枫树已有我两倍那么高了!

谢辽沙·波波夫

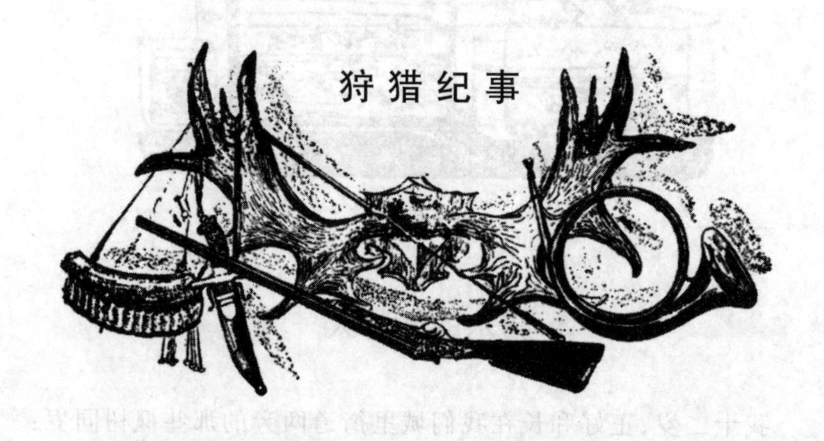

狩猎纪事

冬季正是猎取大型猛兽——狼和熊的大好时机。

冬末是森林里饥荒最严重的时间。狼因为饥饿而成群结队,壮着胆子在紧靠村边的地方出没。熊要么在洞里睡觉,要么在林子里东游西荡。"游荡者"是那样一些熊,它们一直到深秋还在吃动物尸体,还在咬死牲畜,所以来不及准备冬眠,现在就躺在"听得到声音的地方"——雪地上。游来荡去的还有那样一些熊,它们在洞里受到了惊吓,就不再回到洞里去,又不为自己制作新的洞穴。

捕猎游荡的熊用围猎的方法,踩着滑雪板,带着猎狗。猎狗在很深的雪地里驱赶它们,直到它们停下不走为止。猎人就踩着滑雪板在后面紧紧地追。

捕猎猛兽可不比猎鸟,随时都会发生猎物变成了猎人,猎人变成了猎物的事。

在我们州狩猎过程中这样的事经常发生。

带着小猪崽儿猎狼

这是一种危险的狩猎方式，难得有人有这么大胆子，敢在黑夜独自到田野里，身边没有同伴。

然而有一次就有这么一个大胆的人。他把马套在无座雪橇上，拿上猎枪，带着装在袋子里的小猪崽儿，黑夜里趁着满天的月色出了村寨。

周围一带的狼有点儿不安分，农民们不止一次抱怨它们肆无忌惮：野兽竟大摇大摆地进到村子里面来了。

猎人拐了个弯离开了车道，悄悄地沿着林边驰上了一片荒地。

他一手牵着缰绳，一手时不时地去揪小猪的耳朵。

小猪的四条腿被捆住了。它躺在袋子里，只有脑袋露在外面。

小猪的职责是发出尖叫把狼引过来。它当然用尽全力不停尖叫，因为小猪耳朵很嫩，被揪耳朵时小猪感到很痛。

狼没有让他久等。不久猎人发现森林里有一点一点的绿中带红的火光。火光不安地在黑魆魆的树干之间来回游移。这是狼的眼睛在闪烁。

马打起了响鼻，开始向前狂奔。猎人好不容易用一只手驾驭着它。他的另一只手要不住地揪猪耳朵：狼还不敢向坐人的雪橇攻击，只有小猪的尖叫能使它们忘却恐惧。

狼看清了：在雪橇后面一根长长的绳子拖着一只袋子，在土墩和坑洼上颠簸。

袋子里装满了雪和猪粪，可狼却以为里面装着小猪，因为它们听到了小猪的尖叫也闻到了小猪的气味。

小猪肉可是美味佳肴。当小猪就在这里,在你耳旁尖叫时,你就会忘记危险。

狼壮起了胆。

它们蹿出森林,冲向雪橇的是整整的一群——六头、七头,或八头身强力壮的野兽。

在开阔的野地里,猎人在近处看去觉得它们很大。月光会骗人。它照在野兽的毛上,使野兽看上去似乎比实际上的个头大。

猎人放开小猪耳朵,抓起了猎枪。

走在前面的一头狼已经赶上颠簸着的那袋雪。猎人瞄准了它肩胛以下的地方,扣动了扳机。

前面的那头狼一个跟头滚进了雪地里。猎人把另一个枪筒里的子弹打了出去——对着另一头狼,但是马冲了起来,打偏了。

猎人用双手抓住缰绳,好不容易控制住了马。

然而狼群已在森林里消失。它们中只有一头留在老地方，在临死前的抽搐中用后腿挖着雪。

这时猎人把马完全停了下来。他把猎枪和小猪留在雪橇上，徒步去捡猎物。

夜里村里发生了一件令人心惊肉跳的事：猎人的马独自跑进了村，马背上却没有人。在宽阔的雪橇上放着没有上膛的猎枪和捆绑着四腿、可怜地哼哼叫着的小猪。

到天亮时农民们走到野地里，从足迹上读出了夜里发生的事。

事情的原委是这样的。

猎人把打死的狼扛上了肩就向雪橇走去。他已走到离雪橇很近了，这时马闻到了狼的气息。马吓得打了个哆嗦，向前一冲，就飞奔起来。猎人独自和死狼留了下来。他随身连小刀也没有带，猎枪又落在了雪橇上。

而狼却已经从恐惧中回过神来。一群狼全部走出森林，围住了猎人。

农民们在雪地上只发现了一堆人骨和狼骨:狼群连自己的同伴也吃了。

上述事件发生在六十年前。从此以后再没有听说狼攻击人的事。狼只要不发疯或受伤,连不带武器的人它也害怕。

在熊洞上

另一件不幸的事发生在猎熊的时候。

守林人发现了一个熊洞。他从城里叫来了一个猎人。他们带了两条莱卡狗,悄悄走近一个雪堆,野兽就睡在雪堆下面。

猎人照规矩站在雪堆的侧面。熊洞的入口一般总是对着太阳升起的方向。野兽从洞里跳出以后通常向着南方这一边去。猎人站的位置应当能使他从侧面向熊开枪:打它的心脏。

守林人从雪堆后面走过去,放开了猎狗。

两条狗闻到野兽气味后就开始狂暴地向雪堆冲去。

它们发出的喧闹声使熊不得不醒过来。但是熊很久不显露出任何有生命的迹象。

突然从雪里面伸出长着利爪的黑色脚掌,差点儿没抓着其中的一条狗。那条狗尖叫着跳到了一边。

这时野兽猛的一下从雪堆里蹿了出来,仿佛一大块黑色的泥土。出乎意料的是它没有往一旁冲去,而是直接冲向了猎人。

熊的脑袋低垂着,挡住了自己的胸口。

猎人开了一枪。

子弹从野兽坚硬的头盖骨上擦过,飞向了一边。野兽被脑门上强力的一击激得发狂了,便将猎人扑倒在地,压在了自己身子下面。

两条猎狗咬住熊的臀部,悬在野兽身上,但无济于事。

守林人吓破了胆，毫无作用地叫喊着，挥舞着猎枪。还是不能对它开枪，子弹可能伤及猎人。

熊用可怕的爪子一下把猎人的帽子连同头发和头皮抓了下来。

接下去的一瞬间熊向侧面翻过身去，开始吼叫着在洒上鲜血的雪地里打滚：猎人没有惊慌失措，他拔出短刀，捅进了野兽的肚子。

猎人活下来了。熊皮至今还挂在他床头。但是现在猎人的头上仍然包着一块厚头巾。

对熊的围猎

（本报特派记者）

一月二十七日塞索伊·塞索伊奇从森林里出来没回趟家，就直接去了相邻的农庄——上邮局。他给列宁格勒自己熟悉的医生，一个捕熊的猎人，发了电报：

“找到了熊洞。来吧。”

第二天来了回电：

“我们三人二月一日出发。”

塞索伊·塞索伊奇开始每天早晨去查看熊洞。熊在里面睡得沉沉的。在洞口外的灌木上每天都有新结的霜：野兽呼出的热气到达了这里。

一月三十日塞索伊·塞索伊奇检查过熊洞后遇见了同农庄的安德烈和谢尔盖。年轻的猎人正到森林里去打松鼠。他想提醒他们别到熊洞所在的那座林子去。但转而一想：两个小伙子正年轻，好奇心重，会更想去看看熊洞，把熊吵醒。所以他没吭声。

三十一日清晨他来到这里,不禁“啊”地大叫了一声:熊洞翻乱了,野兽逃走了!离洞五十步的地方一棵松树倒下了。看来谢尔盖和安德烈向树上的松鼠开了枪,松鼠卡在枝丫上了,所以他们就砍倒了这棵树。熊被吵醒,就逃走了。

两个猎人滑雪板的印痕是从被砍倒的树的一边延伸出去的,而野兽的足迹却从熊洞去向了另一方向。幸好在茂密云杉林的遮掩下两个猎人没有发现熊,也没有去追赶。

塞索伊·塞索伊奇不失时机地沿着熊迹跑了过去。

第二天傍晚两位熟悉的列宁格勒人——医生和上校到了,和他们一起来的还有第三位,一位态度傲慢、身材魁梧的公民,他蓄着一撮乌黑发亮的唇须和精心修剪过的胡子。

塞索伊·塞索伊奇第一眼就不喜欢他。

“哼,倒够挺括的,”小个儿猎人打量着陌生人,心里想道,“你装吧,年纪不轻了,可整个脸还红通通的,胸膛挺得跟公鸡似的。哪怕有一撮白头发也好啊。”

尤其叫塞索伊·塞索伊奇窝心的是他在这个傲慢的城里人面前承认自己没有看住野兽,对熊洞掉以轻心了。他说熊待着的那座林子找到了,还没有它出逃的足迹。不过野兽现在当然睡在听得见声音的地方,在雪面上。现在只能用围猎的办法把它弄到手。

傲慢的陌生人听到这个消息鄙夷地皱起了眉头。他什么也没有说,只问野兽个头大不大。

“脚印很大,”塞索伊·塞索伊奇回答说,“野兽的重量不会少于两百公斤,这点我可保证。”这时傲慢的人耸了耸像十字架一样笔挺的肩膀,对塞索伊·塞索伊奇连看都不看,说道:

“请我们来是看熊洞的,却只好围猎了。究竟会不会给围猎野兽的人定位置啊?”

这个侮辱性的疑问刺痛了小个儿猎人。但是他没搭腔。他只在心里想:

“我们已经给你定了位了,你等着瞧,可别让米沙杀了你的威风。”

他们开始商讨围猎的计划。塞索伊·塞索伊奇提醒说,面对如此巨大的野兽应当在每个猎人身后配备一名后备射手。

傲慢的那位激烈反对:“谁对自己的射技没有信心,谁就不该去猎熊。干吗还要定个位置给保姆?”

“好一个勇敢的汉子!”塞索伊·塞索伊奇暗想。

但是这时上校却坚定地表示,谨慎从来不会坏事,所以后备射手无碍于事。医生也附和他的意见。

傲慢的那位不屑地瞟了他们一眼,耸了耸肩,说:“你们既然害怕,就照你们说的做吧。”

次日早晨塞索伊·塞索伊奇趁天还没有亮就叫醒了三个猎人,自己去把帮助围猎的人叫拢来。

他回到农舍时傲慢的那位从一只包着丝绒面的轻便小箱子里取出两把猎枪。装枪的箱子有点像提琴箱。塞索伊·塞索伊奇看了挺眼馋的:这么棒的猎枪他还没见过。

傲慢的那位收起枪,开始从箱子里掏出弹壳金光铿亮、弹头有圆也有尖的一发发子弹。这样做的时候他告诉医生和上校,他的枪有多好,子弹有多厉害,他在高加索如何打野猪,在远东如何打老虎。

塞索伊·塞索伊奇虽然不露声色,但心里却觉得自己更矮了一截。他非常想更近地凑过去好好见识见识这两把了不起的猎枪,不过他仍然没有勇气请求亲手拿拿这两把枪。

天刚亮,长长的雪橇队就出了村。走在前头的是塞索伊·塞索伊奇，他后面是四十个围猎的人，最后是三个外来人。

在距熊藏身的那座林子一公里的地方，整个雪橇队停了下来。三个猎人钻进了土窑去烤火取暖。

塞索伊·塞索伊奇乘滑雪板去查看野兽和分布围猎的人。

看上去一切正常，熊也没从围困的地方出走。

塞索伊·塞索伊奇让呐喊驱兽的人呈半圆形分布在林子的一侧，在另一侧布置不发声音的一拨人。

对熊的围猎不同于对兔子的围猎。呐喊驱兽的不用拉网似的从林子里走过去。他们在整个围猎过程中始终站在原地。不发声音的人在呐喊驱兽的人到射击线之间的两翼分布，以防万一野兽离开呐喊的人朝侧面逃奔。不发声音的人不可以叫喊。如果野兽向他们走去，他们只可摘下帽子对着野兽挥舞。他们这样做就足以使熊进入射击线。

布置好围猎的人，塞索伊·塞索伊奇就跑到猎人那儿，把他们带到各自的位置。

一共只有三个位置，彼此相距二十五至三十步。小个儿猎人应当把熊赶上这条总共才一百步宽的狭窄通道。

在一号位置上塞索伊·塞索伊奇安排了医生，在三号位置上安排了上校，那位傲慢的公民被安排在中间，也就是二号位置。这里是退路——熊进入林子留下足迹的地方。熊从藏身之地逃走时最可能走进来时的那条路线。

在傲慢的那位后面站着年轻猎人安德烈。选择他是因为他比谢尔盖有经验，也有耐心。

安德烈是以后备射手的身份站在那里的。后备射手只有当野兽突破射击线或扑向猎人时才可开枪。

所有的射手都穿着灰色长袍。塞索伊·塞索伊奇悄声下达了最后的命令：不许喧哗，不许抽烟，呐喊声响起后原地一动也不动，让野兽尽可能靠近。然后塞索伊·塞索伊奇跑到呐喊的人那里。

经过了令猎人心焦的半个小时。

终于吹响了猎人的号角——两下拖长了调子、低沉的角声顿时充斥了落满白雪的森林，仿佛在冰冷的空中挂住了，久久不肯散去。

随之而来的是寂静的短暂瞬间。突然一下子爆发出呐喊驱兽人的说话声、呼号声、呐喊声，每个人施展出各自的本领。有人用男低音呼叫，有人装狗叫，有人装猫难听的尖叫。

用号角发过信号后，塞索伊·塞索伊奇和谢尔盖一起乘滑雪板飞速向林子跑去——激起野兽。

对熊的围猎不同于对兔子。除了呐喊和不出声的围猎者，还得有激起野兽的人，其作用是把熊从睡觉的地方激起来，使它往射手的方向跑。

塞索伊·塞索伊奇从足迹上知道这野兽个头很大。但是当一个像板皮一样毛茸茸的黑色野兽背脊出现在云杉树丛的上方时，小个儿猎人打了个哆嗦，惊慌之中他胡乱对空开了一枪，并和谢尔盖异口同声叫了起来：

"跑了，跑——了！"

对熊的围猎确实和对兔子不一样。这中间要经过长时间准备，而打猎时间却很短。但是由于长时间激动不安的等待和对危险的估计，在这次打猎过程中射手们觉得一分钟像半个小时那么长。当你看到野兽或听见邻近位置上的枪声，从而明白不等你动手一切就已结束时，你已经在位置上站得够受了。

塞索伊·塞索伊奇冲上前去追熊，想让它拐向该去的地方，可是徒劳无功：要赶上熊是不可能的。人如果不踩滑雪板，在那里每一步都会陷入齐腰的雪中，而且要从雪中拔腿又谈何容易，可是熊走起来却像坦克一样，只听到它一路上压断灌木和树枝的咔嚓声。它走起来像一艘滑行艇——一种带空中螺旋桨的机动小艇，在两边扬起两道高高的雪粉，仿佛两只白色翅膀。

野兽在小个儿猎人的视野里消失了。但是没过两分钟，塞索伊·塞索伊奇就听到了枪声。

塞索伊·塞索伊奇用一只手抓住了就近的一棵树，以便止住飞驰的滑雪板。

结束了？野兽打死啦？

然而回答他无声的问题的是第二声枪响，接着是绝望的一声喊叫，恐惧和疼痛的喊叫。

塞索伊·塞索伊奇拼命向前冲去，朝着射手的方向。

他赶到中间那个位置时正好上校、安德烈和脸色像雪一样煞白的医生在揪住熊的毛皮，把它从倒在雪地里的第三个猎人身上拉起来。

事情经过是这样的：

熊顺着自己的退路走，正对着二号位置。猎人忍不住了，在六十步远的距离朝野兽开了一枪，当时照理应当在十至十五步的距离开枪的。当这么大一头看似笨拙的野兽以如此快的速度奔袭而来时，只有在这样的距离子弹才能准确无误地击中它头部或心脏。

从上好的猎枪射出的爆破弹在野兽的左后大腿上开了花。野兽痛得发狂了，就扑向了射手。

那一位忘记他的猎枪里还有子弹，而且自己身边还有一支备用猎枪，完全慌了神。他丢掉猎枪，掉头想跑。

野兽使尽全力向使它受委屈的人的背部打去，把他压在了雪地里。

安德烈——后备射手——毫不含糊。他把自己的枪管捅进张开的熊嘴，扣了两下扳机。

响起了可怜的两下噗噗哑枪声。

站在邻近三号位置的上校一切都看见了。他看到邻近的伙伴生命受到威胁，应该开枪。他知道如果打偏了，就会把邻近的伙伴打死。上校跪下一条腿，对着熊的脑袋开了一枪。

巨大野兽的前半身猛地掀了起来，在空中僵持了一瞬间，随即突然沉重地落到躺在它下面的人身上。

上校的子弹穿过它的太阳穴，顿时要了它的命。

医生跑到了跟前。他和安德烈还有上校三人一起抓住打死的野兽，不管下面的猎人是死是活，也要把他解救出来。

这时塞索伊·塞索伊奇也赶到了，就跑上前去帮忙。

沉重的熊尸搬开了。把猎人扶了起来。猎人活着，而且完好无损，只是脸色白得像死人，因为熊还来不及撕掉他的头皮。但是他无法直视别人的眼睛。

他被放上雪橇送到了农庄里。在那里他恢复了点常态，尽管医生一再劝他留下来过夜，休息休息再上路，他还是拿了熊皮去了火车站。

“哦——是啊，”在讲完这件事后塞索伊·塞索伊奇若有所思地补充说，“我们忽略了一件事：不该把熊皮给他。他现在也许正在很多人家的客厅里大吹大擂，说他打死了我们的一头熊，说那野兽差不多有三百公斤重……是一头很可怕的东西。”

森林报

熬待春归月

No.12 （冬三月）

二月二十一日至三月二十日 太阳进入双鱼星座

第十二期目录

一年——分十二个月谱写的太阳诗章

二月是越冬月。临近二月时开始不断地刮暴风雪。暴风雪在茫茫雪原上飞驰而过,却不留下任何踪影。

这是冬季最后一个,也是最可怕的月份。这是啼饥号寒的月份,也是兽类发情、野狼袭击村庄和小城的月份——由于饥饿它们叼走狗和羊,到夜晚往羊圈里钻。所有的兽类都身体变瘦。秋季贮存的脂肪已经不能保暖,不能供给养分。

小兽们在洞穴内和地下粮仓内的贮备正在渐渐耗尽。

对许多生灵来说积雪现在正从保存热量的朋友转变成越来越致命的仇敌。树木的枝丫不堪重负,纷纷被压断。野鸡们——山鹑、花尾榛鸡和黑琴鸡喜欢深厚的积雪,因为它们可以一头钻进里面安安稳稳睡觉。

然而灾难也接踵而至,白天解冻后到夜里又严寒骤降,雪面上便结起了一层硬壳。你用脑袋去撞击这层冰壳吧,直到太阳把这冰盖烤化!

低吹雪一遍遍地横扫大地,填平了走雪橇的道路……

能熬到头吗？

森林年中的最后一个月，最艰难的一个月——熬待春归月来临了。

森林里所有居民粮仓中的储备已快用完。所有兽类和鸟类都变瘦了——皮下已没有保温的脂肪。由于长时间在饥饿中度日，它们的力量消减了好多。

而现在，仿佛有意捣蛋似的，森林里刮起了阵阵暴风雪，严

寒越来越厉害。这是冬季能游荡的最后一个月,它却让最凶狠的天寒地冻的气候降临大地。每一头野兽,每一只鸟儿,现在可要坚持住,鼓起最后的力量,熬到大地回春的时刻。

我们驻林地的记者走遍了整个森林。他们担心着一个问题:野兽和鸟类能熬到春暖花开的时候吗?

他们在森林里不得不见到许多悲惨的事情。森林里有些居民受不了饥饿和寒冷——夭折了。其余的能勉强支撑着再熬一个月吗?确实也会遇到这样一些没必要为它们担惊受怕的动物:它们不会完蛋。

严寒的牺牲品

严寒又刮风是很可怕的。每每这样的天气过后,在雪地里不是这里就是那里会发现冻死的兽类、鸟类和昆虫的尸体。

暴风雪从树桩下、被风暴摧折的树木下刮过,而那里恰恰是小小的兽类、甲虫、蜘蛛、蜗牛、蚯蚓的藏身之地。

这些地方的温暖的积雪被吹落,在凛冽的风中冻结成冰。

暴风雪能把飞行中的鸟儿杀死。乌鸦是相当有忍耐力的鸟类,但是在持久的暴风雪之后我们往往会发现它们死在了雪地里。

暴风雪过去了,现在该清洁工忙碌了:猛禽和猛兽在森林里搜索,把被暴风雪杀死的一切收拾干净。

结薄冰的天气

最可怕的大概是解冻后严寒骤降,一下子把雪的表层冻结起来。雪上面的这层冰壳既坚又硬又滑,无论柔弱的爪子还是鸟喙都不能将它穿透。狍子的蹄子倒能把它踩破,但是也会被破冰壳锐利的边缘像刀子一样割伤腿上的毛皮和肉。

鸟儿怎么从薄冰下面弄到草和谷粒——食物呢?

谁没有力量打通玻璃一样的冰壳,谁就只好挨饿。

还经常有这样的情况。

解冻了,地面的积雪变得潮湿松软。傍晚一群灰色的山鹑降落到上面,非常轻松地在雪地里挖了一个个小洞,在冒着热气的暖室里沉沉入睡。

然后夜里严寒倏然而至。

山鹑在温暖的地下洞穴里睡大觉,既没有醒来也没有感觉到寒冷。

早晨它们醒了。雪下面暖洋洋的。但是它们呼吸困难。

得到外面去,因为要透透气,舒展舒展翅膀,寻找食物。

它们想飞起来,但头顶是像玻璃一样坚固的薄冰。

薄冰。它表面什么也没有。它的下面是松软的积雪。

灰色的山鹑用自己的脑袋撞击冰壳,撞到出血——只要能从冰盖下挣脱出去。

最终能挣脱死囚境地的那些山鹑是幸运儿,尽管它们饥肠辘辘。

玻璃青蛙

本报驻林地记者打碎了一个池塘底部的冰块,在冰块下面挖取了淤泥。在淤泥中有许多一堆堆钻进里面过冬的青蛙。

等把它们弄出以后,它们看上去完全像是玻璃做的。它们的身体变得很脆。细细的腿稍稍一碰就会断裂,同时发出清脆的响声。

我们的记者拿了几只青蛙回家。他们小心翼翼地让冻结成冰的青蛙在温暖的房间里一点点回暖。青蛙稍稍苏醒过来,开始在地上跳跃。

因此可以期待，一旦春季里太阳融化了池内的坚冰，晒热了池水，青蛙会在里面苏醒过来，而且健健康康的。

瞌睡虫

在托斯纳河[1]岸上，距萨博里诺十月火车站不远处，有一个岩洞。以前人们在那里采沙，现在那里已经多年无人光顾了。

本报驻林地记者到了这个洞穴，在它的顶上发现了许多蝙蝠——大耳蝠和棕蝠。它们这样头朝下，爪子抓住粗糙的洞顶，已经沉睡了五个月。大耳蝠把自己的大耳朵藏在折叠的翼里，用翼把身子包起来，仿佛裹在毯子里，挂着睡觉。

我们的记者因大耳蝠和棕蝠如此漫长的睡眠而担心起来，就给它们测脉搏，量体温。

夏天蝙蝠的体温和我们一样，三十七度左右，脉搏每分钟两百次。

现在测量得到的脉搏只有每分钟五十下，而体温只有五度。

---

① 苏联列宁格勒州境内河流，河畔有托斯诺城。

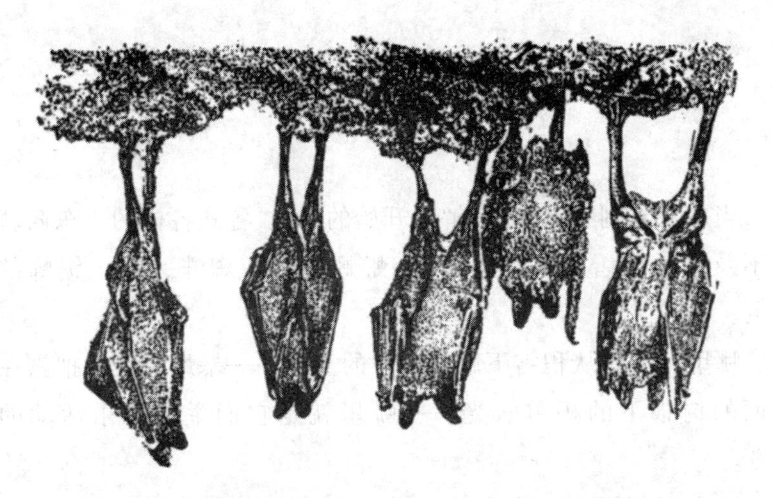

尽管如此,小瞌睡虫的健康被认为丝毫不用担心。

它们还能自由自在地睡上一个月,甚至两个月,当温暖的黑夜来临时,它们就会完全健康地苏醒过来。

穿着轻盈的衣服

今天在隐秘的角落我已经发现了款冬。它正鲜花怒放,傲寒而立。可是你要知道,它的这些茎裹着一层轻盈的衣服:像鱼鳞似的小薄片,蛛丝一样的绒毛。现在穿大衣都觉得冷,它们也总得穿点儿什么吧。

不过你们不会相信我:周围是白雪世界,哪来的什么款冬呀?

可我告诉过你,我是在“隐秘的角落”里发现款冬的。这就是它所在的地方:一幢大厦的南侧,而且在那个位置,那里正好有蒸汽暖气的管道经过。“隐秘的角落”是一块化了雪的黑土地,那里地上像春天一样冒着热气。

但是空气中却是一片严寒!

H.帕甫洛娃

迫不及待

当严寒刚刚有点消退，解冻开始的时候，各式各样的小东西就迫不及待地从雪地里爬了出来：蚯蚓、潮虫、蜘蛛、瓢虫、锯蜂的幼虫。

哪里有一角从积雪下解放出来的土地——暴风雪经常把露在地面的树根下的积雪吹光——哪里就是它们举办娱乐活动的地方。

昆虫要舒展它们麻木的腿脚。蜘蛛要捕猎。没有翅膀的雪盲蚊直接光着脚在雪上又跑又跳。空中飞舞着长腿的蚋群。

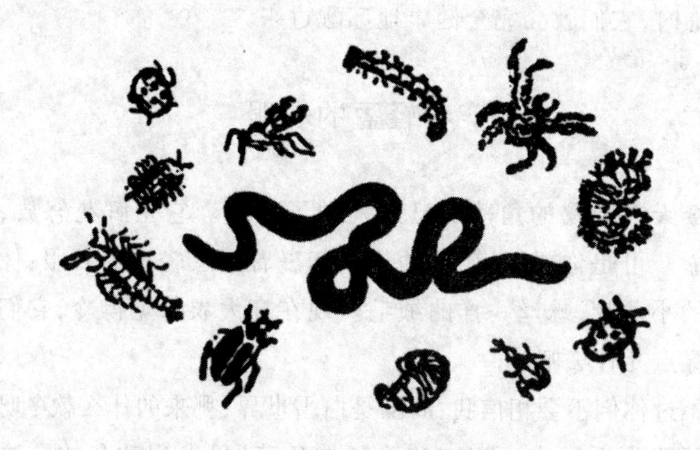

一等严寒降临，娱乐活动便告终结，于是整个团队又藏到树叶下、苔藓和草丛里，以及泥土中。

钻出冰窟窿的脑袋

一个渔夫在涅瓦河口芬兰湾的冰上走路。经过一个冰窟窿

时他发现从冰下钻出一个长着稀疏的硬胡须的光滑脑袋。

渔夫想这可能是溺水而亡的人从冰窟窿里露出的脑袋。但是突然那个脑袋向他转了过来,于是渔夫看清了,这是一头野兽长着胡须的嘴脸,外面紧紧包着长有油光光短毛的皮。

它两只炯炯发光的眼睛顿时直勾勾地盯住了渔夫的脸。然后扑通一声,嘴脸在冰下面消失了。

这时渔夫才明白,自己看见了一头海豹。

海豹在冰下捕鱼。它只是把脑袋从水里探出一小会儿,以便呼吸一下空气。

冬季,渔民经常在芬兰湾趁海豹从冰窟窿爬到冰上时打死它。

甚至常会有海豹追逐鱼儿而游入涅瓦河的事。在拉多加湖上有许多海豹,所以那里有了真正的海豹捕猎业。

抛弃武器

森林勇士驼鹿和公狍抛弃了双角。

驼鹿在密林中将双角在树干上摩擦,以便甩掉这沉重的

武器。

两头狼发现其中一位头上没有角的勇士,便想袭击它。在它们看来取胜是轻而易举的。一头狼在前面向驼鹿进攻,另一头在后面。

战斗结束得出乎意料地快。驼鹿用坚硬的前蹄踩碎了一头狼的头盖骨,转瞬之间就转身把另一头狼打翻在雪地里。狼全身伤痕累累,勉强来得及从对手身边溜走。

最近老驼鹿和狍子头上已经露出新角。这是尚未变硬的隆起物,上面蒙着皮和蓬松的毛。

冷水浴爱好者

在加特钦纳波罗的海火车站附近一条小河上的冰窟窿边,本报的一位驻林地记者发现了一只黑肚皮的小鸟。

正值冻得咯吱响的严寒天气,虽然天空中太阳高照,我们的记者在那个早晨仍不得不不止一次地用雪去摩擦冻得发白的

鼻子。

所以听到一只黑肚皮的小鸟在冰上唱得这么欢,他感到十分惊讶。

他走得靠近些。这时小鸟跳起来,扑通一声跳进了冰窟窿!

“它会淹死的!”记者想,于是赶快跑到冰窟窿边,想把失去理智的小鸟救出来。

小鸟在水下用翅膀划水,就像游泳的人用双臂划水一样。

它那深暗的脊背在清澈的水里闪烁,宛如一条银晃晃的小鱼。

小鸟潜到水底,在那里快跑起来,用尖尖的爪子抓住沙子。在一个地方稍稍逗留了一会儿。它用喙翻转一块小石头,从下面捉出一个黑色的水甲虫。

可是不一会儿它已经从另一个冰窟窿出来,跳到了冰上,抖了抖身子,仿佛没那回事似的,又欢乐地唱了起来。

我们的记者把手向冰窟窿里伸了进去。“也许这里有温泉,河水是温的?”他想道。

但是他立马把手从冰窟窿里收了回来:冰冷的水刺激得手生疼。

直到这时他才明白,他面前的是只水麻雀——河乌。

这也是一种不守常规的鸟,犹如交嘴雀那样。它的羽毛上覆盖着薄薄的一层脂肪。当水麻雀潜入水中时,涂有脂肪层的羽毛中的空气变成了一个个气泡,就泛起了点点银光。小鸟仿佛穿上了一件空气做的衣服,所以即使在冰冷的水中它也不觉得冷。

在我们列宁格勒州水麻雀是稀客,只有在冬季才会经常出现。

在冰盖下

得惦记着鱼儿。

它们整个冬季都在水底深坑里,在河内深坑里睡觉,而它们上方却是坚固的冰盖。常常有这样的情况——这往往发生在冬季行将结束的时候:在二月份,在池塘里、林中的湖泊里,鱼儿们开始觉得空气不足了。这时它们抽搐着张大了圆圆的嘴巴,喘着气升到紧贴冰盖的地方,用嘴唇吸收气泡。

可能出现鱼类大量窒息而死的事，于是到春季坚冰融化，你手持钓竿来到这样的湖边时，竟无鱼可钓。

得惦记着鱼儿，在池塘和湖泊里开几个冰窟窿，留意它们的情况，别让它们闷死，让鱼儿有呼吸的空气。

茫茫雪海下的生命

在整个漫长的冬季，你眼望着盖满皑皑白雪的大地，不由自主地要想入非非：在它下面，这冰冷干燥的雪海下面究竟有什么呢？在它的底部是否还留下有生命的东西？

本报记者在森林里，在林间空地上和田野上挖了深深的几口雪井，一直挖到看见土壤。

我们在那里见到的现象出乎我们的一切想象。那里露出了一些绿色的莲形叶丛，从干枯的草皮里钻出来尖尖的嫩芽，还有各种草类的绿色小茎，它们虽然被沉重的积雪压得贴近了冻硬的地面，却是活的。你不妨想一想——它们是活的！

原来在死气沉沉的雪海底部生活着的，有草莓、蒲公英、三叶草、触须菊、阔叶林中的草、酸模，还有许许多多形形色色的植物，它们都悠然自得地展现着碧绿的生机。而在柔软、多汁、绿莹莹的繁缕上甚至长出了小小的花蕾。

在本报驻林地记者挖的一口口雪井的壁上，发现了一个个圆圆的小孔。这是小小的兽类用爪子挖掘的通道，它们十分擅长在茫茫雪海中为自己找到食物。老鼠和田鼠在雪下啃食可口而富有营养的小根，而凶猛的鼩鼱、伶鼬、白鼬冬季就在这里捕食这些啮齿动物和在雪中宿夜的鸟类。

以往人们认为只有熊才在冬季产崽。人们都说是“幸福的娃娃穿着衬衣来到世上”。小熊崽儿出生时个头很小——像老鼠那么大，并且不是穿着衬衣生下来，而是直接穿了皮毛大衣。

现在科学家们调查清楚了，有些老鼠和田鼠冬季仿佛去别墅度假似的，爬出自己夏季的地下洞穴，来到地面上——透透新鲜空气——在雪下的树根上和灌木丛低矮的枝条上筑巢。奇就奇在它们冬季也常常产崽！小小的鼠崽子生下来完全是赤裸裸的，不过窝里面很暖和，小妈妈们用自己的乳汁喂养它们。

春天的预兆

尽管在这个月份严寒还十分强势，但已非隆冬时节可比。尽管积雪依然深厚，却不再那么耀眼和洁白。它变得有点暗淡、发灰和疏松了。屋檐下挂起了渐渐变长的冰锥，冰锥上又滴下融化的水滴。你一眼看去，地面上已有了一个个水洼。

太阳越来越多地露脸了，它已经开始传送暖意。天空也不再那么冷冰冰地泛着一派惨白的蓝色，它一天天地变得蔚蓝。天空上的浮云也不再是那灰蒙蒙的冬云，它已变得密密层层，眼看着就会有低垂的巨大云团滚滚而来。

刚透出一线阳光，窗口就有欢乐的山雀来报信了：

“把大衣脱了，把大衣脱了，把大衣脱了！”

夜里猫咪在屋顶上开起了音乐会和比武大会。

森林里偶尔会敲响啄木鸟的鼓点。尽管它是用喙在敲打，毕竟可以看作是它的歌声！

在密林最幽深的地方，在云杉和松树下的雪地上，不知是谁画上了许多神秘的记号，许多费解的图案。在看到这些图形时猎人的心会顿时收紧，然后激烈地跳动起来：这可是雄松鸡——

森林里长着胡子的大公鸡——在春季雪面坚硬的冰壳上用强劲翅膀上坚硬的羽毛画出的花样。这就表明……表明松鸡的情场格斗,那神秘的林中音乐会眼看着就要开场了。

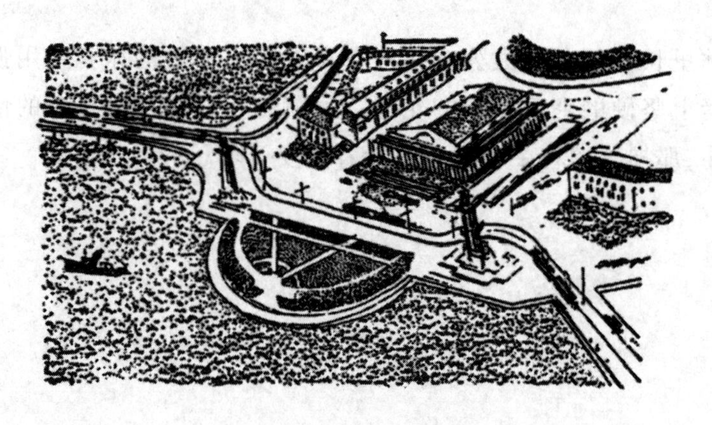

都市新闻

大街上的斗殴

在城里已能感觉到春的临近:大街上时不时会发生斗殴事件。

街上的麻雀对行人毫不理会,彼此狠狠咬住对方的后颈抖动着,使得羽毛飞向四面八方。

雌麻雀从不参加斗殴,但也不制止斗殴者。

每到晚上在屋顶常发生猫打架的事件。往往打架的双方以这样的方式分开,其中的一只猫一骨碌从好几层高的屋顶上飞滚而下。

不过这时机灵的猫不会摔死:它下坠时四脚着地——除非脚有点儿瘸。

修理和建筑

全城都在修理和建筑巢穴。

老乌鸦、寒鸦、麻雀和鸽子正在忙于修理自己去年筑的巢。去年夏天生的年轻一代正为自己造新窝。对建筑材料的需求迅猛上升：需要树的枝杈、麦秸、柔韧的树枝、树条、马毛、各种绒毛和羽毛。

鸟类的食堂*

我和我的同学舒拉非常喜欢鸟。冬天的鸟，像山雀和啄木鸟之类的，经常挨饿。我们决定为它们做食槽。

我家屋边长着许多树，上面经常有鸟儿停下来用自己的喙觅食。

我们用胶合板做成不深的箱子，每天早晨往里面撒各种种子。鸟儿已经习惯，再也不怕飞近前来，而且乐意啄食。我们认为这只会对鸟儿有好处。

我们建议所有孩子都来做这件事。

驻林地记者：瓦西里·格里德涅夫、亚历山大·叶甫谢耶夫

都市交通新闻

在街角的一座房子上有一个标记：一个圆中间有一个黑色三角形，三角形里画着两只雪白的鸽子。

“小心鸽子！”

司机在拐过街角时会刹车,小心翼翼地绕过一大群聚集在马路上的灰色、白色、黑色、棕色的鸽子。儿童和成人站在人行道上,向鸟儿抛撒面包、谷粒。

"小心鸽子"的汽车行驶标记是应一名小学生托尼娅·科尔金娜的请求最先悬挂在莫斯科街头的。如今同样的标记悬挂在列宁格勒和其他大城市,那里的街上车来人往异常繁忙,大人和儿童则给鸽子喂食,观赏这些象征和平的鸟儿。

光荣属于珍惜鸟类的人!

返回故乡

愉快的消息传到了《森林报》编辑部。这些消息写自埃及、地中海沿岸、伊朗、印度、法国、英国、德国。消息中写道:我们的候鸟已经起程回乡。

它们从容不迫地飞着,一寸寸地占领正从冰雪中解放出来的土地和水域。估计要在我们这儿冰雪开始融化、河流解冻的时候,它们飞到我们这里。

雪下的童年

外面正在解冻。我去取种花用的土的路上,顺便看了看我养鸟的园子。那里有我为金丝雀种的繁缕。金丝雀很喜欢吃它鲜嫩多汁的绿色茎叶。

你们当然知道繁缕,是吗?油亮的小叶子,勉强看得见的白白的小花,总是彼此缠绕的脆脆的小茎。

它紧靠着地面生长,你一时照看不过来,它已经爬满园子所有的地垄了。

就这样我在秋天撒了种子,但已经太迟。

它们发芽了,但来不及长出苗来,一根小茎和两片子叶就都被盖到雪下了。

我没指望它们能活下来。

但结果怎么样呢?我一看,它们长出来了,还长大了。现在已经不是苗苗,而是一棵棵小小的植物了。甚至还有了几个花蕾!

真不可思议,这可是在冬季,在皑皑白雪的下面发生的事!

H.帕甫洛娃

摘自少年自然界研究者的日记

一位新人的诞生

今天是我非常高兴的日子:我早早地起了床,正当日出的时候,我看见了一位新人的诞生。

新人就是初升的月亮,它一般在晚上日落以后才露面。人们很少在清晨日出之前见到它。现在它比太阳升起得早,已经高高地爬上天空,宛如薄薄的一弯珍珠一样白的镰刀,闪耀着金灿灿的晨光,显得如此温暖、欢乐,这样的月亮我以往从未见过。

驻林地记者:维丽卡

神奇的小白桦

昨天傍晚和夜里下了一场温暖而黏湿的雪,门口台阶前花园里,我那棵可爱的白桦树光秃秃的树枝和整个白色的树干沾满了雪花。而凌晨时天气骤然变得十分寒冷。

太阳升上了明净的天空。我一看,我的小白桦变成了一棵神奇的树:它全身仿佛被浇了一层糖衣,就连最细小的枝条也是如此。湿雪结成了薄冰,我的整棵白桦树都变得亮晶晶了。

飞来了尾巴长长的山雀,一只只毛茸茸的,暖和和的,仿佛一颗颗插着编针的小小的白色毛线球。它们停到小白桦上,在枝头辗转跳跃——用什么当早餐呢?

爪子打着滑,嘴巴又啄不穿冰壳,白桦只冷漠地发出清脆的、细细的铃声。

山雀抱怨地尖叫着飞走了。

太阳越升越高,越晒越暖,化开了冰壳。

神奇的白桦树上,所有的枝条和树干开始滴水,于是它仿佛变成了一个冰喷泉。

雪开始融化了。白桦树的枝条上流淌着一条条银光闪闪的小蛇,熠熠生辉,变幻着五光十色。

山雀回来了。它们不怕弄湿了爪子,纷纷停上枝头。现在它们高兴了:爪子再也不会打滑,化了雪的白桦树还用美味的早餐招待它们。

驻林地记者:维丽卡

最初的歌声

在一个酷寒然而阳光明媚的日子里,城里的各个花园里响彻了春季最初的歌声。

唱歌的是一种叫“津奇委尔”的山雀。歌声倒十分简单:

“津——奇——委尔! 津——奇——委尔!”

就这么个声音。不过这首歌唱得那么欢，仿佛是一只金色胸脯的活泼小鸟想用它鸟类的语言告诉天下：

“脱去外衣！脱去外衣！春天来啦！”

绿色接力棒

1947年是每年全国竞选优秀少年园艺家活动的第一年。少先队员们带着奇妙的绿色接力棒从1947年春天起程，然后将接力棒交到1948年春季的手里。对五百万少年园艺家来说，从春天到春天的路并不好走。但是他们珍爱自己种下的一切，谨慎小心地培育每一棵树、每一丛灌木。而且每年都这样做。

少年园艺家代表大会通常是绿色接力赛的终点。

去年拿着绿色接力棒的是几百万少先队员和中小学生。他们栽种了好几百万棵果树、浆果灌木，建成了几百公顷森林、公园和林荫道。今年参加竞赛的人应当更多。

竞赛的条件和去年一样，可要做的事多得多。应当在每所学校开辟一个果树苗圃。这有利于将来建造更多花园。

应当绿化街道，使它成为极好的绿色林荫道。

应当用灌木和树木巩固沟壑里的土壤，从而保护我们肥沃的田地。为了做到这一切，应当踏踏实实地向有经验的老园艺家学习。

狩猎纪事

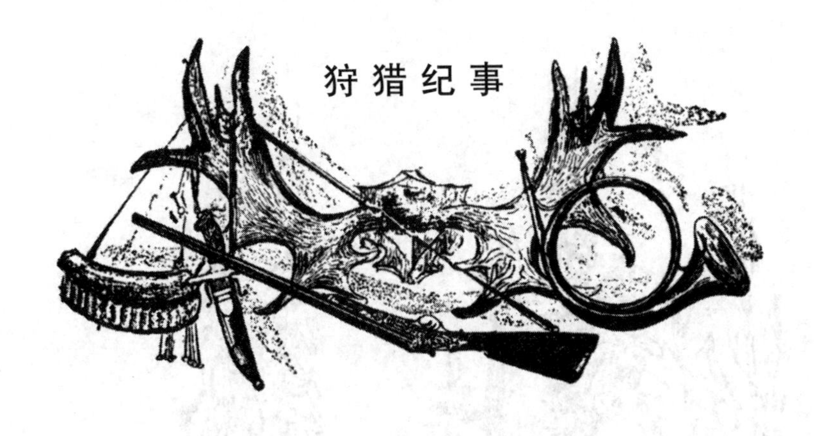

巧妙的捕兽器

与其说猎人捕猎野兽靠的是猎枪，不如说靠的是形形色色巧妙的捕兽器。为了发明出一个好的捕兽器，需要有很强的发明能力和有关野兽性格与习性的准确知识。捕兽器不仅要会做，还要会放置。一个笨拙的猎人，他的捕兽器总是一无所获，而一个有经验的猎人，他的捕兽器通常总能抓到猎物。

钢铁捕兽夹可以买现成的，不必发明，也不用动手做。可学会放置捕兽器就不那么简单了。

首先得知道放什么地方。捕兽器要放在洞边，兽径上，在交会点——野兽聚集和许多兽迹交错的地方。

其次要知道如何准备和放置。捕捉警惕性很高的野兽，像貂呀，猞猁呀，先要把捕兽夹放在针叶的汤水里煮过，然后用木耙耙掉一层雪，用戴手套的双手放捕兽夹，再在上面放上从这个

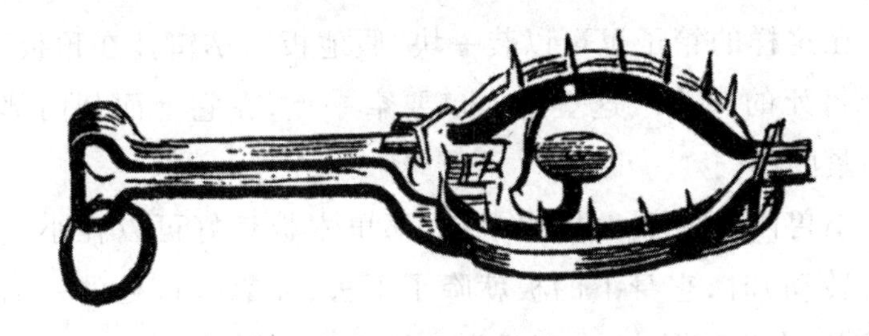

地方耙掉的雪，用耙子搂平。没有这些预防措施，敏感的野兽就能闻到人的气息，甚至雪下铁器的气息。

如果放置对付大型、力气大的野兽的夹子，那要将它和一段沉重的原木拴在一起，使野兽拖着它也跑不远。

如果放置带诱饵的捕兽夹，就该明白给什么野兽吃什么。或给老鼠，或给肉，或给鱼干。

活捉小猛兽的器具

猎人们想出了许多巧妙器具来活捉小猛兽，像白鼬、伶鼬、黄鼠狼、水貂等。这样简单的器具每个人都能做。

所有这些东西的制作都基于一种想法：入口打开，出口关闭。

请拿一个长长的小箱子或一段木制的管子。在一头做一个入口。在入口上方固定一扇用粗铁丝做的小门，不过要使这些铁丝的长度超过洞口。小门要斜竖，下缘朝箱内开。这样就一切就绪了。

箱内放着诱饵。小兽闻到它的气味，透过铁丝小门看到了它。小兽用脑袋去推小门，从它下面爬进了箱子。小门在它身后合下来就关上了。要从里面打开它是不可能的，于是被逮的小兽就一直等着，直到你把它从那里拖出为止。

在这样的箱子里可以装一块“假地板”，诱饵挂在顶板下，在箱子封死的一头。这里的入口要窄一点，在它上面从内部装一个不紧的小闩。

小兽刚走过假地板的中线(那里木板正好可以在小横轴上自由转动)时，它身下的板就降了下去，而靠入口处的一端却翘了起来，小闩弹了上去，于是出口被死死关闭了。

更简单的办法是拿一个比较高的小桶或上面开口的完整的大圆桶，在腰部正中开两个小孔，插进一个横杆。横杆两头固定在两根小柱上。两根小柱之间挖一个坑，它的深度要容得下半截桶子。

将圆桶在横杆上放置平衡，使前面一半的边缘(那里有出口)搁在坑边上，后面的一半(那里有桶底)悬在坑上。

诱饵放在紧靠桶底的地方。

当小兽刚刚走过圆桶一半时桶就转动了，于是桶就变成底部向下了。小兽怎么也无法沿着圆圆的桶壁向上爬出桶去。

冬季在严寒的天气里完全可以做一个冰桶捕兽器，这是乌拉尔的猎人发明的。

将满满一桶水放在严寒的环境里。桶面上、桶壁和桶底的水结冰比里面的水快。当冰结到大约一两根手指宽的厚度时，从上面开一个大小能使白鼬爬过的圆孔，再从这个孔里把其余的水倒掉，将桶搬进屋里。在温暖的地方桶壁和桶底很快受热了，冰开始融化。这时就很轻松地从铁皮桶内抖搂出了一只冰桶。它方方面面都是封闭的，只在顶上有个小孔。这就是冰桶捕兽器。

往里面放些干草或麦秸，再放进一只活老鼠。在有许多白鼬或伶鼬足迹的地方把雪挖开埋入冰桶，使顶部和雪面一样高。

小兽闻到老鼠的气息，马上就钻进小孔到了桶底。它无法沿光滑的桶壁往回爬出桶去,也无法把冰咬穿。

要从冰桶里取出小兽,可直接把它打碎:这个捕兽器不值什么钱,这样的东西想做多少都可以。

狼　坑

捕狼可设置狼坑。

在狼经过的小道上挖一个椭圆形深坑,坑壁要垂直。坑的大小要容得下狼,但又使它无法助跑起跳。在上面盖上一些细木杆,再撒上树条、苔藓、麦秸。上面再盖上雪。把所有人为痕迹都掩盖掉,使认不出哪儿是深坑。

夜里狼从小道上走过。第一头狼刚走到就掉进了坑里。

早晨就可取活狼了。

狼陷阱

还有设狼陷阱的。把木桩打进土里围成一圈。这个圈要把另一个用木桩围成的圈围在里面,使得狼能在两圈木桩之间挤得过去。

在外圈上装一扇开向夹层内部的门。在里圈内放入一只小猪、一只山羊或羔羊。

狼闻到猎物气息后就走进外圈的门里,开始在两道木桩间狭小的夹层里走圈儿。走完一整圈后第一头狼的嘴脸碰上了门,而门又妨碍它继续往前走(要转身又不可能)。这样门就堵上了,于是所有的狼都被捉住了。

它们就这样围着被隔离的羔羊无休止地走下去,直至猎人来收拾它们。在这种情况下羔羊完好无损,而狼却从没有吃饱。

地 上 坑

冬季很难深挖，因为泥土冻得像石头。所以人们就做个地上坑来替代一般的捕狼坑。这是一个用木桩做成的围墙围起来的地方，四角各有一根柱子。第五根柱子立在“坑”中央。它要高过围墙，上面挂着诱饵——一块肉。

在木桩做的围墙上搁一块板。

板的一头着地，另一头高悬在“坑”的上头，紧靠诱饵。

狼闻到肉味后就沿木板向上爬。在它体重的作用下木板凌空的一头就往下倾，于是狼一个跟头翻进了“坑”里。

熊洞边的又一次遭遇

(本报特派记者)

塞索伊·塞索伊奇踩着滑雪板走在一块长满苔藓的大沼泽地上。当时正值二月底,下了很多雪。

沼泽地上耸立着一座座孤林。塞索伊·塞索伊奇的莱卡狗佐里卡跑进了其中的一座林子,消失在树丛后面。突然从那里传来了狗叫声,而且叫得那么凶、那么激烈。塞索伊·塞索伊奇马上明白猎狗碰上熊了。

这时小个子猎人颇为得意,因为他带了一把能装五发子弹的好枪。于是他急忙向狗叫的方向赶去。

佐里卡对着一大堆被风暴刮倒的树木狂叫,那上面落满了雪。塞索伊·塞索伊奇选择好位置,匆匆忙忙从脚上脱去滑雪板,踩实脚下的积雪,做好了射击的准备。

很快从雪地里露出一个宽脑门的黑脑袋,闪过一双睡意蒙眬的绿色眼睛:按捕熊人的说法,这是野兽在和人打招呼。

塞索伊·塞索伊奇知道,熊在一看见敌人时会再躲起来。它会悄悄躲在洞里,然后猛然跳出来。所以猎人趁野兽把脑袋藏起来之前就开了枪。

然而过快没瞄准,后来得知子弹只伤了熊的面颊。

野兽跳了出来,直扑向塞索伊·塞索伊奇。

幸好第二枪几乎正中目标,将野兽打翻在地了。

佐里卡冲过来撕扯死熊的尸体。

熊扑过来时塞索伊·塞索伊奇来不及害怕。但是当危险过

去以后,强壮的小个儿汉子一下子全身瘫软了。眼前一片模糊,耳朵里嗡嗡直响。他往整个胸腔里深深地吸了一口冰冷的空气,仿佛从沉重的思虑中清醒了过来。这时他才觉得刚才自己经历了一件可怕的事情。

在和巨大的猛兽危险地正面相对后,每一个人,即使是最勇敢的人,往往都会有这种感受。

突然佐里卡从熊的尸体边跳开了,汪汪叫了起来,又冲向了那个树堆,不过现在是向另一边冲过去。

塞索伊·塞索伊奇瞟了一眼,惊呆了:那里露出了第二头熊的脑袋。

小个儿男人一下子镇定下来,很快就瞄准,不过瞄得很仔细。

这次他成功地一枪就把野兽就地撂倒在树堆边。

然而几乎是在顷刻之间从第一头熊跳出的黑洞里冒出了第三头熊宽脑门的棕色脑袋,而在它后面又跟着冒出了第四头熊的脑袋。

塞索伊·塞索伊奇慌了神,恐惧攫住了他。似乎整个林子里的熊都聚集到了这个树堆里,而此刻都向他爬来了。

他瞄也没瞄就开了一枪,接着又开了一枪,然后把打完子弹的枪扔到了雪地里。他发现第一枪打出以后棕色的熊脑袋不见了,而佐里卡意外地撞着了最后一颗子弹,竟一枪毙命倒在了雪地里。

这时他双腿发软,下意识地向前跨了三四步。塞索伊·塞索伊奇绊着了他打死的第一头熊的尸体,倒在了上面,接着就失去了知觉。

不知他这样躺了多久。苏醒的过程是令人胆战心惊的:有什么东西揪得他鼻子生疼,他想去抓鼻子,但是手碰到了暖烘烘、毛茸茸会动的一样东西。他睁开了眼睛——一双睡意蒙眬的绿色熊眼睛正盯着他的双眼。

塞索伊·塞索伊奇一声惊叫，那声音已不是他自己的了，他猛然一挣，把鼻子脱出了野兽的嘴巴。

他像个呆子似的站了起来，拔腿就跑，但马上跌进了齐腰深的雪里，陷在了雪地里。

他回头一看，方才明白刚才揪他鼻子的是一头小熊崽儿。

塞索伊·塞索伊奇的心没有能马上平静下来，他弄清楚了自己历险的全过程。

他用最先的两颗子弹打死了一头母熊。接着从树堆的另一边跳出来的是一头三岁的幼熊。

幼熊年纪还小，雄性。夏天它帮熊妈妈带小弟弟小妹妹，冬季就在离它们不远的地方冬眠。

在这堆被风暴摧折的巨大树堆里，有两个熊洞。一个洞里睡着幼熊，另一个洞里睡着母熊和它的两头一岁的熊崽子。

熊崽子还小，体重充其量跟一个十二岁的人差不多。但是它们已经长出了宽宽的脑门，大大的脑袋，以致他因为受了惊吓糊里糊涂把它们的脑袋当成了成年熊的头颅。

猎人晕倒在地时，熊的家庭中唯一幸存的小熊崽儿走到了熊妈妈身边。它去拱死去的母熊的胸脯，碰到了塞索伊·塞索伊

奇温暖的鼻子,显然把塞索伊·塞索伊奇这个不大的突出物当成了母亲的乳头,于是叼进嘴里吸了起来。

塞索伊·塞索伊奇把佐里卡在林子里就地埋了。熊崽儿他抓住带回了家。

这头小熊崽儿原来是头很好玩又很温和的野兽,非常依恋因失去佐里卡而孤身一人的小个儿猎人。

最后时刻的紧急电报

城里出现了先到的白嘴鸦。冬季结束了。森林里现在是新年元旦。现在请你重新从第一期开始阅读《森林报》。

知识链接

【文学常识】

一、作家介绍

维塔里·瓦连季诺维奇·比安基(1894—1959),苏联著名儿童文学作家,出身于圣彼得堡的一个高级知识分子家庭。他的父亲瓦连京·利沃维奇·比安基是极有名望的生物学家,为了纪念他对科学的贡献,位于北冰洋边海喀拉海诺登舍尔德群岛的一个小岛就以他的姓氏比安基命名。出于对父亲的崇敬,作家比安基在文学创作的道路上,创作了一生中最有影响力的作品《森林报》。按本书《致读者》的说法,《森林报》首版的问世时间是1927年,作者时年三十三岁,已经具备了扎实的自然科学的学术基础和相当成熟的文学功底。比安基1959年6月10日在列宁格勒逝世,享年六十五岁。他的作品流行于世的,除了多次修订重版的《森林报》,还有作品集《森林中的真事和传说》(1957年)、《中短篇小说集》(1959年)、《短篇小说和童话集》(1960年)等。

二、作品介绍

《森林报》是作者作为著名儿童文学作家的奠基之作，是写实的科普作品与在真实生活的基础上虚构的故事巧妙结合在一起的一部别开生面的儿童文学名著。首先《森林报》不是传统意义上的报纸，而是一部完整的文学作品，只是借用了报纸的名义，采用了报刊的形式，按照十二个月的顺序，根据不同时令季节里自然界万物的生活状况和面貌，将全书内容安排在十二期里分别描述，从而使作品的表现手段更加活泼生动，内容更为丰富多彩，引人入胜，以至不忍释卷。作者在书里不仅描写了自然界动植物千姿百态的生活习性和生长规律以及与此相关的各种奇闻趣事，还写到了作为万物灵长的人对待大自然的不同态度以及他们和大自然的关系，无形中凸现"人与自然和谐相处"的主题。作者将一个绚丽多姿的大千世界展现在读者面前，使他们眼界大开，知识面大大拓展，进而通过愉快的阅读，潜移默化地在自己心灵里培养起对知识的渴望，热爱大自然、保护大自然的意识。

三、作家评价

世界上存在这样一种人，他们能将大自然的语言翻译成人类的语言。比安基就属于这样的人，他向读者介绍植物和动物，森林和山峦，大海和霞光，风和雨……整个世界都在用它们特有的语言和我们交谈，只是我们听不懂。比安基的作品能在孩子们的心灵上激发起这样一些做人的重要品性：勇敢、坚毅、扶持弱小、对目标追求的矢志不移。

——格·格罗京斯基(俄罗斯文学评论家)

他们(俄罗斯大自然儿童文学作家)的作品的艺术生命力远

比奉行“社会主义现实主义”的有些作家的作品的艺术生命力更强大持久,这实际上是一个很尖锐但很有价值的研究课题。正因为如此,西方世界对这三位作家(普利什文、帕乌斯托夫斯基、比安基)怀有特殊的崇敬之情,并作出了一些研究和探讨,而我国对这个作家群体尚未作专门的关注。

——韦苇:《俄罗斯儿童文学论谭》,湖南少年儿童出版社1994年版

四、关于儿童文学

儿童文学是指适合不同年龄的少年儿童阅读的各种体裁的文学作品,包括童话、小说、诗歌、戏剧等等。这些作品一般都具有浅显易读,适合少年儿童心理需求和接受能力,融知识性、趣味性、娱乐性于一体的特点,而且寓教于乐,让读者通过阅读接受教育,明白一定的道理和知识。儿童文学是向少年儿童进行审美和思想品德教育与传播科学文化知识的重要手段。

五、关于科普作品

科普作品是以普及科学技术知识为主旨的不同体裁的读物,它可以是文学作品,也可以是纪实性的说明文,而且后者在科普作品里占了很大的比重,如苏联以写科普作品著名的儿童文学作家伊林的《十万个为什么?》《你身边万物的故事》等等。与科幻作品不同,科普作品是以事实为依据的,科幻作品则是在科学原理的基础上作者凭合理的想象虚构的作品,如法国作家凡尔纳的《地心旅行记》《海底两万里》等等。少年儿童是科普作品与科幻作品的主要读者,所以许多科普与科幻作品都归入儿童文学的范畴。

六、《森林报》的写作特点

《森林报》是儿童文学作品，因为读者对象是少年儿童，又具有科普作品的特点，因为它真真切切地在传授和普及科学知识。但它既不是一般的小说和故事，也不是童话，而是以纪实为主、带有很强文学性和趣味性的一种独特的读物。他的读者对象又不限于少年儿童，成人读之同样会觉得获益匪浅。它没有采用一般儿童文学作品常用的小说或童话之类的单一形式，通过一个范围有限的故事来传播科学知识和宣扬某种道理或思想，而是别出心裁地以报纸的形式来表现，通过报纸的各个栏目来展示大千世界的生灵万物，小至一草一花，大至飞禽走兽，生物界的千姿百态、生活习性和生存竞争，都在包罗万象的栏目中精彩纷呈，引人入胜，趣味无穷。当然，书中除纪实性的报道之外，也有大量小说类的故事，叙事形式的丰富多彩也是其一大特点。因为采用了报纸的形式，便可以借助时效的特点，讲述自然界在不同时令季节的风光和物象；因为采用了报纸的形式，叙事范围可以不受地域和自然环境的限制，无论城市还是乡村，边陲小镇还是中心都会，森林草地还是雪域冰原……无所不包，从而大大地扩展了叙事的范围。对大自然长期观察、研究的积淀，深厚的学术和文学功底，使作者下笔如有神，天地水陆的草木鱼虫、飞鸟百兽乃至作为万物灵长的人类，在他的笔下都显得各具个性，栩栩如生，形象逼真；广袤大地上的山川形胜和自然环境，也如一幅幅高水平的摄影作品，通过他的笔触生动地呈现在读者的眼前。一部作品的主题隐含得越深，其文学性越强。《森林报》的高明处就在它没有把“人与自然和谐相处”的主题直白地宣示出来，可以说书中只字未提，而是通过一个个细节、一件件细小的事例让读者去慢慢地体会领悟，使其读完全书不仅获得许多在课堂里、一般书本上学不到的知识和见闻，进而使热爱自然、关注和保护环境的急切心情与意识在潜移默化中油然而生。

【学习思考】

一、比安基是怎样的一位作家？你以前听说过这位作家吗？如果听说过他的名字，你是否读过他除《森林报》以外的其他作品？

二、《森林报》是怎样一部作品？你读过以后喜欢吗？为什么？

三、你最喜欢《森林报》里哪一部分内容？为什么？

四、你认为《森林报》要告诉读者的是什么样的道理？

五、请模仿《森林报》，办一份小报。